Herwart Ambrosius
Hans Luppa

Immunhistochemie

Herwart Ambrosius
Hans Luppa

Immunhistochemie

Grundlagen und Techniken

Mit 74 Abbildungen
und 27 Tabellen

THEORIA CUM PRAXI

Akademie-Verlag Berlin 1987

Prof. Dr. sc. Dr. h. c. Herwart Ambrosius (Kap. 1.—9.)
Prof. Dr. sc. Hans Luppa (Kap. 10.—16.)
Karl-Marx-Universität Leipzig

ISBN 3-05-500316-0

Erschienen in Akademie-Verlag Berlin, DDR-1086 Berlin, Leipziger Str. 3—4

Lizenznummer: 202 · 100/488/87
Printed in the German Democratic Republic
Gesamtherstellung: VEB Druckerei „Thomas Müntzer", Bad Langensalza 5820
Einbandgestaltung: Eckhard Steiner
Lektor: Christiane Grunow
LSV 2015
Bestellnummer: 763 527 3 (6944)
03000

Vorwort

Die Immunhistochemie hat sich in den letzten 20 Jahren zu einer bedeutenden methodischen Richtung der Histochemie entwickelt. Zunehmend werden immunhistochemische Techniken zur Klärung von Fragen auf den Gebieten der funktionellen Morphologie und Zellbiologie herangezogen. Ein weites Anwendungsgebiet finden die Techniken schon heute in der klinischen Diagnostik.

Die sachgerechte Anwendung immunhistochemischer Verfahren erfordert auch spezielle Kentnisse auf nichthistochemischen Gebieten, wie z. B. der Gewinnung, Reinigung, Aufbewahrung und Markierung von polyklonalen und monoklonalen Antikörpern für die Antigen-Antikörper-Nachweisreaktion. Dementsprechend werden im ersten Teil des Buches Fragen behandelt, deren Kenntnis für den optimalen Einsatz immunhistochemischer Methoden notwendig ist. Dabei wurde in einem Kapitel über die Herstellung von Antiseren neben der Wahl der Versuchstierart auch die an Bedeutung ständig zunehmende Gewinnung monoklonaler Antikörper berücksichtigt.

Im zweiten Teil des Buches werden die heute angewendeten immunhistochemischen Techniken vorgestellt. Der internationalen Trendentwicklung und Hinweisen aus der Praxis folgend, wurden am Ende jedes Kapitels in einem Methodenanhang bewährte immunhistochemische Methoden zusammengestellt. Auf die breiten Anwendungsmöglichkeiten und die zunehmende Praxisrelevanz immunhistochemischer Methoden wird in einem abschließenden Kapitel über „Anwendung immunhistochemischer Methoden“ hingewiesen.

Die Autoren

Inhaltsverzeichnis

Immunologische Grundlagen der Immunhistochemie

H. Ambrosius

Immunhistochemische und -zytochemische Techniken haben in den letzten Jahren in zunehmendem Maße Verbreitung gefunden. Leider hat es wiederholt Fehlinterpretationen der damit erhaltenen Ergebnisse gegeben. Außerdem sind die Methoden oft nicht in optimaler Art und Weise angewendet worden. Ein wichtiger Grund hierfür sind die meist unzureichenden immunologischen Kenntnisse derjenigen, die beginnen, sich mit immunhistochemischen Techniken zu befassen. Natürlich muß man nicht Immunologe sein, um diese Techniken einzusetzen. Ihre sachgerechte Anwendung setzt aber bestimmte immunologische Grundkenntnisse voraus. Ihrer Vermittlung soll das vorliegende Kapitel dienen.

1. Die humorale Immunreaktion und ihre Grundlagen

1.1. Das Immunsystem

Das Immunsystem ist das spezifische Abwehrsystem der Wirbeltiere, das sich in Ergänzung unspezifischer Abwehrmechanismen, z. B. der Phagozytose, entwickelt hat. Es ist zur Unterscheidung von „eigen" und „fremd" befähigt und kann im Zusammenwirken mit anderen Mechanismen das „Fremde" aus dem Körper eliminieren. Da es ein lernendes System ist, also Erfahrungen akkumuliert, d. h. spezifische Immunität aufbaut, arbeitet es in Anpassung an die jeweiligen Umweltbedingungen mit hoher Effektivität.

Eine der Eigenschaften, die das Immunsystem methodisch interessant machen, ist die hohe **Spezifität** seiner Reaktionen. So richtet sich die Immunantwort stets **spezifisch** gegen diejenige Struktur, die als fremd erkannt worden ist. Dabei kann es sich sowohl um Moleküle als auch um Zellen handeln. Allgemein wird für derartige Strukturen, die eine Immunantwort auslösen, der Begriff **Antigen** verwendet. Als Produkte der Immunantwort entstehen **Lymphozyten** und **Antikörper**, die

Tabelle 1. Gliederung des Immunsystems

primäre Immunorgane	Dottersack, fetale Leber Knochenmark	Quelle der Lymphozyten
	Knochenmark ↓ ↓ Thymus Bursa	Ort der Regulation der Lymphozytenentwicklung
sekundäre Immunorgane	Milz, Lymphknoten, Knochenmark, Peyersche Platten, Tonsillen etc.	Ort der Interaktion von Antigen und Lymphozyten und der Regulation der Immunantwort

spezifisch mit dem Antigen, das die Immunantwort ausgelöst hat, reagieren. Diese Spezifität der Bindung des Antigens durch die Antikörper ist die Basis für alle immunhistochemischen Methoden.

Entsprechend der ungeheuren Vielfalt der Antigene, mit denen der Organismus im Laufe seines Lebens Kontakt bekommt, muß er über die Voraussetzung verfügen, gegen nahezu jede Fremdstruktur zu reagieren. Die Anzahl der Spezifitäten, die ein Säugetierorganismus durch Immunantworten tatsächlich realisiert, ist mit mehreren Millionen anzunehmen. Die vom genetischen Material her vorhandene Potenz liegt sogar noch um einige Größenordnungen höher. Die praktische Schlußfolgerung aus dem Gesagten ist: *„Gegen nahezu jede beliebige Struktur lassen sich Antikörper induzieren, mit denen andererseits das Antigen quantitativ oder ortsgerecht nachgewiesen werden kann.“*

Das Immunsystem stellt eine funktionelle Einheit dar. Seine morphologische Grundlage ist das lymphoide System unter Einbeziehung einiger anderer Zelltypen, z. B. der Monozyten und Makrophagen. Innerhalb des Immunsystems sind primäre und sekundäre Immunorgane zu unterscheiden, Tab. 1. Erstere sind der Ort, an dem ohne Antigeneinfluß die Differenzierung der Lymphozyten erfolgt und durch Proliferation das für die Immunantwort notwendige Zellmaterial geliefert wird. Diese immunkompetenten die Differenzierung der Lymphozyten er-Immunorgane ein, in denen nach Antigeneinfluß die spezifische Immunantwort abläuft. In den sekundären Immunorganen, z. B. im Lymphknoten, läßt sich durch direkte Antigeninjektion schon mit sehr geringen Antigenmengen eine Antikörperbildung auslösen, was unter Umständen bei der Herstellung von Antiseren von Bedeutung ist.

In die primären Immunorgane gelangen Stammzellen. Sie entstammen während der Fetalphase der Säugetiere dem Dottersack und der fetalen Leber. Später übernimmt das Knochenmark die Funktion des Stammzellieferanten. Innerhalb der primären Immunorgane erfolgt im Zusammenhang mit den bereits erwähnten Differenzierungsschritten der Lymphozyten eine organspezifische **Prägung**. Hierbei entwickeln die Zellen typische Oberflächenstrukturen, Zellmarker oder Mem-

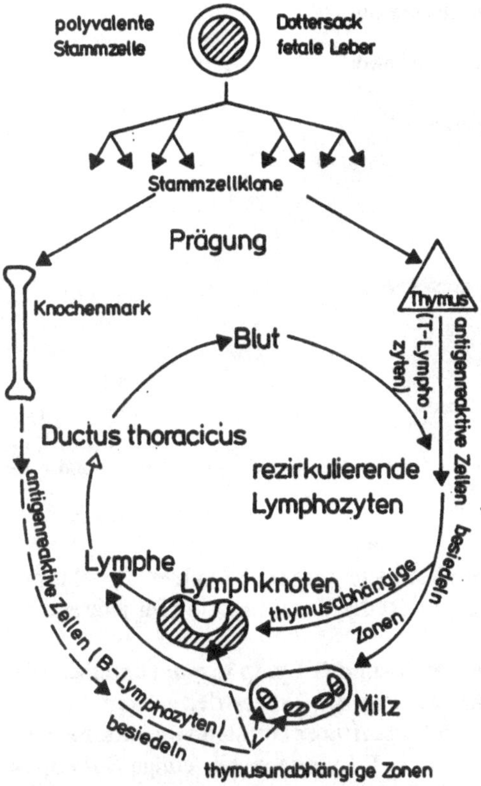

Abb. 1. Schema der Entwicklung von T- und B-Lymphozyten

branantigene und bilden ihre antigenspezifischen Rezeptoren aus. Diese Entwicklung verläuft im Thymus und im Knochenmark, dem Äquivalent der Bursa Fabricii der Vögel, unterschiedlich. Die den Thymus verlassenden Lymphozyten, die als **thymusabhängige** oder thymusgeprägte Lymphozyten bzw. T-Lymphozyten bezeichnet werden, unterscheiden sich deshalb von denjenigen, deren Prägung im Knochenmark erfolgte. Letztere werden in Anlehnung an die Verhältnisse bei den Vögeln **bursaabhängige,** bursageprägte oder B-Lymphozyten genannt, Abb. 1.

Die neu entstandenen T- oder B-Lymphozyten, gewissermaßen die "1. Generation" immunkompetenter Zellen, sind als sog. virgine oder virginile Lymphozyten recht kurzlebig. Sie sterben nach einigen Tagen oder Wochen ab, falls sie nicht über ihre antigenspezifischen Rezeptoren Antigene binden können. Letzteres wäre ein Induktionsreiz für weitere Poliferationen und Differenzierungen, als deren Ergebnis die langlebigen reifen (mature) oder Gedächtnis- (memory)-Zellen

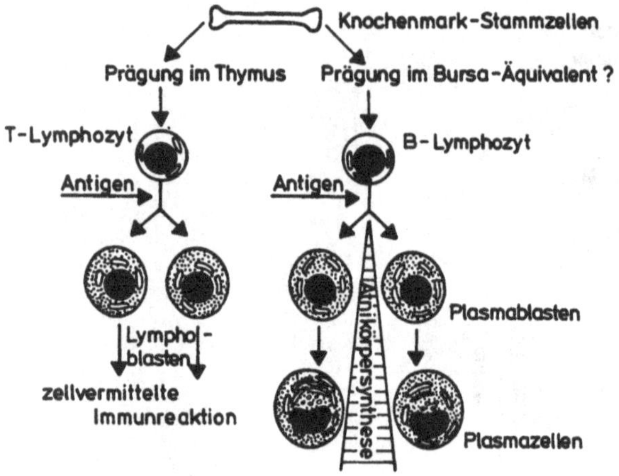

Abb. 2. Zusammenhang zwischen Differenzierung der Lymphozyten-Subpopulationen und zellvermitterlter bzw. humoraler Immunreaktion

entstehen. Diese „2. Generation" immunkompetenter Zellen bildet die Hauptmasse der rezirkulierenden Lymphozyten und ist die Voraussetzung für jede starke Immunantwort, Abb. 1.

Innerhalb des Immunsystems kommen den T- und B-Lymphozyten unterschiedliche Funktionen zu. So sind die **T-Lymphozyten** die Träger der **zellvermittelten Immunität**, die z. B. bei der Abstoßung von Organtransplantaten von entscheidender Bedeutung ist. Außerdem gehören zu den T-Lymphozyten einige Subpopulationen, die als regulatorisch wirksame Zellen die Immunantwort beeinflussen, Abb. 2. Dagegen sind die **B-Lymphozyten** die **Produzenten der Antikörper**, die ihrerseits das wichtigste Reagens der immunhistochemischen Technik darstellen. Die mit der Antikörperbiosynthese verknüpften Prozesse werden unter dem Begriff humorale Immunantwort zusammengefaßt.

1.2. Die Antigene

„Antigen" ist ein funktioneller Begriff. Man versteht darunter eine Struktur, die nach parenteraler Einführung im Wirbeltier eine spezifische Immunantwort auslöst. Die hierbei entstehenden Produkte — die aktivierten Lymphozyten und die Antikörper — reagieren ihrerseits mit dem Antigen. Das Antigen ist also einerseits der Induktor der Immunantwort, andererseits der Reaktionspartner der entstandenen Immunprodukte.

Tabelle 2. Zusammenhang der Begriffe Antigen, Immunogen und Tolerogen

Begriff	**Funktion**
Antigen (Oberbegriff)	induziert Immunantwort und reagiert mit den Immunprodukten (Antikörper und Lymphozyten)
Immunogen	induziert meßbare (positive) Immunantwort. Nach erneutem Immunogenkontakt kommt es zur verstärkten Antwort (Sekundärreaktion)
Tolerogen	induziert antigenspezifische Reaktionslosigkeit (Toleranz). Nach erneutem Antigenkontakt (auch in immunogener Form) erfolgt keine bzw. eine abgeschwächte Immunantwort.

Um die oben erwähnte Doppeldeutigkeit des Antigenbegriffes zu vermeiden, ist für die Funktion der Induktion einer meßbaren Immunantwort der Begriff **Immunogen** eingeführt worden. Ihm wird der Begriff **Tolerogen** gegenübergestellt, s. Tab. 2.

1.2.1. Tolerogene und Immuntoleranz

Wie oben dargestellt, (Tab. 2), induziert die tolerogene Form eines Antigens einen Zustand der Immuntoleranz, während das Immunogen zur Antikörperbildung führt. Nun gehören Immunogene und Tolerogene keineswegs zu unterschiedlichen Stoffklassen, sie können vielmehr verschiedene Zustandsformen, ja sogar nur unterschiedliche Mengen eines Antigens sein. Es ist deshalb für jeden, der hochtitrige Antiseren herstellen will, von Bedeutung, die Bedingungen zu kennen, die zu der in diesem Falle unerwünschten Immuntoleranz führen können.

Zu den Faktoren, die darüber entscheiden, ob ein bestimmtes Antigen als Immunogen oder Tolerogen wirkt, gehören vor allem seine Teilchengröße, seine Menge sowie die Reaktivität des Systems (Spezies oder Individuum), auf welches das Antigen wirkt.

Seit langem ist bekannt, daß hochmolekulare Proteine starke Immunogene sind, dies gilt auch für die polymere Form des Flagellins. Es induziert nach Injektion z. B. in Kaninchen eine intensive Antikörperbiosynthese. Injiziert man dagegen das Monomer, so bleibt die Antikörperbildung aus. Eine nachfolgende Injektion des Polymers führt gleichfalls nicht zu einer deutlichen Antikörpersynthese. Obgleich monomeres und polymeres Flagellin chemisch völlig identisch sind, wirken sie auf den Organismus ganz unterschiedlich. Das Polymer ist ein Immunogen, das Monomer induziert dagegen einen Zustand der Immuntoleranz, in dem auch die immunogene Form keine Immunantwort zu induzieren vermag. Der hier am Beispiel des Flagellins skizzierte Zusammenhang zwischen Teilchengröße und Immunogenität führt zu folgenden praktischen Schlußfolgerungen:

— Hochmolekulare Substanzen sind i. d. R. starke Immunogene
— niedermolekulare Substanzen können Tolerogene sein. Sie lassen sich durch Aggregatbildung, z. B. durch kovalente Vernetzung mittels Glutardialdehyd, in Immunogene umwandeln
— jede enzymatische Spaltung von Proteinantigenen, wie sie in entsprechenden Präparationen auftreten kann, ist unbedingt zu vermeiden, da hierdurch die Immunogenität leidet und u. U. Tolerogene entstehen.

Für zahlreiche Antigene gilt, daß bestimmte Antigendosen Immuntoleranz herbeiführen, während andere Antigenmengen Antikörperbildung auslösen. Der durch große Mengen von Polysaccharidantigenen induzierte Zustand der Immuntoleranz ist besonders unter dem Begriff Immunparalyse bekannt geworden. Der Grenzbereich zwischen Immunogentität und Tolerogenität liegt aber oft keineswegs hoch im Vergleich zu den Antigenmengen, die vielfach in Versuchstiere injiziert werden. So beträgt die immunogene Dosis des Polysaccharids S III, eines Polymers aus Glukose und Glukuronsäureresten aus der Membran von Typ-III-Pneumokokken, 0,1 bis 1,0 μg. Bereits 1 mg führt zur Immuntoleranz.

Daß auch durch Proteinantigene in bestimmten Dosen Immuntoleranz induziert wird, ist seit über 20 Jahren bekannt. So zeigte MITCHISON (1964), daß Rinderserumalbumin besonders bei wiederholter Gabe in kurzen Zeitabständen in zwei Dosisbereichen Immuntoleranz herbeiführt, Tab. 3.

Tabelle 3. Einfluß der Antigendosis auf die Art der Immunantwort. Das Antigen (Rinderserumalbumin) wurde Mäusen dreimal pro Woche gegeben (nach MITCHISON 1964)

Antigendosis	Antwort des Organismus
20 mg	zunächst Antikörperbildung, später Ausbildung von Toleranz
5 mg	Toleranz
1 mg	Antikörperbildung
0,1 mg	Antikörperbildung
0,04 mg	zunächst Toleranz, nach 2 Monaten Antikörperbildung
0,01 mg	Toleranz, später Antikörperbildung

Immuntoleranz ist in den meisten Fällen kein Zustand völliger Reaktionsunfähigkeit gegenüber dem Antigen, sondern nur eine erniedrigte Reaktivität. Antikörperbildung bleibt also nicht aus, sie ist nur verringert. Das bedeutet aber, daß man bei falscher Antigendosis bei der Immunisierung nicht die Optimaltiter erreicht. Obwohl sich die verschiedenen Antigene unterscheiden, daher eigentlich bei jedem Antigen die Optimaldosis experimentell herausgefunden werden sollte, lassen sich aus dem Dargestellten folgende Richtlinien für die Immunisierung ableiten:

— bei Proteinantigenen sollte die Menge von 1 mg nur bei Mischantigenen überschritten werden

— bei Polysaccharidantigenen ist mit einer Dosis von ca 1 μg zu immunisieren
— wiederholte Immunisierungen in kurzen Zeitabständen sind insbesondere im Anschluß an die Erstimmunisierung zu vermeiden.

Wie bereits oben erwähnt, entscheidet auch die genetische Beschaffenheit des Organismus, in den das Antigen gelangt, darüber, ob eine meßbare Immunantwort resultiert. So unterscheiden sich sowohl verschiedene Spezies als auch die Individuen einer Art in ihrer Immunantwort auf ein bestimmtes Antigen. Das gilt natürlich auch gegenüber Krankheitserregern und äußert sich u. a. in einer unterschiedlichen Infektanfälligkeit. Eine wesentliche Ursache für diese Unterschiedlichkeit liegt in den „Immunreaktivitätsgenen" (Ir-Gene), die Bestandteil eines für die Funktion des Immunsystems besonders wichtigen genetischen Komplexes, des „Haupthistokompatibilitätskomplexes" (major histocompatibility complex, MHC) sind. Als praktische Konsequenz aus dem Gesagten ergibt sich:
— falls für das spezielle Antigen noch keine Erfahrungen vorliegen, sollten Immunisierungen in mehr als einer Spezies vorgenommen werden
— es sind immer mehrere Individuen zu immunisieren.

1.2.2. Epitope und Haptene

Diejenigen Antikörper, die nach Injektion eines bestimmten Antigens im Organismus gebildet worden sind, reagieren zwar alle mit diesem Antigen, sie stimmen in ihrer Spezifität aber keineswegs überein. So reagieren sie z. B. mit ganz unterschiedlichen Oberflächenstrukturen des Antigens, den **Antigendeterminanten** oder **Epitopen**, Abb. 3. Je größer das Antigen ist, desto zahlreicher sind auch seine Epitope. So konnte experimentell nachgewiesen werden, daß ein Proteinantigen von etwa 150000 Da wenigstens 50 verschiedene Epitope besitzt. Dabei hängt es vom Typ und der Struktur des Antigens ab, ob ein bestimmtes Epitop ein- oder mehrfach

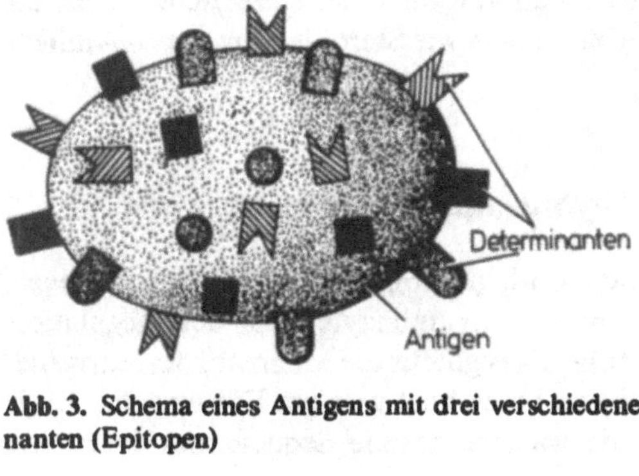

Abb. 3. Schema eines Antigens mit drei verschiedenen, mehrfach vorhandenen Antigendeterminanten (Epitopen)

vorkommt. Daher wird ein nicht symmetrisch strukturiertes molekulares Antigen, das als Monomer vorliegt, jede Determinante meist nur einmal besitzen. In polymeren Formen treten die Epitope dagegen entsprechend dem Polymeriegrad mehrfach auf. Viren und zelluläre Antigene tragen ihre Determinanten sogar meist in sehr großer Anzahl.

Wie oben dargestellt, stellen die z. B. durch ein Proteinantigen induzierten Antikörper hinsichtlich ihrer Feinspezifität eine heterogene Population dar. Sie binden zwar alle dieses Antigen, reagieren aber mit unterschiedlichen Epitopen. Ihre echte Spezifität ist also keine Antigen- sondern eine Epitopspezifität, die allerdings in den wenigsten Fällen bekannt ist.

Auch aus praktischen Gründen ist es wichtig, die durchschnittliche Größe der Antigendeterminanten zu kennen. Sie ist vor allem mittels Hemmexperimenten recht genau bestimmt worden und beträgt bei Kohlenhydratantigenen 3 bis 6 Hexoseeinheiten, bei Proteinantigenen 4 bis 7 Aminosäurereste. Man kann hieraus als einen mittleren Wert für die Größe eines Epitops 2,5 × 1,5 × 0,6 nm kalkulieren.

Wie bereits erwähnt, hängt die Immunigenität einer Substanz wesentlich von ihrer Teilchengröße ab. Wird ein bestimmtes Molekulargewicht unterschritten, so ist das Material nicht mehr immunogen. Dieser Grenzwert liegt in Abhängigkeit vom Antigentyp zwischen 10000 und 1000 Da. Substanzen mit einem Molekulargewicht um 1000 oder darunter führen demnach bei Injektion in ein Versuchstier nicht zur Antikörperbildung. Trotzdem kann man gegen derartige Strukturen Antikörper induzieren. Dazu müssen die sog. Haptene — niedermolekulare Substanzen, die allein keine Immunantwort auslösen — an einen hochmolekularen Träger (Carrier) gekoppelt werden. Durch diese Kopplung wird das Hapten zu einem neuen Epitop des Carriers. Wird nun mit dem Hapten-Carrier-Konjugat immunisiert, so bilden sich neben carrierspezifischen auch haptenspezifische Antikörper. Die Tatsache, daß sich durch derartige Konjugate auch Antikörper gegen viele niedermolekulare Substanzen induzieren lassen, ist auch für die Immunhistochemie von großer Bedeutung, wird dadurch doch der spezifische Nachweis von zahlreichen biologisch aktiven Verbindungen wie Steroiden, biogenen Aminen oder cAMP ermöglicht.

1.2.3. Thymusabhängige und thymusunabhängige Antigene

Wie später genauer besprochen werden wird, (S. 46), spielen die verschiedenen Populationen der thymusabhängigen oder T-Lymphozyten bei der Regulation der Immunantwort eine entscheidene Rolle. Dies gilt für die Mehrzahl der Antigene, die deshalb als thymusabhängige Antigene bezeichnet werden. Für einzelne Antigene, die in ihrer Struktur eine ständig wiederkehrende Sequenz der Bausteine aufweisen, insbesondere einige Kohlenhydrate, trifft das aber nicht zu. Sie können offenbar diejenigen B-Lymphozyten, die diese Antigene zu binden vermögen, unmittelbar zur Proliferation und Differenzierung zur antikörperproduzierenden Zelle treiben. Derartige Antigene werden thymusunabhängige oder B-Zell-Antigene genannt. Meist ist auch das Ergebnis einer Immunantwort, die durch ein thymusunabhängiges Antigen induziert worden ist, deutlich von der „normalen" Immunantwort, wie sie in den nachfolgenden Abschnitten besprochen werden wird, verschieden. So ist sie in verschiedener Hinsicht „eingeschränkt". Dies gilt für die Heterogenität der Antikörper in drei Bereichen. Erstens ist die Vielfalt ihrer Spezifitäten gering. Zweitens werden fast nur hochmolekulare Antikörper der Immunglobulinklasse M (S. 40) gebildet. Drittens treten nur niedrig affine Antikörper auf (S. 26). So zeigt dieser von der Norm abweichende direkte Stimulierungsmechanismus der thymusunabhängigen Antigene zugleich die biologische Bedeutung der oft recht kompliziert erscheinenden „normalen" Regulationsmechanismen bei der Immunantwort.

1.3. Der Ablauf der humoralen Immunantwort

Antikörper, die wichtigsten Reagenzien des Immunhistochemikers, sind die Produkte der humoralen Immunantwort. Für ihre Herstellung ist es wichtig, diejenigen Faktoren zu kennen, die den Ablauf einer Immunantwort entscheidend beeinflussen.

1.3.1. Die primäre Immunantwort

Injiziert man ein Antigen i. v. in ein Versuchstier und bestimmt in der Folgezeit seine Menge im Blut, so ergibt sich ein typischer dreiphasiger Kurvenverlauf, Abb. 4. Zunächst erfolgt in kurzer Zeit die Verteilung des Antigens über den gesamten Körper. Daran schließt sich die über mehrere Tage gehende Phase des allmählichen Antigenabbaues auf den üblichen Stoffwechselwegen an. Ihr folgt die Phase der intensiven Immunelimination. In ihr verbinden sich die bereits gebildeten Antikörper mit dem Antigen zu Antigen-Antikörper-Komplexen, die z. B. durch Phagozyten eliminiert werden. Erst nachdem das Antigen aus dem Kreislauf eliminiert worden ist, lassen sich freie Antikörper nachweisen.

• Die Menge der im Blut enthaltenen Antikörper verändert sich im Verlaufe der Immunantwort in charakteristischer Weise, zugleich ergibt sich eine Phasengliederung, Abb. 5. Die Latenzphase umfaßt diejenige Zeitspanne, in der noch keine freien Antikörper im Serum nachweisbar sind. In der anschließenden „Logphase" nimmt ihre Menge exponentiell zu. In graphischen Darstellungen, in denen

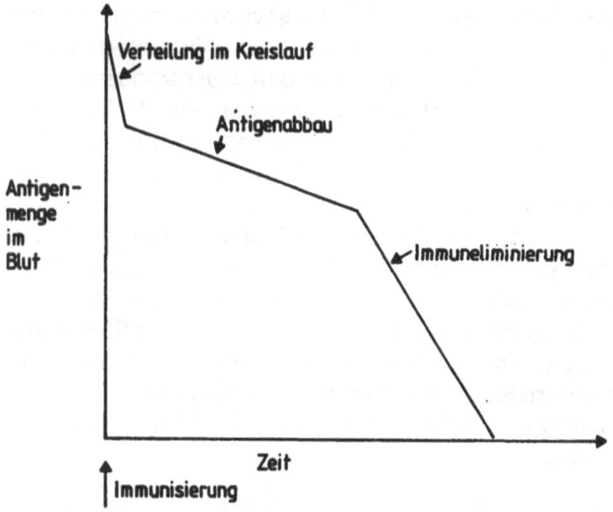

Abb. 4. Schema des Verlaufs der Antigeneliminierung

die Antikörpermenge in einer logarithmischen Skala eingetragen ist, z. B. Abb. 5, ergibt sich daher eine ansteigende Gerade. Dies ist Ausdruck der durch wiederholte Zellteilungen zunehmenden Anzahl der Antikörper-produzierenden Zellen. Meist kommt es nach einigen Tagen zu einer Gegenregulation, die Proliferationen werden gestoppt, und die Antikörperproduktion verringert sich oder erlischt völlig. Damit verschwinden die Antikörper, die ja auch dem Stoffwechsel unterliegen, wieder aus dem Blut.

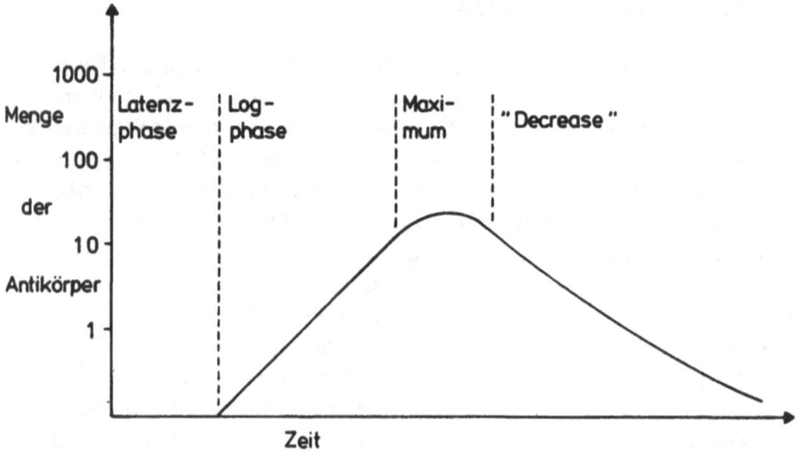

Abb. 5. Schema der Phasen einer humoralen Immunantwort (Aus Ambrosius 1979)

1.3.2. Die Sekundärantwort

Das Immunsystem ist ein lernendes System. Der Kontakt mit einem Antigen führt nicht nur zur Immunantwort, er verändert zugleich die Reaktionsbereitschaft gegenüber diesem Antigen. Bei einem nachfolgenden Kontakt mit dem gleichen Antigen „kennt" der Organismus dieses Antigen bereits und reagiert darauf in anderer Weise, meist mit erhöhter Intensität.

Kommt der Organismus erstmalig in Berührung mit einem bestimmten Antigen, so resultiert eine „Primärantwort", wie sie schematisch in Abb. 5 wiedergegeben ist. Ein einige Zeit später erfolgender Zweitkontakt führt dagegen zur Sekundärantwort, die sich von der Primärantwort in einigen Punkten unterscheidet, Abb. 6. Bei der Sekundärantwort ist die Latenzphase kürzer, und es werden schneller und mehr Antikörper gebildet als bei der Primärantwort. Außerdem bleiben die Antikörper über einen längeren Zeitraum nachweisbar. Dies ist Ausdruck des **„immunologischen Gedächtnisses"**. Es ist für den Organismus von großer Bedeutung. Er lernt im Laufe der Zeit die ubiquitären Keime seiner Umgebung nach und nach kennen und erwirbt über das immunologische Gedächtnis ihnen gegenüber eine stabile Immunität. Diese bezieht sich aber eben nur auf die „normale Umgebung". Wird sie drastisch gewechselt, z. B., wenn Kleinkinder erstmals in die Kinderkrippe kommen, so fehlt meist die Immunität gegen einige der dort vorhandenen Keime. Infektionen sind die Folge, und es muß sich erst wieder allmählich eine Immunität gegenüber dem Keimspektrum der neuen Umgebung ausbilden.

Ist das immunologische Gedächtnis einerseits von großer biologischer Bedeutung, so ist es andererseits auch praktisch sehr wichtig. Es ist eine der Grund-

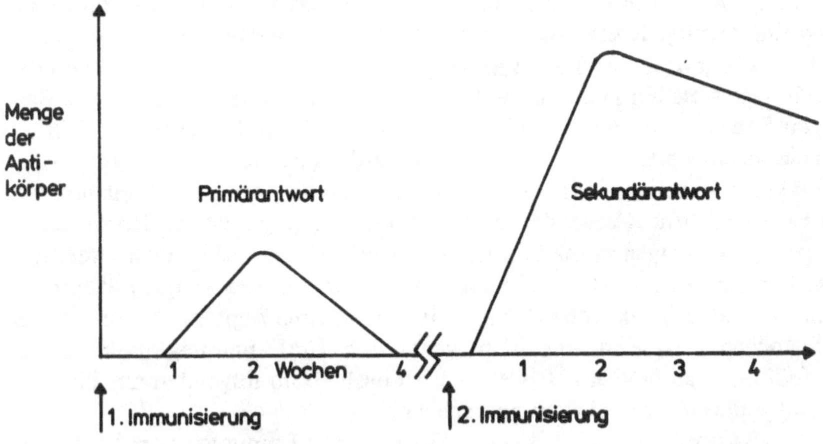

Abb. 6. Schematischer Vergleich immunologischer Primär- und Sekundärantwort

lagen für die Herstellung hochtitriger Antiseren. Nur, wenn man seinen Mechanismus voll ausnutzt, kann man maximale Antikörpermengen erreichen. Die Basis für das immunologische Gedächtnis ist die Anzahl der Gedächtniszellen (memory cells), die bereits S. 15 erwähnt wurden. Sie benötigen für ihre Entwicklung und Verteilung im Organismus einen relativ langen Zeitraum. Daher ist eine typische Sekundärreaktion auch erst mehrere Wochen nach der Primärreaktion auslösbar. Experimentell konnte gezeigt werden, daß eine maximale Sekundärreaktion bei Mäusen 2 bis 3 Monate, bei Meerschweinchen sogar erst ein Jahr nach der Primärreaktion induziert werden kann. Die sich hieraus ergebende Schlußfolgerung ist:

— Nach der Primärimmunisierung ist immer mehrere Wochen zu warten, bevor erneut Antigen injiziert wird. Jede Antigengabe kurz nach dem Primärkontakt ist eine Vergeudung des Antigens. Außerdem kann durch wiederholte Antigeninjektionen in kurzen Zeitabständen auch Immuntoleranz induziert werden.

1.4. Die Antikörperklassen und ihre Sequenz im Verlauf der Immunantwort

Bei Säugetieren sind 5 Klassen von Antikörpern bzw. Immunglobulinen beschrieben worden. Sie unterscheiden sich zwar nicht in der Spezifität ihrer Bindung zum Antigen, wohl aber in zahlreichen anderen biologischen Funktionen. So ist z. B. das Immunglobulin G (IgG), vielfach auch etwas ungenau „Gammaglobulin" genannt, die einzige Klasse, die beim Menschen diaplazentar auf den Fetus übertragen wird, also die Immunität des Neugeborenen bewirkt. Die Antikörper der Immunglobulinklasse M (IgM) haben am stärksten die Fähigkeit, das Komplementsystem zu aktivieren. Sie spielen daher als Schutzantikörper bei zahlreichen Infektionen eine wichtige Rolle. Die wichtigste biologische Bedeutung des Immunglobulin A (IgA) liegt darin, daß es als sekretorisches IgA in vielen Sekreten von der Tränenflüssigkeit bis hin zum Darmschleim zu finden ist und dort eine erste Barriere gegen Krankheitskeime darstellt. Das Immunglobulin D (IgD) tritt nicht als funktionell bedeutsamer Antikörper im Serum auf, es ist vielmehr ein antigenspezifischer Lymphozytenrezeptor, der für die Stimulierung der Immunantwort wesentlich ist. Die fünfte Klasse, das Immunglobulin E (IgE), ist im Serum nur in äußerst geringen Mengen enthalten. Es ist vor allem durch seine unerwünschten Nebenwirkungen bekannt. So rufen die Antikörper der Klasse IgE die meisten Allergien vom anaphylaktischen Typ, z. B. den Heuschnupfen, hervor. In der Immunhistochemie spielen von den genannten fünf Immunglobulinklassen nur das IgG und das IgM eine Rolle. Es wird deshalb im folgenden nur die Aufeinanderfolge dieser zwei Klassen besprochen.

Es ist bereits über 20 Jahre bekannt, daß bei einer Immunantwort hoch- und niedermolekulare Antikörper in einer charakteristischen Abfolge nacheinander

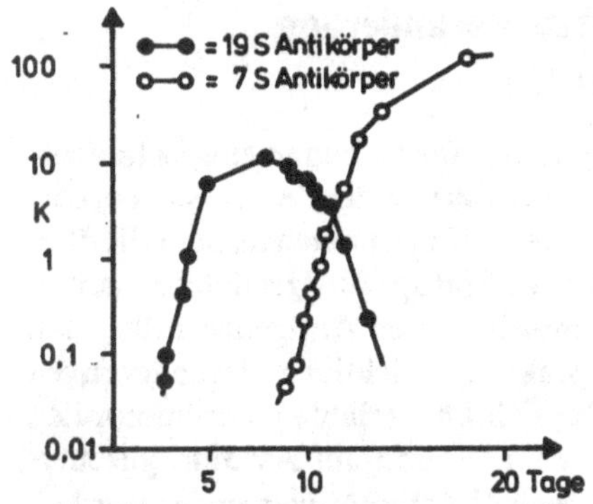

Abb. 7. Aufeinanderfolge von 19 S- und 7 S-Antikörpern im Meerschweinchen nach Immunisierung mit 10^{11} Bakteriophagen ($\Phi \times 174$), Die Antikörpermenge ist durch die Inaktivierungskonstante (K/min) im Phagenneutralisationstest ausgedrückt. (Nach Daten von Uhr und Finkelstein 1963 aus Ambrosius und Rudolph 1978)

auftreten, Abb. 7. Diese hoch- und niedermolekularen Antikörper entsprechen im wesentlichen den Klassen IgM und IgG. Abb. 7 gibt die typische Situation bei einer Primärantwort wieder. Erst treten die IgM-Antikörper auf, das IgG folgt später und ersetzt das IgM. Die Mengenverhältnisse der beiden Klassen sind bei den einzelnen Antigenen unterschiedlich. So tritt bei einigen Polysaccharidantigenen, insbesondere den thymusunabhängigen Antigenen, eine nahezu ausschließliche IgM-Antwort auf, wogegen bei den meisten Proteinantigenen das IgG überwiegt.

Bei einer sekundären Immunantwort zeigen sich gegenüber dem oben Gesagten vor allem zwei Besonderheiten. So treten IgM- und IgG-Antikörper meist gleichzeitig auf. Vor allem aber ist die Menge des IgG wesentlich erhöht. Das im voraus besprochene immunologische Gedächtnis, die erhebliche Verstärkung der Sekundär- gegenüber der Primärantwort, ist vollständig oder doch nahezu auf die erhöhte Produktion von Antikörpern der IgG-Klasse zurückzuführen. Anders ausgedrückt: Die als Folge der Primärantwort entstandenen Gedächtniszellen (memory cells) aus der Population der B-Lymphozyten sind die Vorläufer der IgG-produzierenden Zellen.

Die Kenntnis der Sequenz der Antikörperklassen ist für die Herstellung von Antiseren insofern wichtig, als sie über den **Zeitpunkt der Blutentnahme** entscheidet. Benötigt man z. B. ein Antiserum mit hoher Komplementbindungsaktivität, so muß das Blut relativ zeitig nach der Antigengabe zum Zeitpunkt des höchsten Titers von IgM-Antikörpern abgenommen werden. Wird dagegen ein Antiserum mit hoch affinen Antikörpern gebraucht, so ist eine späte Abnahme mit ausschließlich IgG-Antikörpern erforderlich.

1.5. Die Antikörperaffinität und ihre Veränderung im Verlauf der Immunantwort

Für die Qualität eines Antiserums, das in der Immunhistochemie eingesetzt werden soll, ist nicht nur die Menge und Spezifität der darin enthaltenen Antikörper, sondern auch ihre **Affinität** von Bedeutung. Unter Affinität versteht man die Bindungsstärke zwischen Antikörper und Hapten bzw. Epitop (Antigendeterminante). Bei der Reaktion zwischen Antikörpern und multivalenten Antigenen sollte man besser von **Avidität** sprechen. Da aber die praktisch wichtigen Veränderungen der Bindungseigenschaften der Antikörper, die sich im Verlaufe einer humoralen Immunantwort feststellen lassen, auf Affinität i. e. S. und auf Avidität gleichermaßen zutreffen, wird im Folgenden nur der Begriff Affinität verwendet werden.

Die Affinität ist stets der Ausdruck der Festigkeit der Bindung zwischen Antigen und Antikörper. Niedrig affine Antikörper zeigen eine lockere Bindung; sie können u. U. bereits durch Waschvorgänge abgelöst werden, d. h., sie sind für immunhistochemische Methoden ungeeignet. Hier werden stets hoch affine Antikörper angestrebt. Dies gilt allerdings nicht für alle immunologischen Methoden. So sind hoch affine Antikörper z. B. für immunchromatografische Verfahren, wie sie zur Reinigung von Antigenen eingesetzt werden, unbrauchbar, da das Antigen nicht ausreichend schonend vom Antikörper abgelöst werden kann.

Alle Antiseren enthalten ein Gemisch unterschiedlicher Antikörper, unter denen sich stets auch niedrig und hoch affine befinden. Deshalb ist es üblich, zur Kennzeichnung einer derartigen Antikörpermischung die mittlere oder Durchschnittsaffinität anzugeben. Sie entspricht dem Wert bei 50%iger Sättigung der Bindungsstellen der Antikörper mit Hapten bzw. Antigen und hat die Maßeinheit M^{-1}. Niedrig affine Antikörper haben Affinitäten zwischen 10^3 M^{-1} und 10^6 M^{-1}, hoch affine können Werte bis 10^{12} M^{-1} erreichen. Bei Mehrfachbindung zwischen Antikörper und multivalentem Antigen können noch wesentlich höhere Bindungsstärken resultieren.

Die Tatsache, daß sich „späte" Antikörper für viele immunologische Methoden, z. B. Präzipitationstechniken, besser eignen als „frühe", ist seit den Anfängen der Serologie, d. h. seit Beginn unseres Jahrhunderts bekannt. Aber erst in den letzten beiden Jahrzehnten konnte durch exakte Messungen belegt werden, daß dieser Qualitätsunterschied der Antikörper auf ihrer Affinität zum Epitop beruht. Dabei zeigte sich, daß meist ein deutlicher Anstieg der Durchschnittsaffinität der Antikörper im Verlaufe einer Immunantwort erfolgt. Dieser Prozess ist als **Maturation der Immunantwort** bezeichnet worden. Er sei beispielhaft an Untersuchungen, die in unserem Labor vorgenommen wurden, dargestellt:

Kaninchen wurden mit dinitrophenyliertem Rindergammaglobulin (DNP-RGG) immunisiert. Bei diesem Konjugat ist das RGG der immunogene Carrier, die DNP-Gruppe stellt das Hapten dar, das als künstliches Epitop an das Protein angelagert worden ist. Da das DNP nur an die Sei-

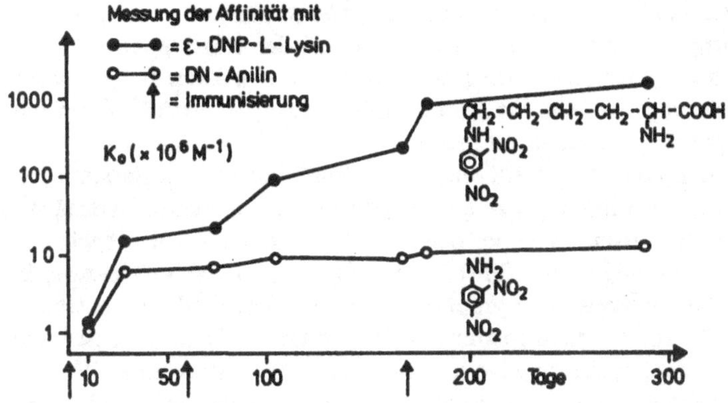

Abb. 8. Veränderung der Durchschnittsaffinität der Antikörper von Kaninchen, die mit dinitrophenyliertem Rindergammaglobulin immunisiert wurden. (Nach Daten von FIEBIG 1972 aus AMBROSIUS und RUDOLPH 1978)

tenkette des Lysins gebunden wird, ist das wirksame Epitop das ε-DNP-L-Lysin. Von den mit DNP-RGG immunisierten Kaninchen entnahmen wir zu unterschiedlichen Zeiten Blut und bestimmten die Durchschnittsaffinität der darin enthaltenen Antikörper. Die Messungen erfolgten einerseits mit Dinitroanilin, was der DNP-Gruppe weitgehend entspricht, und andererseits mit ε-DNP-L-Lysin, also dem Äquivalent des Epitops. Die Veränderungen der Durchschnittsaffinität, die bei dreifacher Immunisierung eintraten, sind aus Abb. 8 ersichtlich. Bei der Affinitätsmessung mit Dinitroanilin zeigt sich ein deutlicher Affinitätsanstieg nach der ersten Immunisierung, nicht aber in der Folgezeit. Insgesamt erhöht sich die Affinität für das Dinitroanilin auf das Zehnfache. Ein ganz anderes Bild ergibt sich bei der Bestimmung der Affinität zum ε-DNP-L-Lysin. Hier erfolgt nach jeder Immunisierung eine Erhöhung der Affinität und sie erreicht schließlich über tausendfache Werte. Das bedeutet, daß die Anzahl der Antikörper, die eine gute Paßform zum Epitop haben, im Verlaufe der Immunantwort deutlich zugenommen hat. Das DNP macht dabei nur einen Teil des Epitops aus.

Die Grundlage für den durchschnittlichen Affinitätsanstieg im Verlaufe der Immunantwort ist ein **Selektionsprozeß**, bei dem die Antigen-bindenden Zellen, die Vorläufer der Antikörperproduzenten, um das Antigen konkurrieren. Zum Zeitpunkt der Immunisierung ist eine relativ große Antigenmenge im Organismus vorhanden. Viele Zellen mit der Fähigkeit zur Bindung des Antigens, auch solche mit niedrig affinen Rezeptoren, werden durch den Antigenkontakt stimuliert und liefern Zellklone, die Antikörper produzieren. Da sich die Rezeptoren der ursprünglich Antigen-bindenden Zellen und die letztendlich gebildeten Antikörper in ihren Bindungseigenschaften gleichen, entsteht zunächst eine Antikörperpopulation mit einem relativ hohen Anteil niedrig affiner Antikörper. In der Folgezeit nimmt die Antigenmenge im Organismus stetig ab. Daher haben die Zellen mit niedrig affinen Rezeptoren keine Chance mehr, das Antigen zu binden und stimuliert zu werden. Für Zellen mit hoch affinen Rezeptoren trifft dies aber noch zu.

So werden vorwiegend diejenigen Zellen stimuliert, von denen Zellen abstammen, die hoch affine Antikörper produzieren. Damit nimmt der relative Anteil hoch affiner Antikörper im Blut zu. Der eben geschilderte Vorgang kann sich bei jeder folgenden Immunisierung wiederholen, wobei unter günstigen Verhältnissen ein stufenweiser Affinitätsanstieg resultiert, Abb. 8.

Da die **Affinität** der Antikörper ein wichtiges **Qualitätsmerkmal** darstellt, ist es wesentlich, diejenigen Bedingungen zu kennen, die bei der Herstellung von Antiseren die Affinität beeinflussen. Weil der oben geschilderte Selektionsprozeß, der zur Maturation der Immunantwort führt, Zeit erfordert, ist die Zeitspanne, in der das Antigen im Organismus den Lymphozyten präsentiert wird, von entscheidender Bedeutung. So kommt es nach Immunisierung mit nativen Proteinen, die schnell abgebaut werden, nicht zu einem deutlichen Affinitätsanstieg. Werden die Proteine aber in einer Form verabreicht, die eine Depotwirkung erreicht, so ist eine typische Maturation der Immunantwort zu beobachten. Hierfür sind einige immunologische Adjuvantien, vor allem das Freundsche Adjuvans, gut geeignet. Sie sollten deshalb stets dann eingesetzt werden, wenn hoch affine Antikörper benötigt werden.

Ein zweiter Faktor, der auf die Affinität der induzierten Antikörper großen Einfluß ausübt, ist die Menge des Antigens. Wird zuviel Antigen gegeben, so ist der Anteil der Zellen mit niedrig affinen Rezeptoren, der anfangs stimuliert wird, sehr hoch. Hier kann auch durch lange andauernde Maturation keine hohe Durchschnittsaffinität mehr erreicht werden. Ist andererseits die injizierte Antigenmenge zu gering, so beginnt zwar die Maturation auf einem relativ hohen Niveau der Affinität, sie endet aber schon nach kurzer Zeit. Bei optimaler Antigendosis liegt die Durchschnittsaffinität der frühen Antikörper schon im mittleren Bereiche und zeigt eine über längere Zeit andauernde Steigerung. Daher sind bei der Herstellung von Antiseren zu hohe wie auch zu geringe Antigendosen unbedingt zu vermeiden. Dabei kann als Regel gelten, daß diejenige Antigendosis, die die meisten Antikörper induziert, zugleich diejenige ist, die zu hohen Durchschnittsaffinitäten führt.

2. Die Struktur und Funktion der Antikörper

Wie im voraus dargestellt, sind Antikörper die Produkte der humoralen Immunantwort und zugleich die Effektoren dieses Systems. Sie sind insbesondere durch die spezifische Bindung an dasjenige Antigen, das die jeweilige Immunantwort ausgelöst hat, ausgezeichnet. Neben dieser Antigenbindungsfähigkeit haben Antikörper aber noch mehrere andere, biologisch bedeutsame Eigenschaften, z. B. die Fähigkeit der Bindung an die Zellmembran bestimmter Zelltypen, die Bindung und Aktivierung der Komponenten des Komplementsystems oder die Verstärkung bzw. die Ermöglichung der Phagozytose von partikulären Antigenen. Für jede dieser Funktionen sind bestimmte Bereiche des Antikörpermoleküls verantwortlich. Jeder Antikörper vereinigt in sich also Voraussetzungen zur Erfüllung mehrerer Funktionen, von denen die spezifische Bindung des Antigens die wohl auffälligste ist.

Seit mehreren Jahren wird dem Begriff **Antikörper** der Begriff **Immunglobuline** an die Seite gestellt. Er wird vor allem dann verwendet, wenn die Antigenspezifität im jeweiligen Zusammenhang keine Rolle spielt. So sprechen wir i. d. R. von den fünf Immunglobulinklassen (IgM, IgG, IgA, IgD und IgE) des Menschen, die sich nicht in ihrer Antigenbindungsfähigkeit, wohl aber in anderen funktionellen Eigenschaften unterscheiden. Andererseits ist der Begriff Antikörper dann zu verwenden, wenn eine bestimmte Antigenspezifität damit verbunden ist, z. B. Antikörper gegen Insulin.

2.1. Die Grundstruktur der Immunglobuline

Die Grundeinheit aller Immunglobuline (Ig) besteht aus zwei längeren schweren und zwei kürzeren leichten Polypeptidketten, Abb. 9. Diese werden entsprechend der englischen Bezeichnung „heavy chain“ und „light chain“ auch H- bzw. -L Ketten genannt. Die beiden H-Ketten sind sowohl untereinander als auch mit den L-Ketten durch Disulfidbrücken sowie durch nichtkovalente Bindungen, z. B. Wasserstoffbrücken, verbunden. Je nach der Ig-Klasse ist die genannte Grundeinheit entweder bereits das komplette Molekül (monomere Ig-Typen) oder aber nur eine Untereinheit (oligomere Ig-Typen). Ein weiterer Unterschied der Ig-Klassen liegt in ihrem Kohlenhydratgehalt, der zwischen 2 und 14% beträgt.

Da das monomere Immunglobulin G (IgG) am genauesten untersucht worden ist und zugleich die für die Immunhistochemie wichtigste Klasse darstellt, soll es als Beispiel für den Bau der Ig-Grundeinheit genauer besprochen werden, Abb. 9. Neben den erwähnten Disulfidbrücken zwischen den Polypeptidketten sind auch welche innerhalb der Ketten vorhanden. Sie gliedern diese in annähernd gleichlange Abschnitte und verleihen ihnen eine relativ große Stabilität. Dazwischenliegende Teile der Ketten sind dagegen beweglich und garantieren eine Flexibilität des Moleküls.

Sowohl die H- als auch die L-Ketten bestehen aus zwei unterschiedlichen Abschnitten. Die eine Region ist in ihrer Aminosäuresequenz innerhalb jeder Ig-Klasse bzw. -Subklasse einheitlich und wird deshalb als konstante (C) Region bezeichnet. Dagegen ist die variable (V) Region von sehr großer Vielfalt. In jeder Hälfte des Moleküls bilden die V-Teile der H- und L-Ketten zusammen eine stabile Domäne aus, die auch die Antigenbindungstelle trägt. Damit bestimmen sie über die Antigenspezifität des jeweiligen Moleküls.

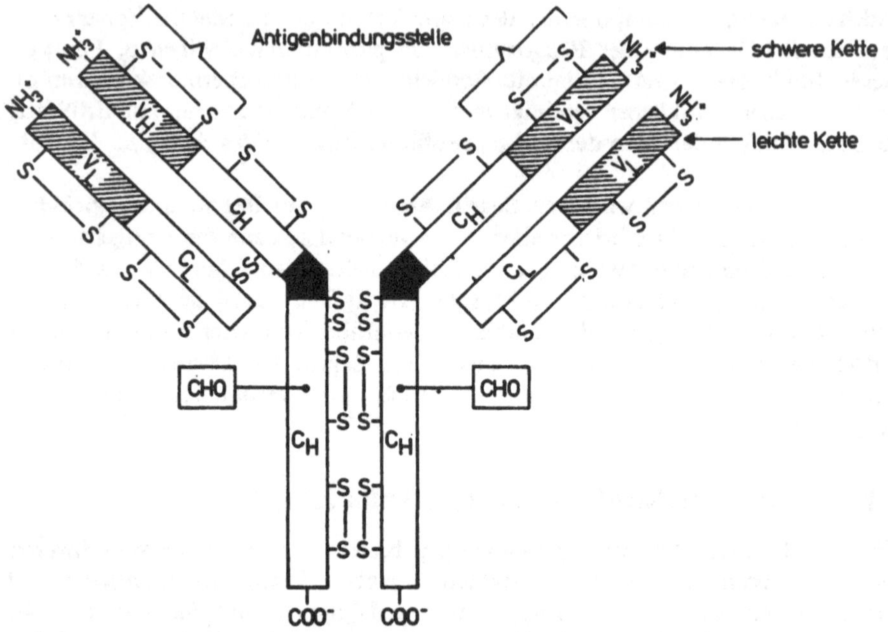

Abb. 9. Schema der Grundeinheit der Immunglobuline am Beispiel des IgG. V und C bezeichnen die variablen bzw. konstanten Bereiche der Polypeptidketten, außerdem sind die variablen durch Schraffur hergehoben. Die Gelenkregion des Moleküls ist schwarz gezeichnet. CHO bezeichnet die Lage der Kohlenhydratgruppen.

2.1.1. Die leichten Ketten

Die L-Ketten der Ig bestehen aus etwa 220 Aminosäuren und haben eine molare Masse von 22.500 Da. Sie treten in zwei Typen auf, die sich in der Aminosäuresequenz der C-Region unterscheiden. Sie werden als Kappa (ϰ)-bzw. Lambda (λ)-Typ bezeichnet.

Nicht nur die C-Regionen von ϰ- und λ-Ketten sind verschieden, auch ihre V-Teile unterscheiden sich immer in ihrer Aminosäuresequenz. Das beruht darauf, daß zur Biosynthese der beiden L-Kettentypen unterschiedliche Gene sowohl für den C-Teil als auch für den V-Teil verwendet werden.

Gleichgültig, welcher Ig-Klasse ein Antikörper angehört, immer enthält er L-Ketten des ϰ oder λ-Typs. Die L-Ketten sind demnach ein einheitlicher Bestandteil aller Ig-Klassen. Allerdings variiert der Anteil der beiden L-Kettentypen innerhalb der Ig-Klassen etwas; das gilt aber auch für die verschiedenen Spezies.

2.1.2. Die schweren Ketten

Der V-Teil der H-Kette ist nur wenig länger als derjenige der L-Ketten. Er macht bei der H-Kette des IgG, der Gamma-Kette, etwa 1/4 der gesamten Kette aus. Diese besteht aus etwa 450 Aminosäuren und weist eine molare Masse von 50.000 Da auf. Wie Abb. 9 und 10 zeigen, wird der konstante Teil der H-Kette durch Disulfidbrücken in drei Regionen untergliedert. Diese zeigen eine deutliche Homologie ihrer Aminosäuresequenz und werden deshalb als homologe Einheiten (C_H1, C_H2 und C_H3) bezeichnet, Abb. 10.

Die Ähnlichkeit der erwähnten homologen Einheiten C_H1, C_H2, C_H3 untereinander und auch mit den Einheiten V, V_L und C_L (s. Abb. 10) ist so groß, daß sie nicht zufällig entstanden sein kann. Sie weist vielmehr darauf hin, daß zwischen diesen Abschnitten ein entwicklungsgeschichtlicher Zusammenhang bestehen muß. Vermutlich bestand zunächst ein „Urgen", das für ein Polypeptid von ca 110 Aminosäuren kodierte. Die heutigen Ig-Gene sind daraus wahrscheinlich durch Duplikation und Diversifikation des Urgens und seiner Abkömmlinge entstanden. Diese These wird auch durch die vor kurzem aufgeklärte Struktur der Ig-Gene unterstützt. So existiert z. B. für jede homologe Einheit des konstanten Teils der Gamma-Kette (C_H1, C_H2 und C_H3) ein gesondertes Exon, und diese sind durch Introns voneinander getrennt. Die Homologie der Gliederung der Polypeptidkette findet damit ihr Gegenstück auf der DNA-Ebene.

Alle Immunglobuline sind Glykoproteine, wobei der Kohlenhydratanteil stets Bestandteil der H-Kette ist. Bei der Gamma-Kette befindet sich nur am C_H2-Abschnitt eine Kohlenhydratkette, Abb. 9, während bei anderen H-Ketten z. T. an mehreren Stellen Kohlenhydratgruppen vorhanden sind.

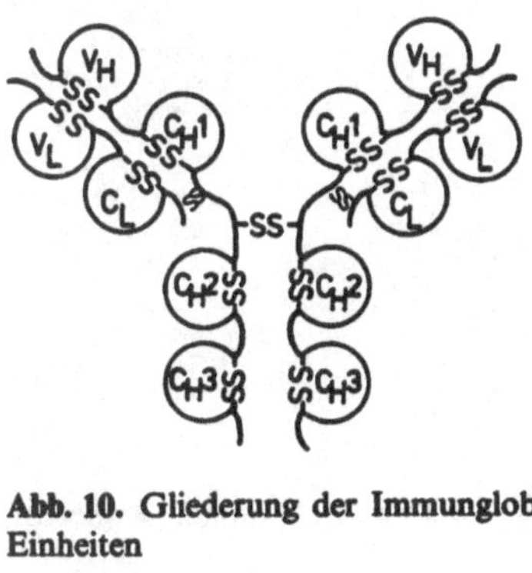

Abb. 10. Gliederung der Immunglobulin-Polypeptidketten durch Disulfidbrücken in homologe Einheiten

2.2. Fragmente der Immunglobuline

Seit dem Beginn der Strukturaufklärung der Ig sind die verschiedensten Enzyme zu ihrer Spaltung eingesetzt worden. Hierbei entstehen z. T. Fragmente, die für bestimmte immunologische Techniken, bei denen keine kompletten Antikörper eingesetzt werden können, von Bedeutung sind. Für die Immunhistochemie sind dabei nur Fragmente des IgG von Interesse.

Bereits seit den grundlegenden Untersuchungen zur Aufklärung der Struktur von Antikörpern durch Robert Porter wird zur Spaltung von IgG *Papain* eingesetzt. Es ist ein aus Pflanzen isoliertes Enzymgemisch, welches das IgG-Molekül in der Nähe der Disulfidbrücken, die die beiden H-Ketten miteinander verbinden, angreift. Bei der Spaltung entstehen aus jedem Molekül zwei identische Fab-Teile sowie ein Fc-Teil, Abb. 11. Die Bezeichnungen der Fragmente gehen auf Abkürzungen zurück und bedeuten: Fab = fragment antigen binding und Fc = fragment cristallizable.

Der besondere Wert der Papainspaltung liegt darin, daß die Teile des Moleküls, für die Antigenbindung verantwortlich sind, von denjenigen getrennt werden, die die übrigen Funktionen des Antikörpers wie Membranbindung, Komplementaktivierung usw. bewirken. So bestehen die Fab-Teile aus den kompletten variablen Regionen der H- und L-Kette sowie denjenigen Anteilen der konstanten Region, die für die feste Verknüpfung der beiden Ketten notwendig sind, Abb. 11. Daher ist das Fab relativ stabil und hat die volle Antigenbindungsfähigkeit. Im Gegensatz zum bivalenten kompletten Antikörper ist es aber monovalent. Die

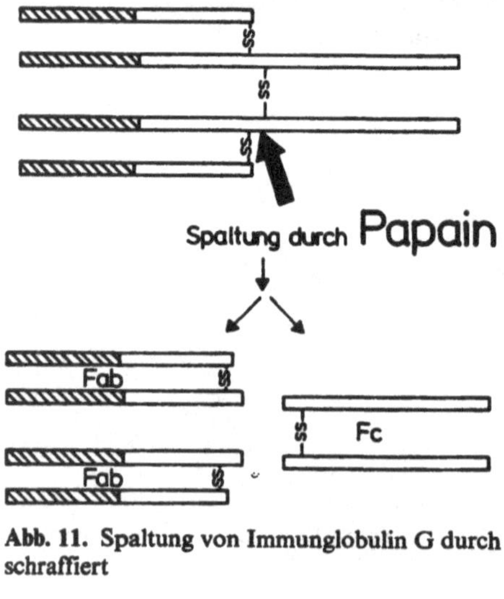

Abb. 11. Spaltung von Immunglobulin G durch Papain in Fab- und Fc-Teile. Variable Regionen schraffiert

beiden Eigenschaften — Fehlen des Fc-Teils sowie Monovalenz — sind in bestimmten Zusammenhängen bei immunhistochemischen Methoden von großer Bedeutung. So ist der Einsatz von Fab statt kompletter Antikörper unter folgenden Voraussetzungen zu empfehlen:

— beim Nachweis von Zelloberflächenantigenen an Zellsuspensionen, da hierbei störende Zellverklumpungen vermieden werden,

— in allen Fällen, in denen Zellen im Präparat vorhanden sind, die Rezeptoren für den Fc-Teil besitzen, z. B. Makrophagen und Lymphozyten, da hier beim Einsatz kompletter Antikörper eine Bindung über den Fc-Teil erfolgen und damit eine „falsch positive" Reaktion ausgelöst werden würde.

— überall dort, wo für den ortsgerechten Nachweis des Antigens eine möglichst geringe Größe des „Detektors" von Bedeutung ist, z. B. falls größere Diffusionswege vorhanden sind.

Ein anderes Enzym, das gleichfalls Antikörper in praktisch interessante Fragmente spaltet, ist das Pepsin. Es spaltet auch nahe den Disulfidbrücken zwischen den beiden H-Ketten, aber im Gegensatz zum Papain auf der karboxyterminalen Seite, Abb. 12. Hierdurch bleiben die beiden Antigen-bindenden Teile miteinander verbunden und es entsteht das bivalente $F(ab')_2$. Andererseits entsteht kein Fc; die entsprechenden Teile der Gamma-Kette zerfallen vielmehr in mehrere Peptide. Das $F(ab')_2$ ist hinsichtlich aller Eigenschaften, die mit der Antigenbindung zusammenhängen, dem kompletten Antikörper völlig gleichwertig. So hat es z. B. die gleiche Fähigkeit zur Agglutination oder Präzipitation. Andererseits fehlen

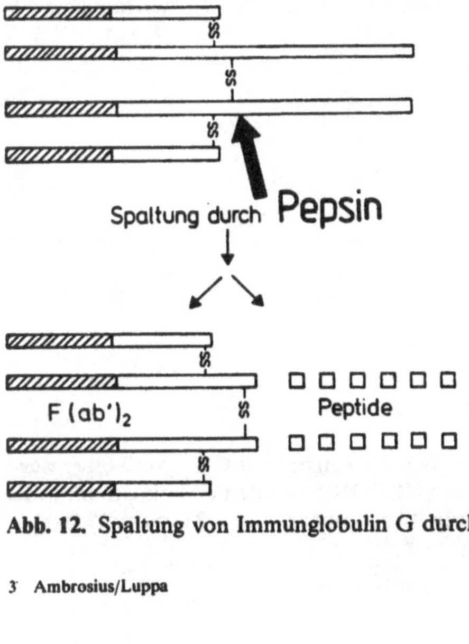

Abb. 12. Spaltung von Immunglobulin G durch Pepsin. Variable Regionen schraffiert.

aber alle an den Fc-Teil gebundenen Funktionen. So ergeben sich für den Einsatz von F $(ab')_2$ folgende Empfehlungen:

- in allen Fällen, in denen nach der Bindung des Antikörpers an Zellen durch Komplementbindung und -aktivierung eine Zerstörung der Zellen erfolgen könnte,
- stets, wenn Zellen mit Rezeptoren für den Fc-Teil im Präparat vorhanden sind (s. o. bei Fab).

2.3. Die dreidimensionale Struktur der Immunglobuline

Das Problem der Raumstruktur der Antikörper ist keineswegs nur von theoretischer Bedeutung. So hängt der Einsatz von Antikörpern als Nachweisreagenzien für das Antigen oft davon ab, ob die Antikörper an die enstsprechenden Epitope des Antigens „heranlangen" können. Wären die Antikörper starre, annähernd kugelförmige Moleküle, so könnte sicher nur selten der unmittelbare Kontakt mit dem Epitop zustande kommen. So ist die Frage nach der Raumstruktur der Antikörper durchaus von praktischem Belang.

Den ersten eindeutigen Beweis für die Flexibilität der Antikörper erbrachten VALENTINE und GREEN (1967). Sie ließen gereinigte Antikörper, die im Kaninchen gegen das Hapten Dinitrophenyl (DNP) induziert worden waren, mit DNP-NH-$(CH_2)_8$-HN-DNP, also einem „Doppelhapten" reagieren. Dabei war zu erwarten, daß sich an jede der beiden DNP-Gruppen des Doppelhaptens ein Antikörper anlagern würde. Da die Antikörper auch bivalent sind, mußten sie mit der anderen Antigenbindungsstelle ein zweites Doppelhapten erfassen. Die entstandenen Immunkomplexe wurden durch VALENTINE und GREEN im Elektronenmikroskop

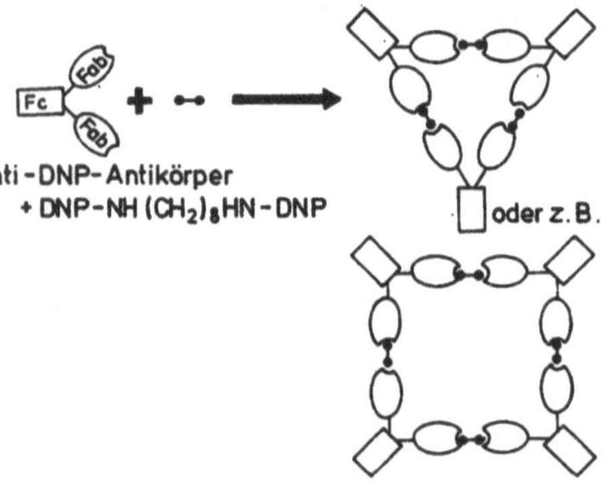

Abb. 13. Nachweis der Flexibilität von IgG-Antikörpern. Gereinigte Anti-DNP-Antikörper wurden mit dem bifunktionellen Hapten DNP-NH-$(CH_2)_8$-HN-DNP inkubiert und die entstehenden Immunkomplexe im Elektronenmikroskop dargestellt. (Aus AMBROSIUS und RUDOLPH 1978)

untersucht. Sie erhielten drei-, vier- sowie fünfeckige und ringförmige Strukturen, Abb. 13. Durch ein Parallelexperiment, in dem statt der kompletten Anti-DNP-Antikörper ihre durch Pepsinspaltung gewonnenen F (ab')$_2$-Fragmente eingesetzt wurden, ließ sich nachweisen, daß bei den in Abb. 13 wiedergegebenen Figuren die Fc-Teile der Antikörper tatsächlich an den Ecken liegen. Damit war eindeutig gezeigt worden, daß das IgG-Molekül einen unterschiedlichen Winkel zwischen seinen Fab-Teilen einnehmen kann, es ist also flexibel. Daher kann der Antikörper sich mit Epitopen in verschieden großem Abstand verbinden und bivalent mit dem Antigen reagieren. Dies ist von großer praktischer Bedeutung, da bei der möglichen Doppelbindung die Bindungsstärke nicht nur verdoppelt sondern annähernd potenziert wird. Beim Einsatz von Antikörpern in der Immunhistochemie bedeutet dies, daß doppelt gebundene Antikörper sehr fest im Gewebe verankert sind und keine Gefahr besteht, daß sie bei den notwendigen Waschprogrammen abgelöst werden.

In den letzten Jahren ist durch den Einsatz moderner physikalischer Techniken die Frage nach der Raumstruktur der Antikörper weitgehend beantwortet worden. Dabei wurde die oben getroffene Aussage, daß bei IgG-Antikörpern eine Gelenkregion vorhanden ist, die ähnlich einem Scharnier die Bewegung der Fab-Teile gegeneinander erlaubt, s. a. Abb. 9, prinzipiell bestätigt. Der dabei mögliche Winkel zwischen den Fragmenten soll zwischen nahezu 0° und 180° liegen können. Darüber hinaus sind aber noch andere Teile des Moleküls gegeneinander beweglich. Verhältnismäßig stabil sind die einzelnen „Domänen". Darunter versteht man die durch Verknüpfung der einander gegenüberliegenden homologen Einheiten entstehenden Strukturen, s. a. Abb. 10. So besteht jeder Fab-Teil aus einer V-Domäne sowie der C_1-Domäne, während sich der Fc-Teil aus C_2- und C_3-Domänen zusammensetzt. Insbesondere zwischen den V- und C-Domänen der Fab-Teile besteht eine gewisse Beweglichkeit, so daß die oben erwähnte Flexibilität des Moleküls noch erhöht wird.

2.4. Die Heterogenität der Antikörper

Immunisiert man z. B. ein Kaninchen mit einem Proteinantigen, isoliert antigenspezifisch die gebildeten Antikörper und untersucht diese dann mit immunologischen, biochemischen sowie physikalischen Methoden, so zeigt sich eine erstaunliche Heterogenität. Dabei haben wir grundsätzlich **zwei Formen der Heterogenität** zu unterscheiden. Die eine bezieht sich auf die Bindungseigenschaften der Antikörper, ist demnach strukturell mit den variablen Teilen der Polypeptidketten verbunden. Die andere Form der Heterogenität hängt mit den anderen Funktionen der Antikörper, z. B. Membranbildung oder Komplementfixierung, zusammen. Die hierfür verantwortlichen Strukturen liegen auf dem konstanten Teil der H-Ketten, nahezu ausschließlich im Fc-Teil des Moleküls.

2.4.1. Die Heterogenität der Bindungseigenschaften der Antikörper

Wie im Abschnitt „Antigene“ bereits erwähnt, induziert ein Antigen die Bildung von Antikörpern, die dann mit dem Antigen reagieren. Da jedes Antigen aber mehrere Epitope besitzt, s. a. Abb. 3, S. 19, gegen die sich die Antikörper in ihrer Spezifität richten, sind die mit einem Antigen reagierenden Antikörper in ihrer Spezifität niemals einheitlich sondern heterogen. Ja selbst, wenn man als Immunogen ein Hapten-Carrier-Konjugat einsetzt, z. B. Rindergammaglobulin, an welches das Hapten Dinitrophenyl (DNP) gekoppelt worden ist, und damit DNP-spezifische Antikörper induziert, sind diese mit nur einem bestimmten Epitop reagierenden Antikörper nicht homogen. Man erhält vielmehr auch hier eine heterogene Antikörperpopulation, wobei sich die einzelnen Antikörper in der Art und Weise ihrer Bindung an das DNP-Hapten, d. h. in ihrer Feinspezifität und der Bindungsstärke (Affinität) unterscheiden. Weitere Unterschiede lassen sich nachweisen, wenn man die von verschiedenen Versuchstieren produzierten Antikörper miteinander vergleicht, diese individuelle Variabilität von Antiseren kann beträchtlich sein. Das Gesagte macht deutlich, daß jedes Antiserum eine in sich heterogene Antikörperpopulation enthält, außerdem selbst auch „individuelle“ Eigenheiten besitzt, die es von jedem anderen Antiserum, das gegen das gleiche Antigen hergestellt worden ist, unterscheidet. Diese Heterogenität der Antiseren ist eine Ursache für die z. T. nicht übereinstimmenden Ergebnisse verschiedener Arbeitsgruppen. Anders ausgedrückt, ein Antiserum ist nicht mit einem chemischen Reagens vergleichbar, das eindeutig gekennzeichnet ist und auch eine Standardisierung zuläßt.

Die von Köhler und Milstein 1975 erstmalig beschriebene Lymphozyten-Hybridomtechnik, die auf der Fusion von Antikörper-bildenden Zellen mit Myeloma-Zellen beruht, hat hinsichtlich der Heterogenität der Antikörper völlig neue Verhältnisse geschaffen. Sie ermöglicht die Herstellung **monoklonaler Antikörper**, die strukturell und funktionell **völlig einheitlich** sind, sich also auch hinsichtlich Feinspezifität und Affinität als homogen erweisen. Da sie auch in großen Mengen produziert werden können, ist damit zum ersten Mal eine **Standardisierung immunologischer Techniken** möglich geworden. Dies trifft auch auf die Immunhistochemie zu und macht verständlich, weshalb monoklonale Antikörper in zunehmendem Maße in Forschung und Routine eingesetzt werden.

2.4.2. Die von den C-Regionen abhängige Heterogenität

Wie weiter vorn ausgeführt, bestehen die H- und L-Ketten der Immunglobuline aus variablen (V) und konstanten (C) Regionen. Während die V-Regionen die Bindungseigenschaften bestimmen, hängen die übrigen biologischen Funktionen von den C-Regionen ab; dabei spielen die C-Regionen der schweren Kette die entscheidende Rolle. Die Heterogenität der C-Regionen wird auf zwei Ebenen deutlich. Einmal gibt es grundsätzlich verschiedene C-Regionen. Wir sprechen dann von verschiedenen **Immunglobulinklassen** oder **-subklassen**. Dabei bestimmt die C-Region der H-Kette die Zugehörigkeit zur jeweiligen Klasse und entscheidet zugleich über die besonderen biologischen Eigenschaften des Antikörpers. Diese Problematik wird ausführlich im Kap. 2.5. besprochen, da sie bei den immunhistochemischen Techniken von Bedeutung ist.

Eine zweite Form der Heterogenität wird mit dem Begriff der **Allotypen** erfaßt. Hierunter versteht man geringfügige Variationen der Aminosäuresequenz der konstanten Teile der L- oder H-Ketten, wobei diese als allele Formen eines Gens auftreten. Sie werden auch als genetische Marker bezeichnet, da sie den Mendelschen Regeln der Vererbung folgen und z. B. bei Erblichkeitsnachweisen herangezogen werden können. Diese Allotypen, die bei L- und H-Ketten bekannt sind, beeinflussen die funktionellen Eigenschaften der Antikörper nur unwesentlich und haben deshalb für den Einsatz von Antikörpern in der Immunhistochemie i. d. R. keine Bedeutung.

2.5. Die Immunglobulinklassen

Die Nomenklaturregeln für Immunglobuline, die von der WHO gemeinsam mit der International Union of Immunological Societies formuliert worden sind, legen folgende Verbindlichkeiten fest:

- Immunglobulinklassen werden dann voneinander unterschieden, wenn ein gegen das eine Immunglobulin hergestelltes Antiserum mit dem anderen Immunglobulin nicht eindeutig reagiert (fehlende Kreuzreaktivität). Spezifitäten für leichte Ketten müssen aus dem Antiserum herausabsorbiert sein, da die L-Ketten bekanntlich in allen Ig-Klassen gleich sind.
- Die Bezeichnung für die Klassen erfolgt durch Großbuchstaben, die der Abkürzung Ig (für Immunglobulin) nachgesetzt werden, z. B. IgA.
- Die schweren Ketten werden mit dem griechischen Buchstaben, der der Klassenbezeichnung entspricht, gekennzeichnet, z. B. Alpha-Kette für die H-Kette des IgA.
- Subklassen zeigen untereinander deutlich Kreuzreaktivität (s. o.), weisen aber auf Verschiedenheiten der konstanten Teile der H-Ketten beruhende Funktionsunterschiede auf.
- Die Bezeichnung der Subklassen erfolgt durch Anfügung von Zahlen (evtl. mit nachfolgenden Kleinbuchstaben) an die Klassenbezeichnung, z. B. IgG1 (1. Subklasse des IgG) oder IgG2a (Form a der 2. Subklasse des IgG). Die Numerierung der Subklassen erfolgt in der Reihenfolge ihrer Häufigkeit. Zwischen den verschiedenen Spezies besteht keine Übereinstimmung in den Subklassen.

Da die in einem Antiserum enthaltenen Antikörper funktionell stark durch die Zugehörigkeit zu einzelnen Ig-Klassen oder Subklassen bestimmt werden, ist es für den mit immunologischen Methoden Arbeitenden wesentlich, zumindest die wichtigsten Eigenschaften der Ig-Klassen zu kennen. Sie sollen hier zunächst am Beispiel der Ig-Klassen des Menschen kurz dargestellt werden, da diese einerseits am genauesten untersucht sind, andererseits stets als Bezugssystem dienen, Tab. 4.

2.5.1. Immunglobulin G

Das IgG ist das „klassische Gammaglobulin", also dasjenige Ig, das bei der Elektrophorese von Blutserum am wenigsten in Richtung der Anode wandert. Andererseits ist das IgG hinsichtlich des isoelektrischen Punktes sehr heterogen, so daß sich eine Bande, z. B. in der Immunelektrophorese, vom Gammaglobulinbereich bis zum Alpha-Bereich erstreckt.

IgG ist die wichtigste Antikörperklasse für die immunhistochemische Technik. So ist es der bei Säugetieren mengenmäßig überwiegende Antikörpertyp, s. Tab. 4. Er wird vor allem bei mehrfacher Immunisierung in großen Mengen produziert. Die dabei gebildeten Antikörper zeichnen sich meist durch besonders hohe Affinität aus, was bei ihrem Einsatz in der Immunhistochemie von entscheidendem Vorteil ist. Außerdem hat das IgG eine besonders lange Halbwertzeit — etwa das Dreifache der anderen Klassen —, so daß der Antikörpertiter nur langsam abfällt.

Tabelle 4. Einige strukturelle Eigenschaften der Immunglobuline des Menschen

Klassen	IgG	IgM	IgA[1]	IgD	IgE
H-Kette	γ	μ	α	δ	ε
L-Kette	$\varkappa + \lambda$	$\varkappa + \lambda$	$\varkappa + \lambda$	$\varkappa + \lambda$	$\varkappa + \lambda$
Molekularformel	γ_2L_2	$(\mu_2L_2)_5J$[2]	$(\alpha_2L_2)_n$ 1, 2, 3 ... J	δ_2L_2	ε_2L_2
Sedimentations-koeffizient	7S	19S	7S, 9S, 11S ...	7S	8S
Molekulargewicht	150000	950000	160000 und Polymere	185000	195000
Konzentration im Normalserum (in g/l)	80—170	5—20	14—42	0,3—4	0,001—0,014
Kohlenhydratgehalt (%)	3	12	8	13	12
Valenz der Ag-Bindung	2	10	2	2	2

[1] In der Tabelle ist nur das Serum IgA, nicht das Sekret-IgA berücksichtigt.

[2] J = J-Kette; Polypeptid, das nicht mit den H- oder L-Ketten homolog ist, kommt nur bei polymeren Ig vor.

IgG tritt intra- und extravaskulär meist in annähernd gleicher Konzentration auf, dies hängt mit seinem leichten, z. T. aktiv unterstützten Transport durch Membranen oder Zellen zusammen. So ist es auch die einzige Ig-Klasse, die beim Menschen diaplazentar übertragen wird. Die passiv erworbene Immunität des Neugeborenen beruht also auf IgG-Antikörpern. Für die Herstellung von Antikörpern ist die Eigenschaft des IgG, auch im extravasalen Raum in hoher Konzentration enthalten zu sein, von Bedeutung. So kann man in Versuchstieren die Bildung großer Mengen von Aszites induzieren. Bei gleichzeitiger Antikörperbiosynthese sind IgG-Antikörper dann in hoher Konzentration im Aszites vorhanden.

Zwei Eigenschaften des IgG, die von großer biologischer Bedeutung sind, können in immunhistochemischen Reaktionen irreführende Ergebnisse bewirken. Sie erfordern deshalb besondere Aufmerksamkeit. Dazu gehört einmal die Fähigkeit des IgG, sich an die Oberfläche bestimmter Zelltypen anzulagern. Diese Zellen, z. B. Makrophagen, Monozyten und bestimmte Lymphozyten, besitzen Rezeptoren für den Fc-Teil des IgG. Entsprechende Antikörper, die von Makrophagen über ihren Fc-Teil gebunden werden, verleihen den Makrophagen Spezifität für das jeweilige Antigen und beschleunigen bzw. ermöglichen dessen Phagozytose. Das Vorhandensein von Fc-Rezeptoren an Zellen im histologischen Schnitt bedeutet natürlich, daß IgG angelagert wird. Bei jeder indirekten immunhistochemischen Technik, bei der mit einem markierten Anti-Immunglobulin gearbeitet wird, muß auch das über die Fc-Rezeptoren angelagerte IgG sichtbar werden. Daher ist als eine Kontrolle immer der Einsatz eines nicht antigenspezifischen ersten Antiserums („Nullserum") erforderlich, da auch darin IgG enthalten ist. Falls bei dieser Kontrolle Reaktionsorte auftreten, muß mit Fc-Rezeptoren gerechnet werden. Die antigenunspezifische Reaktion läßt sich ausschließen, wenn statt der kompletten Antikörper ihre Fab- oder $F(ab')_2$-Teile eingesetzt werden (s. 2.2.). Eine andere Möglichkeit ist die Verwendung von Antikörpern einer Spezies, deren IgG-Antikörper mit den entsprechenden Fc-Rezeptoren nicht reagieren.

Eine zweite Eigenschaft des IgG, die zu unspezifischen Reaktionen in der Immunhistochemie führen kann, ist die Fähigkeit der IgG-Antikörper, Komplement zu binden. Dies erfolgt nur dann, wenn der Antikörper sich an das Antigen angelagert hat und sich ein zweites Antikörpermolekül in der Nähe befindet, da die erste Komplement-Komponente (C1q) nur unter dieser Voraussetzung fest gebunden und aktiviert werden kann. Bestimmte immunhistochemische Verfahren nutzen die genannte Eigenschaft aus, indem sie das Vorhandensein des Antigen-Antikörper-Komplexes über die Komplementanlagerung nachweisen. Andererseits kann die Komplementaktivierung aber bei nicht oder nicht ausreichend fixiertem Gewebe zur Zellzerstörung führen. Weiterhin ist zu beachten, daß käufliche Anti-Immunglobulin-Seren manchmal Antikörper gegen Komplementkomponenten enthalten, so daß auch dies die Ursache für antigenunspezifische Reaktionsorte sein kann.

2.5.2. Immunglobulin M

Zum IgM gehören die „hochmolekularen Antikörper". Das Molekül ist ein Pentamer, es ist also aus 5 Untereinheiten aufgebaut, Tab. 4 und Abb. 14. Zusätzlich zu den H- und den L-Ketten besitzt es die J-Kette (joining chain), die für oligomere Immunglobuline typisch ist und auch in den Antikörper-produzierenden Zellen gebildet wird.

Das IgM ist in verschiedener Hinsicht der „erste" Antikörpertyp. So ist es in der Phylogenese als erste Antikörperform aufgetreten. In der Ontogenese läßt sich gleichfalls IgM als erstes Ig nachweisen. Aber auch bei jedem neuen Antigenkontakt ist zunächst mit Antikörpern der IgM-Klasse zu rechnen, vgl. 1.4.

Das IgM ist ein außerordentlich flexibles Molekül. Dies beruht auf der Beweglichkeit sowohl innerhalb der als auch zwischen den Untereinheiten. Daher können IgM-Antikörper meist gleichzeitig mit mehreren Determinanten reagieren, wobei sie sehr hohe Bindungswerte erreichen.

Eine Folge der oligomeren Struktur des IgM ist seine hervorstechende Fähigkeit zur Komplementbindung und -aktivierung. Hier liegen die Bindungsstellen für die Komplement-Komponente C1q, die nach Antigenbindung reaktiv wird, innerhalb des pentameren Moleküls gerade im „richtigen" Abstand vor. Ein einzelnes Antikörpermolekül ist deshalb nach erfolgter Antigenbindung zur Ingangsetzung der gesamten Komplementkaskade in der Lage. Das läßt sich am besten mit zellulären Antigenen, z. B. Erythrozyten, nachweisen. Hier kann ein einziger IgM-Antikörper, der sich an die Zelle gebunden hat, das Komplementsystem aktivieren und eine Lyse der Zellen bewirken. Diese Eigenschaft des IgM ist deshalb auch, ebenso wie für IgG dargestellt, in der Immunhistochemie zu beachten.

Oft ist es notwendig, in einem Antiserum den Anteil von IgM- und IgG-Antikörpern zu bestimmen. Hierzu kann man die höhere Empfindlichkeit des IgM gegen Re-

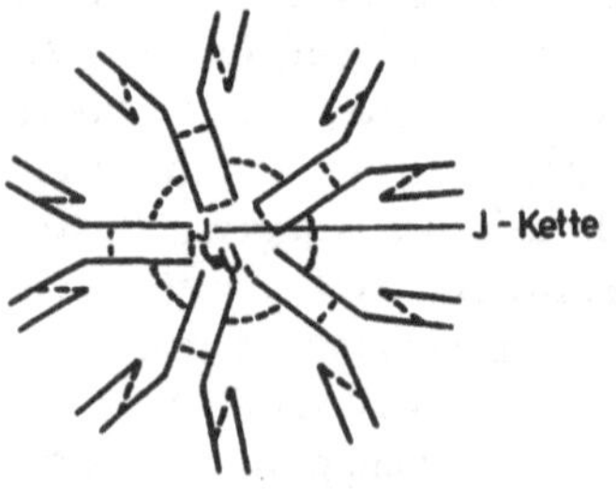

Abb. 14. Grundstruktur des IgM-Moleküls. Die gestrichelten Linien entsprechen den Disulfidbrücken. (Aus AMBROSIUS und RUDOLPH 1978)

duktionsmittel ausnutzen. Aber auch gegen andere Faktoren, z. B. Proteasen, ist IgM relativ empfindlich. Das ist einer der Gründe dafür, daß Antiseren mit einem hohen Gehalt an IgM-Antikörpern nicht lange lagerungsfähig sind.

2.5.3. Immunglobulin A

Beim Menschen ist IgA vor allem als „sekretorisches IgA", der dominierende Antikörper in Sekreten, von klinischer Bedeutung. Er weicht in seiner Struktur von der des „Serum-IgA" durch das Vorhandensein einer besonderen Polypeptidkette, der sekretorischen Komponente, und die Tatsache, daß er stets aus zwei Untereinheiten aufgebaut ist, ab. Er ist für die Problematik der Immunhistochemie ohne Belang. Dagegen ist in Antiseren stets mit IgA-Antikörpern zu rechnen, die zum „Serum-IgA" gehören. Dieses kommt als Monomer, daneben aber auch in oligomeren Formen vor, Tab. 4. Da das Molekül weniger flexibel ist als das IgG, ist die Präzipitationsfähigkeit der IgA-Antikörper meist eingeschränkt. Das spielt aber für die primäre Bindungsreaktion nur eine untergeordnete Rolle.

IgA-Antikörper sind nicht zur Komplementaktivierung über den „klassischen Weg" (C1q-Bindung) befähigt. Allerdings können sie unter bestimmten Voraussetzungen das Komplementsystem über den C3-Bypass aktivieren.

Im Vergleich zum beträchtlichen Anteil, den IgA-Antikörper im Blutserum ausmachen, s. Tab. 4, sind unsere Kenntnisse über ihre besonderen Funktionen gering. Das trifft auch auf ihren Einsatz in immunologischen Methoden zu. Sicher wird sich dies in nächster Zeit ändern, da einige der für die Diagnostik interessanten monoklonalen Antikörper zur IgA-Klasse gehören.

2.5.4. Immunglobulin D

IgD spielt als Antikörper keine Rolle und kommt auch nur in geringen Mengen im Serum vor, s. Tab. 4. Es ist ein für die Stimulierung der Lymphozyten wichtiger antigenspezifischer Rezeptor dieser Zellen. Es wird deshalb hier nicht näher besprochen.

2.5.5. Immunglobulin E

IgE ist das menschliche Ig mit der geringsten Konzentration im Blut. Durch seine besonderen funktionellen Eigenschaften war es aber bereits vor seinem molekularen Nachweis als „Reagin" bekannt. IgE-Antikörper sind für die Mehrzahl der **allergischen Reaktionen** des anaphylaktischen Typs verantwortlich. IgE-Antikörper spielen bei immunhistochemischen Methoden direkt keine Rolle. Sie können aber bei der Herstellung von Antiseren durch anaphylaktischen Schock den Verlust von Versuchstieren bewirken. Daher soll diese Problematik hier kurz dargestellt werden.

Erfolgt eine Immunisierung, so werden Antikörper der unterschiedlichen Ig-Klassen produziert. In Abhängigkeit vom Antigentyp, der Antigenmenge sowie dem Immunisierungsmodus können dabei auch erhöhte IgE-Mengen gebildet werden. Dies wird z. B. durch mehrfach wiederholte Immunisierungen und die Verwendung von Aluminiumhydroxid als Adjuvans begünstigt. Die entstandenen IgE-Antikörper lagern sich an die basophilen Granulozyten des Blutes sowie die Mastzellen im Gewebe an. Diese Zellen besitzen Fc-Rezeptoren für IgE und können deshalb dieses Ig fest binden. Gelangt nun erneut Antigen in den Organismus, so wird es von dem zellständigen IgE gebunden. Dies wirkt als Reiz auf die Zelle und führt zur momentanen Abgabe biogener Amine und anderer pharmakologisch aktiver Substanzen. Hierzu gehören Histamin, Serotonin und Leukotrine. Die plötzliche Freisetzung dieser Stoffe führt je nach der Spezies im Falle einer systemischen Reaktion zu unterschiedlichen Formen des anaphylaktischen Schocks. Beim Menschen resultiert ein Kreislaufversagen. Meerschweinchen ersticken dagegen, da ein starkes alveoläres Lungenemphysem als Folge der Konstriktion der glatten Muskulatur der Bronchioli auftritt. Beim Kaninchen kommt es zur Überlastung der rechten Herzkammer und zum Herzstillstand infolge eines Krampfes der glatten Muskulatur der Pulmonararterien, und bei der Ratte ist der Darm das Schockorgan.

Die unerwünschten Folgen des anaphylaktischen Schocks sind durch die rechtzeitige Gabe von Anti-Anaphylaktika zu verhindern. Sie unterbinden zwar nicht die Antigen-Antikörper-Reaktion, greifen aber hemmend in das durch die freigesetzten Mediatoren ausgelöste Geschehen ein. Da diese Mediatoren bei den verschiedenen Versuchstieren unterschiedlich wichtig sind, ist auch die medikamentöse Behandlung des anaphylaktischen Schocks bei ihnen nicht identisch. Es empfiehlt sich aber immer die gleichzeitige Anwendung von Anti-Histaminika und Antagonisten des Serotonins.

2.6. Die Immunglobuline der Versuchstiere

Entsprechend den von der WHO gemeinsam mit der International Union of Immunological Societies aufgestellten Nomenklaturregeln finden die zunächst für die Ig-Klassen des Menschen festgelegten Bezeichnungen auch Anwendung für die Ig der Tiere. Voraussetzung ist allerdings, daß die Homologie des jeweiligen Ig zu der entsprechenden Ig-Klasse des Menschen durch Aminosäuresequenzanalyse oder Antigenstrukturvergleich nachgewiesen worden ist. Das trifft zwar auf die

Ig der Säugetiere, aber nicht immer auf die Ig der übrigen Wirbeltierklassen zu, so daß hier manchmal mehrere Bezeichnungen für einen Ig-Typ üblich sind.

Die Homologie der Ig der Tiere mit denen des Menschen beschränkt sich immer auf die Ig-Klassen. Die Ig-Subklassen haben sich offensichtlich erst in den letzten Jahrmillionen entwickelt und sind nur für kleinere taxonomische Gruppen typisch. So sind die IgG-Subklassen der verschiedenen Säugetiere, z. B. Kaninchen, Meerschweinchen, Maus und Pferd in keinem Falle den IgG-Subklassen des Menschen homolog. Sie zeigen auch keine Homologie untereinander. Die Numerierung der Ig-Subklassen, z. B. beim Menschen IgG1 bis IgG4, erfolgt allgemein in der Reihenfolge ihrer Häufigkeit.

Es kann nicht Aufgabe dieses Kapitels sein, die Ig einer großen Anzahl von Tierarten zu beschreiben. Wir beschränken uns vielmehr auf diejenigen Arten, die als Produzent von Antiseren in Frage kommen. Außerdem werden nur diejenigen Ig-Klassen behandelt, die für die Immunhistochemie von Bedeutung sind.

Kaninchen stimmen hinsichtlich ihrer Ig weitgehend mit dem Menschen überein. Beim IgG werden aber nur zwei Subklassen unterschieden.

Maus und **Ratte** sind zwar als Antiserumproduzenten unwichtig, ihre Ig sind aber durch die monoklonalen Antikörper interessant geworden. So stammen gegenwärtig nahezu alle monoklonalen Antikörper von diesen beiden Spezies. Im Prinzip entsprechen die Ig-Klassen denen des Menschen. Deutliche Abweichungen finden sich nur bei den IgG-Subklassen, die auch ungewöhnliche Bezeichnungen aufweisen. So unterscheidet man IgG1, IgG2a, IgG2b und IgG3. Letzteres wird bei der Ratte auch IgG2c genannt. IgG1 fällt u. a. dadurch auf, daß es kein Komplement binden kann.

Beim **Meerschweinchen** sind vor allem die zwei sehr unterschiedlichen IgG-Subklassen von Interesse. IgG1 wird wie das gleichfalls vorhandene IgE durch Fc-Rezeptoren an Mastzellen gebunden und kann bei nachfolgendem Antigenkontakt anaphylaktische Reaktionen auslösen. Während IgG1 kein Komplement bindet, trifft dies für IgG 2 zu.

Das **Schwein** wird in den letzten Jahren in zunehmendem Maße als Antiserumproduzent eingesetzt, z. B. von SEVAC, Prag, da es bei geeigneter Immunisierung große Mengen IgG-Antikörper bildet. Beim IgG werden 4 Subklassen unterschieden.

Rind, Schaf und **Ziege** ähneln sich entsprechend ihrem hohen Verwandtschaftsgrades auch in den Ig. Bemerkenswert ist vor allem, daß hier IgG auch in Sekreten in hoher Konzentration gefunden wird, daher oft die Rolle des sekretorischen IgA übernimmt. Besonders hoch ist die IgG-Konzentration in der Kolostralmilch. Bei Immunisierung trächtiger Kühne können daher große Antikörpermengen aus dem Kolostrum gewonnen werden. Beim IgG werden zwei Subklassen unterschieden.

Für die Ig des **Pferdes** hat sich noch immer keine einheitliche Nomenklatur durchgesetzt. So sind neben IgM, IgA und IgG noch andere Ig-Typen beschrieben und zum Teil mit eigenen Klassenbezeichnungen versehen worden, z. B. IgT und IgB. Es ist aber sehr wahrscheinlich, daß diese Ig-Typen zum IgG zu rechnen sind. Dem wird mit der Bezeichnungsweise IgGa, IgGb, IgGc und IgG(T) Rechnung getragen.

Beim **Huhn** tritt, wie bei anderen Vögeln, bei Reptilien und Froschlurchen ein 7S Ig als dominierender Typ im Blutserum auf. Da er dem IgG aller Säugetiere funktionell ähnlich ist, wird er auch oft IgG genannt. Er ist dem IgG aber nicht homolog. So wurde er bereits 1969 von LESLIE und CLEM als IgY bezeichnet. Wie Antigenstrukturanalysen der letzten Zeit aber zeigten, ist er der echte Vorläufer des IgA der Säugetiere und muß deshalb als IgA bezeichnet werden. Hochtitrige Antiseren, die man in **Huhn** und **Ente** relativ leicht induzieren kann, enthalten vorwiegend derartige IgA-Antikörper. Daneben bilden Hühner noch ein sekretorisches Ig, leider fälschlich IgA genannt. Es tritt nur bei Hühnervögeln auf und hat kein Äquivalent bei den Säugetieren.

Fische haben wie alle anderen Wirbeltierklassen IgM, es ist bei ihnen aber die einzige Ig-Klasse. Eine Besonderheit des IgM der Knochenfische, der einzigen im Süßwasser Mitteleuropas vorkommenden Fischgruppe, ist seine tetramere Struktur, d. h., es besteht aus 4 Untereinheiten. In Fischen induzierte Antiseren enthalten nur IgM-Antikörper. Sie stehen aber Antiseren von Säugetieren hinsichtlich ihrer Spezifität und ihrer Einsetzbarkeit in vielen immunologischen Techniken keineswegs nach.

3. Zelluläre Mechanismen der Antikörperbiosynthese

Vor allem im letzten Jahrzehnt ist die Beteiligung der verschiedenen Zelltypen an der Antikörperbildung intensiv untersucht worden. Die Fülle der Wechselbeziehungen zwischen den beteiligten Zellen, die teils durch direkten Zellkontakt, teils durch molekulare Faktoren erfolgen, ist kaum noch zu überblicken. Es kann daher hier keineswegs ein vollständiges Bild dieses Netzwerkes gegeben werden. Vielmehr sollen die Prinzipien der Regulation der humoralen Immunantwort insoweit dargestellt werden, als ihre Kenntnis für denjenigen, der Antiseren oder monoklonale Antikörper herstellen will, von Vorteil ist.

Wie bereits unter 1.1. dargestellt, sind verschiedene Typen von Lymphozyten an der Antikörperbiosynthese beteiligt. Während die B-Lymphozyten die eigentlichen Antikörperproduzenten sind, kommt den T-Lymphozyten regulatorische Bedeutung zu, wobei mehrere Subpopulationen unterschieden werden müssen. Schließlich sind auch die Zellen des mononukleären Phagozytensystems, meist stark vereinfachend Makrophagen genannt, für eine humorale Immunantwort unbedingt erforderlich. Gerade ihre Bedeutung ist erst in den letzten Jahren deutlich geworden.

3.1. Antigenaufnahme, -verarbeitung und -präsentierung

Gelangt ein Antigen parenteral in den Organismus, so wird es von den mononukleären Phagozyten, im folgenden kurz Makrophagen genannt, relativ schnell aufgenommen. Große Antigenmengen werden in den Zellen abgebaut. Stets bleibt aber ein Anteil des Antigens in den Zellen erhalten oder wird einer besonderen Verarbeitung unterzogen. Das ist vor allem bei bakteriellen Antigenen nachgewiesen worden, bei denen nach einiger Zeit die bakteriellen Proteine an der Membran der Makrophagen nachweisbar werden. Dieses Antigen stellt wahrscheinlich das eigentliche Immunogen dar. Zumindest konnte experimentell gezeigt werden, daß das von den Makrophagen verarbeitete und an der Membran „präsentierte" Antigen tausendfach immunogener ist als das native Antigen.

Die Präsentierung des Antigens durch die Makrophagen erfolgt nicht einfach durch die Einlagerung des Antigens in die Zellmembran. Vielmehr befinden sich in der Membran des Makrophagen Strukturen, die man als **Eigen-Erkennungsstrukturen** bzeichnen kann. Sie finden ihr Gegenstück in der Membran von T-Lymphozyten. Diese Eigen-Erkennungsstrukturen weisen **Individualspezifität** auf. Wie insbesondere Untersuchungen mit Inzuchtmäusen gezeigt haben, werden diese Strukturen vom Haupthistokompatibilitätskomplex (MHC = major histocompability complex) kodiert. Dieser genetische Komplex ist für die Ausbildung mehrerer

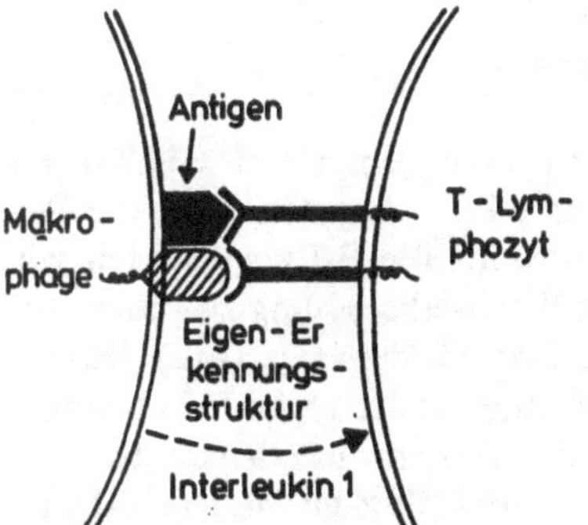

Abb. 15. Vereinfachtes Schema der Wechselwirkung von Makrophage und T-Lymphozyt bei der Antigenpräsentierung (s. Text)

Zelloberflächenmoleküle sowie humoraler Faktoren, die bei der Regulation der Immunantwort eine Rolle spielen, verantwortlich.

Die Hauptbedeutung der Präsentierung des Antigens durch die Makrophagen liegt darin, daß gleichzeitig über die Eigen-Erkennungsstrukturen ein Kontakt zum T-Lymphozyten hergestellt wird und diese Zelle offenbar drei Reize empfängt (Abb. 15):

1. Kontakt des membrangebundenen Antigens zum antigenspezifischen Rezeptor des T-Lymphozyten
2. Verbindung des T-Lymphozyten mit der Eigenerkennungsstruktur des Makrophagen
3. Abgabe löslicher Faktoren durch den Makrophagen (z. B. Interleukin 1, Il 1), diese induzieren weitere Differenzierungs- und/oder Proliferationsprozesse des T-Lymphozyten.

Ob die Bindung des Antigens und der Eigen-Erkennungsstruktur durch einen einheitlichen Rezeptor erfolgt oder der Lymphozyt hierfür zwei getrennte Rezeptoren besitzt, ist noch unklar.

Die praktische Bedeutung der geschilderten Prozesse der Antigenpräsentierung liegt daran, daß ihre bewußte Ausnutzung eine maximale Immunstimulierung erbringt. So haben viele immunologische Adjuvantien die Eigenschaft, daß sie die Antigenaufnahme und -verarbeitung durch die Makrophagen fördern. Andererseits haben sie oft den Effekt, daß das Antigen über lange Zeiträume in oder an Makrophagen sowie makrophagenähnlichen Zellen erhalten bleibt und damit für langfristige Präsentierung zur Verfügung steht.

Die weitere Analyse der Makrophagenfaktoren sowie ihre mögliche gentechnische Produktion lassen für die Zukunft Stimulatoren von bisher unbekannter Effektivität erwarten.

3.2. Induktorzellen und Helferfaktoren

Jede Induktion einer humoralen Immunantwort gegen ein thymusabhängiges Antigen (s. 1.2.3.) setzt die Stimulierung mehrerer T-Lymphozyten sowie die Bildung regulatorisch wirksamer Faktoren voraus, bevor die B-Lymphozyten zur Antikörperbildung kommen. In Abb. 16 ist diese Wechselbeziehung zwischen den verschiedenen Zelltypen vereinfacht dargestellt. Der **Makrophage** (Ma) präsentiert den Lymphozyten das Antigen im Zusammenhang mit der Eigen-Erkennungsstruktur. Außerdem stimuliert er sie durch die Abgabe von **Interleukin 1** (Il 1). Eine Population von T-Lymphozyten, die wegen ihrer Fähigkeit, andere T-Lymphozyten zu stimulieren, als **Induktorzellen** (T_I) bezeichnet werden, produziert nach der Stimulierung durch die Makrophagen **Interleukin 2** (Il 2).

Dieses wirkt als Stimulator auf andere T-Lymphozyten, die vorher bereits

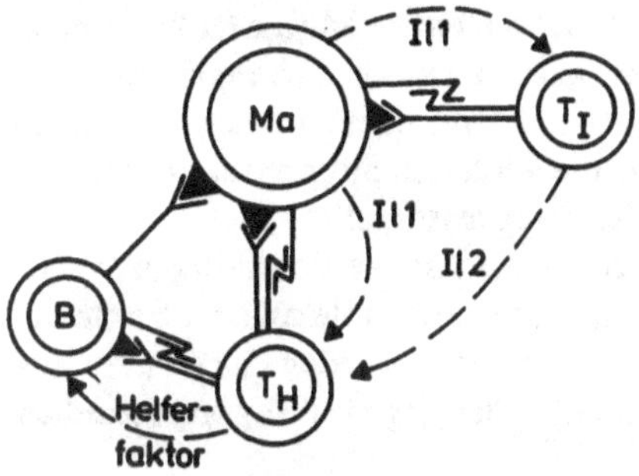

Abb. 16. Stark vereinfachtes Schema der Wechselbeziehung zwischen Makrophage, T- und B-Lymphozyten bei der Induktion der Antikörpersynthese. Die Z-förmigen Strukturen symbolisieren die Eigen-Erkennungsstrukturen. Abkürzungen s. Text

durch Antigen aktiviert worden sind, Abb. 17. Hierzu gehören auch diejenigen Lymphozyten, die durch „Helfer-Faktoren" auf B-Lymphozyten einwirken. Meist müssen dabei diese **Helferzellen** (T_H) auch Kontakt zu Eigen-Erkennungsstrukturen auf den B-Lymphozyten haben. Möglicherweise können sich auch Induktorzellen infolge Eigenstimulierung mittels Interleukin 2 in Helferzellen umwandeln. Die von den Helferzellen produzierten Faktoren haben teils proliferative, teils differenzierende Wirkung auf die B-Lymphozyten. Sie induzieren letzten Endes eine große Anzahl Antikörper-produzierender B-Lymphozyten, die vielfach die Morphologie von Plasmazellen haben.

Abb. 17. Interleukin 2 (Il 2) als Proliferationssignal.

3.3. Die Beendigung der Immunantwort

Während man früher annahm, daß die Immunantwort infolge Erschöpfung der Proliferationsfähigkeit der beteiligten Zellen endet, wissen wir heute, daß das Ende der Immunreaktion ebenso wie ihr Anfang ein genau **regulierter Prozeß** ist. Auch spielen hier wiederum T-Lymphozyten als Regulatoren eine wichtige Rolle. Wegen ihrer Hemmwirkung auf die Immunreaktion werden sie als **T-Suppressorzellen** bezeichnet. Sie benötigen übrigens zu ihrer Ausbildung ebenso das von den T-Induktorzellen abgegebene Interleukin 2 wie die anderen Subpopulationen von T-Lymphozyten. Andererseits produzieren die Suppressorzellen auch Faktoren, die auf die anderen Zelltypen einwirken können. So kommt es zu vielfältigen Wechselwirkungen, die teils auf direktem Zellkontakt, teils auf molekularen Faktoren beruhen. Diese Problematik soll hier nicht näher erläutert werden. Es ist aber angebracht, auf einige praktische Konsequenzen der Wirkung von Suppressorzellen hinzuweisen.

Suppressorzellen lassen sich insbesondere durch kurzzeitig aufeinanderfolgende Antigeninjektionen sowie durch große Antigenmengen induzieren. Ihre Aktivität bewirkt meist einen Zustand partieller oder kompletter Immuntoleranz, s. 1.2.1., der bei der Herstellung von Antiseren unbedingt zu vermeiden ist. Ein hoher Antikörpertiter läßt sich deshalb in hyperimmunisierten Tieren über lange Zeit nur durch geringe Antigendosen, die in größeren zeitlichen Intervallen injiziert werden, aufrecht erhalten.

4. Die Spezifität der Antigen-Antikörper-Reaktion

4.1. Das Prinzip der Antigen-Antikörper-Reaktion (Ag-Ak-R)

Bis in die vierziger Jahre war man sich über das Prinzip der Bindung zwischen Antikörper und Antigen nicht im klaren. Erst die grundlegenden Arbeiten von Linus Pauling wiesen eindeutig nach, daß die Reaktion nicht auf kovalenten chemischen Bindungen beruht. Hierfür wären nur einander entsprechende reaktive Gruppen bei beiden Partnern erforderlich gewesen; eine Spezifität, wie sie tatsächlich vorliegt, ließe sich damit nicht erklären. Außerdem treten bei kovalenten Bindungen Kräfte in der Größenordnung von 200—400 kJ Mol^{-1} (~50—100 kcal Mol^{-1}) auf, die bei Ag-Ak-R niemals erreicht werden. Das Grundprinzip der Ag-Ak-R, das zugleich Schlüssel für das Verständnis der Spezifität dieser Reaktion bildet, ist aber das **Zusammenwirken mehrerer schwacher Bindungskräfte**, die insgesamt eine Komplementärstruktur der beiden Partner im Bindungsbereich voraussetzen. Diese ist nicht einfach als eine räumliche „Schlüssel-Schloß"-Beziehung zu verstehen — die in gewissem Umfange durchaus vorhanden sein kann —, sie schließt vielmehr eine komplementäre Anordnung von Ionengruppen sowie hydrophilen und/oder hydrophoben Gruppen ein. Eine „ideale Paßform" zwischen Antigendeterminante (Epitop) und Antigenbindungsstelle (Paratop) des Antikörpers liegt also dann vor, wenn eine **komplementäre Raumstruktur** mit einer **mosaikartigen komplementären Verteilung** entsprechender Gruppen in Epitop und Paratop zusammenkommt. Das Ergebnis sind hoch affine Antikörper, die zugleich eine hohe Spezifität aufweisen, da die Wahrscheinlichkeit, daß ein derartiges Mosaikbild eines Epitops an anderen Antigenen noch einmal vorkommt, nahezu Null beträgt. Zweifellos sind aber Epitope denkbar — und wahrscheinlich auch vorhanden —, die nicht so gut passen, also mit geringerer Intensität gebunden würden. Derartige „Kreuzreaktivitäten", bei denen die Bindung meist mit geringer Affinität erfolgt, müssen immer kalkuliert werden. Ein einfaches und bewährtes Verfahren der Ausschaltung derartiger unerwünschter Reaktionen ist das Arbeiten mit möglichst hohen Verdünnungen des Antiserums oder des monoklonalen Antikörpers. Dabei bleibt die hoch affine Reaktion mit dem gesuchten Antigen gut meßbar, während die niedrig affine Bindung deutlich unterhalb der Empfindlichkeit der Nachweisgrenze liegt.

4.2. Die Bindungskräfte zwischen Antikörper und Antigen

Wie bereits erwähnt, beruht die Antigen-Antikörper-Reaktion (Ag-Ak-R) auf **mehreren schwachen Bindungskräften**. Bei der Ag-Ak-Reaktion werden Kräfte von 15 bis 60 kJ Mol^{-1} (~4 bis 15 Kcal Mol^{-1}) wirksam, während bei kovalenten chemischen Bindungen und Ionenbindungen Werte bis 400 kJ Mol^{-1} erreicht werden. Bei der Ag-Ak-R ist wohl niemals nur ein bestimmter Typ von Bindungskräften beteiligt, vielmehr erfolgt sie im Zusammenwirken mehrerer Kräfte. Von diesen kann allerdings je nach der Paßform zwischen Epitop und Paratop die eine oder die andere im Vordergrund stehen. Sie sollen hier nur kurz genannt werden, um ein Verständnis des Grundprinzips der immunologischen Spezifität zu erreichen (Übersicht bei Absolom u. Mitarb. 1986).

Die **elektrostatische Wechselwirkung** (Coulumb-Kräfte) beruht auf der Anziehung zwischen unterschiedlich geladenen Ionengruppen, wie sie vielfach an den Seitenketten von Aminosäuren vorkommen. Sie können Bindungsstärken bis 20 kJ Mol^{-1} erreichen und setzen die entsprechende räumliche Anordnung der Ionengruppen in beiden Reaktionspartnern voraus.

Wasserstoffbrücken, die sich zwischen hydrophilen Gruppen, z. B. COOH, OH, NH_2, ausbilden, weisen annähernd die gleiche Bindungsstärke wie die Coulomb-Kräfte auf. Sie können nur bei engem räumlichem Kontakt beider Partner entstehen.

Hydrophobe Wechselwirkungen, die auch gelegentlich zu unerwünschten, sog. unspezifischen Reaktionen führen, treten insbesondere zwischen den hydrophoben Seitenketten einiger Aminosäuren, z. B. Phenylalanin, Leucin und Valin, auf.

Ihre Bindungsstärke kann 17 kJ Mol^{-1} betragen. Die Bindung kommt dadurch zustande, daß bei engem räumlichem Kontakt von zwei hydrophoben Gruppen die dazwischen liegenden Wassermoleküle verdrängt werden, wobei beide Moleküle in einen energieärmeren Zustand übergehen.

Die **von der Waalschen Kräfte** bilden den vierten wesentlichen Typ von Bindungskräften bei der Ag-Ak-R. Sie beruhen auf den Anziehungskräften aller Atome der beteiligten Moleküle. Dabei steht die Wirkung der äußeren Elektronenwolken im Vordergrund. Bei ihnen spielen der enge Kontakt und die komplmentäre Raumstruktur eine besonders große Rolle, da ihre Stärke proportional zur siebenten Potenz des Abstands abnimmt.

4.3. Die Spezifität der Bindungen von Haptenen

Haptene haben als „Modell-Epitope" wesentlich zum Verständnis der Ag-Ak-R beigetragen. Als Beispiele sollen hier einige Haptene genannt werden, die LANDSTEINER bereits in den dreißiger Jahren beim Studium der immunologischen Spezifität einsetzte. Er verwendete meist Derivate des Anilins, die sich über eine Diazogruppe leicht an die Proteine koppeln ließen. Indem er zur Immunisierung und zur Testung unterschiedliche Proteine als Carrier verwendete, schränkte er die meßbaren Reaktionen auf die jeweiligen Haptene ein. In welchem Maße ver-

Tabelle 5. Einfluß von Säureradikalen in Parastellung auf die Stärke der Hapten-Antikörper-Bindung

	Test-Haptene			
	Anilin	p-Amino-benzoesäure	p-Aminobenzosul-fons.	p-Aminophenyl-arsous.
Antiseren gegen				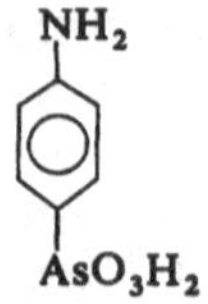
Anilin	+++	—	—	—
p-Aminobenzoesäure	—	++++	—	—
p-Aminobenzosulfon-säure	—	—	++++	—
p-Aminophenylarson-säure	—	—	—	++++

Die Stärke der Hapten-Antikörper-Reaktion ist durch die Anzahl der +-Zeichen symbolisiert
Nach LANDSTEINER 1945.

Tabelle 6. Einfluß der Stellung von Säureradikalen auf die Stärke derHapten-Antikörper-Bindung

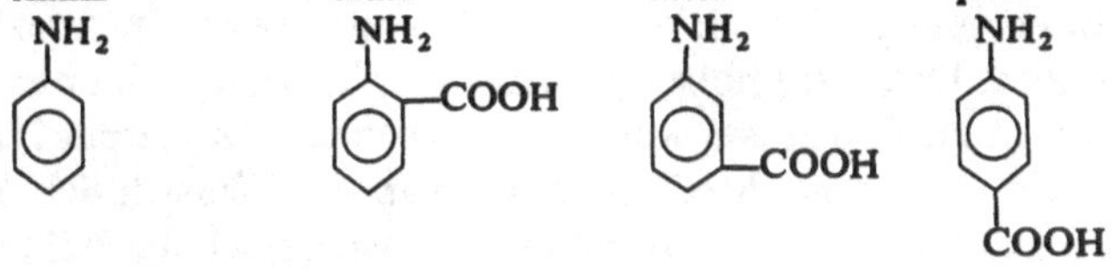

	Test-Haptene	Aminobenzoesäure		
	Anilin	ortho-	meta-	para-
Antiseren gegen				
Anilin	+++	—	—	—
o-Aminobenzoesäure	—	+++	—	—
m-Aminobenzoesäure	—	—	++++	—
p-Aminobenzoesäure	—	—	—	++++

Nach LANDSTEINER 1945

schieden große Säureradikale, die sich in derselben Position im Hapten befinden, die Spezifität der Antikörperbindung beeinflussen, läßt Tab. 5 erkennen. Da sie sich in Parastellung, also der Kopplungsstelle gegenüber, befinden, sind sie dem Antikörper zugewandt und beeinflussen die Bindung sehr stark. Kreuzreaktionen der Antikörper mit den anderen Haptenen treten daher nicht auf.

Tabelle 7. Einfluß verschiedener Radikale auf die Stärke der Hapten-Antikörper-Bindung

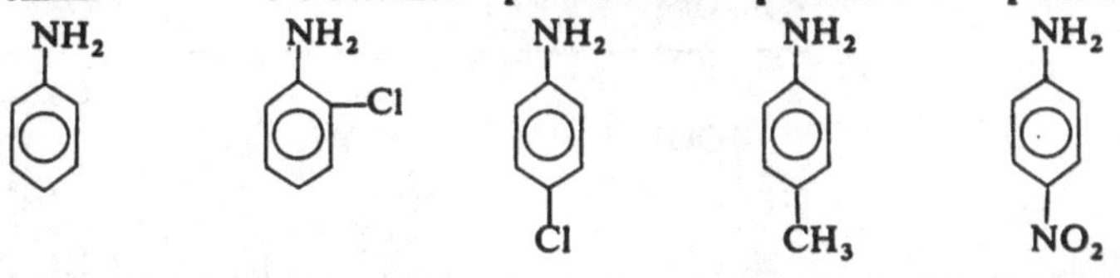

	Test-Haptene				
	Anilin	o-Chloranilin	p-Chloranilin	p-Toluidin	p-Nitroanilin
Antiseren gegen					
Anilin	+++	++	+++	++	+
o-Chloranilin	++	+++	+	+	sp.
p-Chloranilin	+	sp	++	++	++
p-Toluidin	++	+	++	++	++
p-Nitroanilin	+	+	++	+	++

sp = Spuren. Nach LANDSTEINER 1945

Berücksichtigt man das vorn Dargestellte über die Bedeutung der Paßform von Paratop und Epitop, so wird verständlich, daß auch die **Stellung eines bestimmten Radikals** am gleichen Grundkörper des Haptens sich stark auf die Antikörperbildung auswirken muß. Dies hat LANDSTEINER z. B. mit den verschiedenen Aminobenzoesäuren gezeigt, Tab. 6. Auch hier konnten keine Kreuzreaktionen nachgewiesen werden. Daß diese hohe Spezifität aber keineswegs immer bei der Bindung von Haptenen zu finden ist, läßt Tab. 7 erkennen. In diesem Falle hat der Typ des Radikals (Halogen-, Methyl-, Nitrogruppe) offensichtlich keinen wesentlichen Einfluß auf die Antikörperbindung. Dagegen spielt die Stellung des Radikals, wie der Vergleich der beiden Chloraniline zeigt, eine große Rolle.

Die außerordentlich große **Bedeutung der Raumstruktur** des Epitops bzw. des Haptens für die Spezifität der Antikörperbindung ist wohl durch kein anderes Beispiel deutlicher gezeigt worden als durch die Untersuchung LANDSTEINERS mit den stereoisomeren Formen der Weinsäure, Tab. 8. Obwohl sich alle drei Formen chemisch bekanntlich gleich verhalten und auch Bereiche der räumlichen Struktur zumindest ähnlich sind, ist die Kreuzreaktivität dennoch sehr gering. Diese eindeutige Unterscheidung von Stereoisomeren war einer der frühesten Hinweise auf die Bedeutung der Raumstruktur für die Spezifität der Ag-Ak-R.

Am Beispiel von Antikörpern, die mit einem Dinitrophenyl-Protein-Konjugat induziert worden waren, soll der Anteil bestimmter Strukturen des Haptens an der Stärke der Antikörperbindung gezeigt werden. Es handelt sich hierbei um die gleichen DNP-Antikörper, die bereits in Abschnitt 1.5. zur Erläuterung der Affinitätsveränderung im Verlaufe der Immunantwort herangezogen wurden, s. Abb. 8. Hier sei noch einmal daran erinnert, daß die Kopplung des DNP an Proteine stets über die Bindung an die Seitenkette des Lysins erfolgt. Das wirksame Epitop

Tabelle 8. Der Einfluß von Stereoisomerie auf die Stärke der Hapten-Antikörper-Bindung

	Test-Haptene **Weinsäure**		
	laevo- COOH HOCH HCOH COOH	**meso-** COOH HCOH HCOH COOH	**dextro-** COOH HCOH HOCH COOH
Antiseren gegen			
l-Weinsäure	+++	sp.	—
m-Weinsäure	sp.	+++	—
d-Weinsäure	—	sp.	+++

sp. = Spuren. Nach LANDSTEINER 1945

ist daher das ε-DNP-L-Lysin. Vergleicht man die Affinität der Antikörper mit verschiedenen DNP-Derivaten, so wird deutlich, daß die Bindungsstärke mit der Verlängerung der Kohlenstoffkette des Haptens bis hin zum ε-DNP-L-Lysin bzw. der entsprechenden Kapronsäure zunimmt, Tab. 9. Trotzdem stellt die DNP-Gruppe den Hauptanteil bei der Bindung, wie die Assoziationskonstanten der in Tab. 9 erfaßten Haptene zeigen. Dies wird auch durch Daten anderer Autoren bestätigt, die nachweisen, daß p- oder o-Nitroanilin, also ein Hapten mit einer Nitrogruppe weniger als das DNP, mit 1000fach geringerer Stärke gebunden werden als das DNP. Auf die zunehmend bessere Paßform der Antikörper im Verlaufe der Im-

Tabelle 9. Affinität von Anti-DNP-Antikörpern, die in Kaninchen nach Immunisierung mit DNP-Humanserumalbumin gebildet wurden. Die Affinitätsbestimmung erfolgte mit verschiedenen DNP-Derivaten. Nach FIEBIG 1972.

Hapten	Affinität (x10^6 Mol^-1) Primärantwort	Sekundärantwort
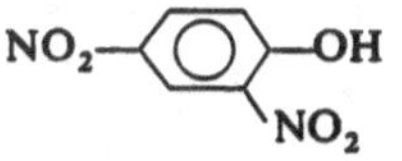	0,26	0,53
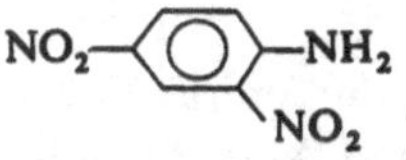	2,35	11,7
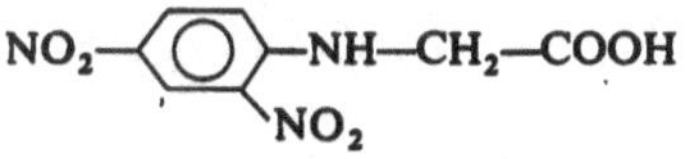	6,0	28,0
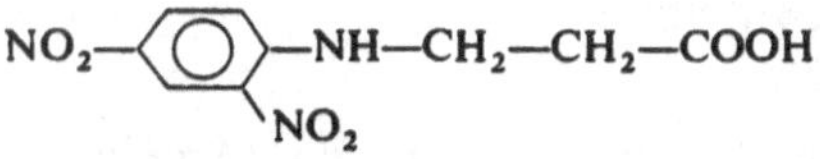	10,0	107
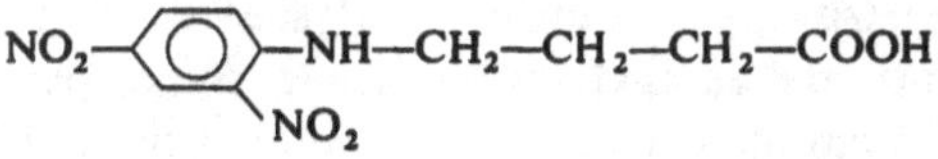	19,0	210
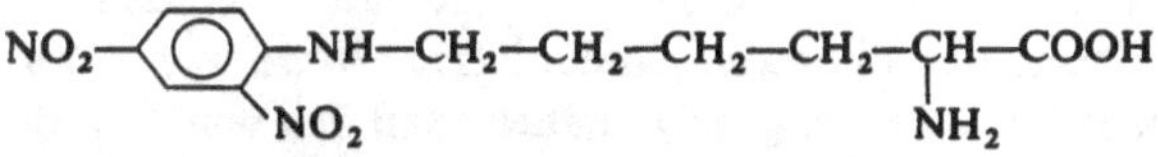	34,0	720
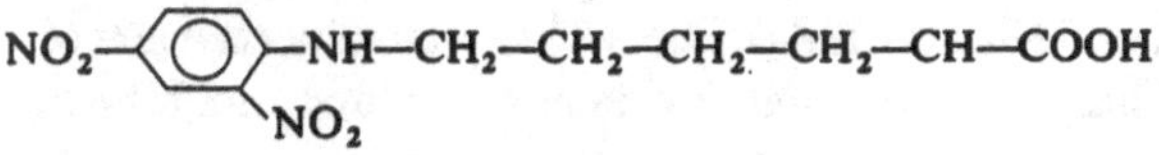	36,5	740

munantwort — die Maturation der Immunantwort — war in Abschnitt 1.5. ausführlich eingegangen worden. Tab. 9 läßt erkennen, daß dies vor allem zugunsten der Strukturen zwischen DNP und dem Proteincarrier, also der C-Kette am DNP, erfolgt. So steigt die Assoziationskonstante im Vergleich zwischen Antikörpern der Primär- und solchen der Sekundärantwort bei Messungen mit Dinitrophenol auf das Doppelte, bei Messungen mit ε-DNP-L-Lysin aber auf das mehr als Zwanzigfache an. All dies macht deutlich, daß der Lage des Haptens im Verhältnis zum Carrier, d. h. der Art und Weise seiner Kopplung, eine sehr große Bedeutung zukommt. Falls möglich, sollte man deshalb bei der Herstellung von Antikörpern gegen niedermolekulare Verbindungen, z. B. Peptide oder Steroide, wenigstens zwei verschiedene Kopplungsprinzipien einsetzen, um Antikörper gegen unterschiedliche Bereiche des Haptens zu erhalten. Sie können sich hinsichtlich der Kreuzreaktivität mit verwandten Substanzen ganz erheblich voneinander unterscheiden. Anders ausgedrückt: Falls man bei Immunisierung mit einem Hapten-Carrier-Konjugat Antikörper erhält, die infolge starker Kreuzreaktivität mit anderen Stoffen für die vorgesehenen Untersuchungen ungeeignet sind, sollte man eine Immunisierung mit einem anders gekoppelten Konjugat, bei dem das Hapten eine andere Lage im Verhältnis zum Carrier hat, vornehmen.

4.4. Die Spezifität der Bindung von Proteinen

Proteine sind, abgesehen von einigen niedermolekularen Stoffen, die für immunhistochemische Untersuchungen wichtigsten Antigene. Die Spezifität ihrer Bindung durch Antikörper ist deshalb von besonderem Interesse.

4.4.1. Die Antigenstruktur von Proteinen

In den letzten beiden Jahrzehnten sind mehrere Proteine, z. B. Insulin, Myoglobin und Lysozym, hinsichtlich ihrer Antigenstruktur ausführlich analysiert worden. Hierbei kamen sowohl konventionelle Antiseren als auch monoklonale Antikörper sowie die verschiedensten chemischen, immunchemischen, biochemischen und physikalischen Methoden zum Einsatz. Als beispielhaft seien hier die Untersuchungen von Atassi und Mitarb. genannt, obwohl Arbeiten der letzten Jahre, vor allem unter Verwendung monoklonaler Antikörper, gezeigt haben, daß das von Atassi und Mitarb. 1977 beschriebene „Antigenbild" des Myoglobins und des Lysozyms nicht fehlerfrei ist (s. Benjamin und Mitarb. 1984). Die wichtigsten seinerzeit getroffenen Festellungen über die Antigenstruktur der Proteine haben aber noch heute Gültigkeit. Sie seien hier kurz zusammengefaßt:

— Bestimmte Bereiche nativer Proteine wirken als Epitope, der übrige Teil des Moleküls dient als „Carrier".
— Antigene Regionen — ein oder mehrere bzw. sich überschneidende Epitope enthaltende Abschnitte — befinden sich im außen liegenden Bereich der Polypeptidkette. Dies illustriert Abb. 18 für das Myoglobin.
— Epitope kommen in zwei unterschiedlichen Typen vor, als a) Sequenzdeterminanten, auch lineare oder kontinuierliche Epitope genannt bzw. als b) diskontinuierliche oder Konformationsdeterminanten.

Sequenzdeterminanten umfassen einen bestimmten Abschnitt der Polypeptidkette, wie dies auch Abb. 18 zeigt. Demgegenüber enthalten diskontinuierliche Determinanten mehrere Abschnitte der Kette bzw. die Seitenketten mehrerer, z. T. nicht benachbarter Aminosäuren. Hierfür gibt Abb. 19 ein Beispiel.

— Epitope umfassen 5 bis 8 Aminosäuren, gleichgültig, welchem Typ sie zuzuordnen sind.

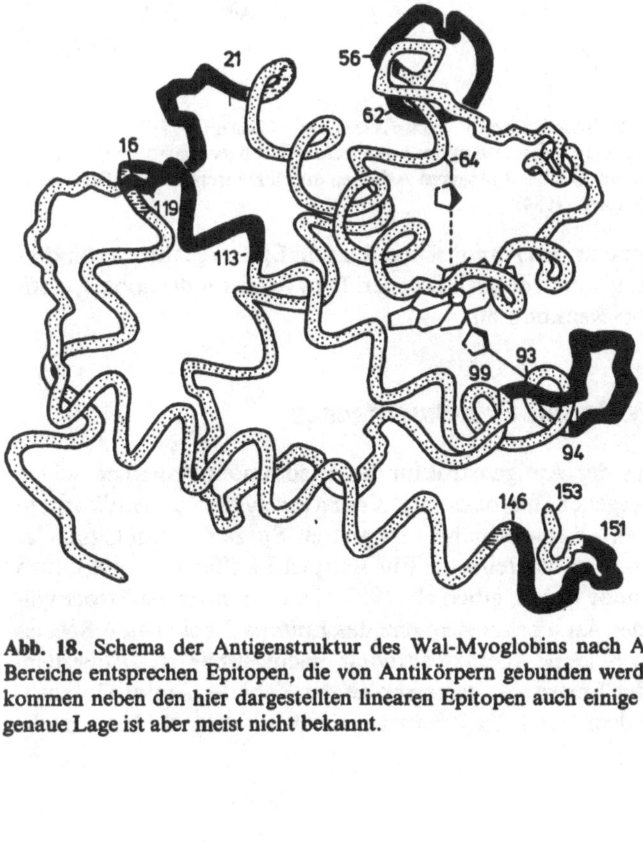

Abb. 18. Schema der Antigenstruktur des Wal-Myoglobins nach Atassi 1977. Die schwarzen Bereiche entsprechen Epitopen, die von Antikörpern gebunden werden. Nach neueren Arbeiten kommen neben den hier dargestellten linearen Epitopen auch einige diskontinuierliche vor, ihre genaue Lage ist aber meist nicht bekannt.

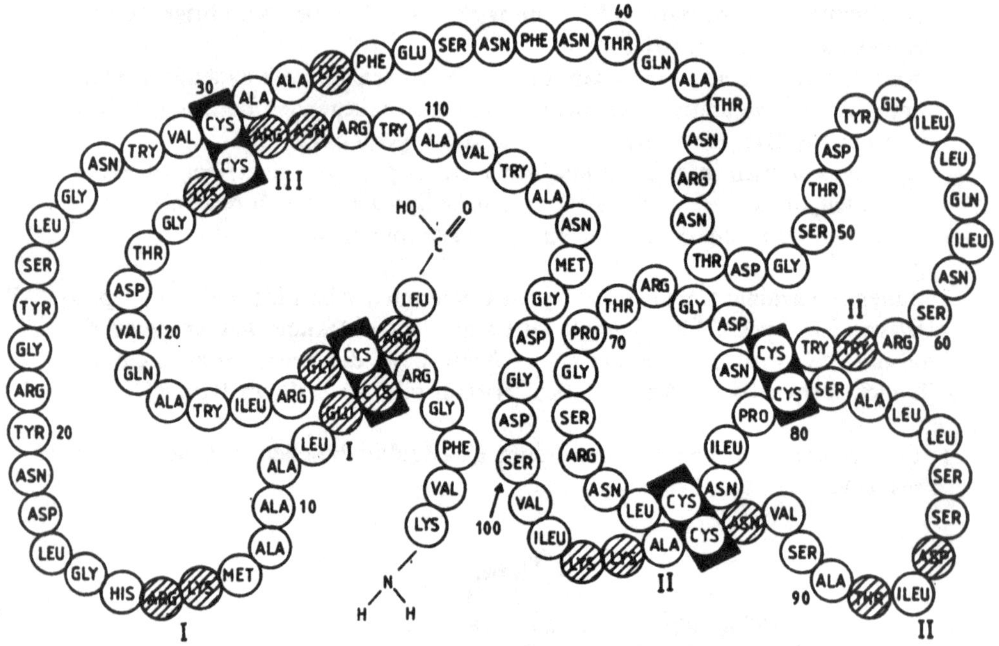

Abb. 19. Antigenstruktur des Hühner-Lysozyms nach Atassi und Habeeb (1977)
Die drei Epitope (I bis III) umfassen mehrere Aminosäuren (schraffiert hervorgehoben), die nicht linear angeordnet sind. Sie ist entsprechend jüngeren Arbeiten durch mehrere weitere Epitope zu ergänzen (s. Benjamin und Mitarb. 1984)

— Die Modifikation einer einzigen Aminosäure, die zum Epitop gehört, verhindert in der Regel die Bindung durch den Antikörper. Dies weist auf die hohe Spezifität der Epitop-Paratop-Reaktion hin.

4.4.2. Kreuzreaktivität mit Proteinantigenen

Mit der genauen Analyse der Antigenstruktur bei bestimmten Proteinen schien sich die Möglichkeit zu ergeben, die bekannte Kreuzreaktivität von Antikörpern mit dem jeweiligen Protein, das von nahe verwandten Spezies stammt, mit der Primärstruktur der Epitope zu korrelieren. Ein Beispiel hierfür, dem die Daten von Atassi (1977) zu Grunde liegen, gibt Tab. 10. Es ist erkennbar, daß trotz völliger Übereinstimmung der Aminosäuresequenz des Epitops 2 bei allen 4 Spezies in einigen Kombinationen keine Kreuzreaktivität nachweisbar ist. Außerdem stimmt die Ähnlichkeit der Epitope — gemessen an der Zahl der Aminosäureaustausche — oft nicht mit dem Grad der Kreuzreaktivität überein. So ist z. B. die

Tabelle 10. Zahl der Aminosäureaustausche in den Epitopen sowie Stärke der Kreuzreaktivität zwischen verschiedenen Myoglobinen (in % bezogen auf die Stärke der Reaktion zwischen Antikörper und homologem Antigen = 100 %). Verändert nach ATASSI 1977.

Spezies (auch für die Antiseren)	Bezugsspezies und Epitope (1—5 sowie Σ) und Kreuzreaktivität (KR in %)																				
	Mensch							Pferd							Rind						
	1	2	3	4	5	Σ	KR	1	2	3	4	5	Σ	KR	1	2	3	3	5	Σ	KR
Mensch	—	—	—	—	—	—	100	—	—	1	2	1	4	29	1	—	1	3	2	7	4
Pferd	—	—	1	2	1	4	31	—	—	—	—	—	—	100	1	—	2	1	1	5	7
Rind	1	—	1	3	2	7	3	1	—	2	1	1	5	0	—	—	—	—	—	—	100
Wal	1	—	1	2	1	5	n. b.	1	—	—	—	1	2	n. b.	—	—	2	1	2	5	n. b.

n. b. = nicht bestimmt

Ähnlichkeit der Aminosäuresequenz in den Epitopen des Myoglobins von Wal und Pferd groß, die Kreuzreaktivität aber gering. Andererseits entspricht der geringsten Strukturähnlichkeit (Rind und Mensch) nicht die schwächste Kreuzreaktivität. All dies macht deutlich, daß die Kreuzreaktivität nicht direkt der Ähnlichkeit der *Primärstruktur der Epitope* entspricht. Vielmehr kommt einer Veränderung der *Konformation des Moleküls* durch Aminosäureaustausche im „Carrier“-Anteil des Moleküls auch große Bedeutung zu. Vergleicht man die gesamte Primärstruktur der Myoglobine der vier in Tab. 10 erfaßten Arten, so haben diejenigen von Mensch und Pferd die größte Übereinstimmung. Dasjenige vom Wal hat dagegen die geringste Ähnlichkeit mit denen der anderen 3 Arten. Diese Verhältnisse stimmen weitgehend mit dem Grad der Kreuzreaktivität, wie er auch aus Tab. 10 abzulesen ist, überein.

Für mehrere Proteine ist die Anzahl der Aminosäureaustausche zwischen zwei Spezies mit der mittels immunologischen Techniken (Mikrokomplementbindungstest oder quantitative Präzipitation) bestimmten Differenz verglichen worden. Es ergibt sich ein hoher Grad an Übereinstimmung, Tab. 11. Unter Heranziehen der auch bei anderen Proteinen gewonnenen Daten läßt sich verallgemeinern:

- Die Kreuzreaktivität von Proteinen ist weitgehend der Ähnlichkeit der Primärstruktur proportional.
- Aminosäureaustausche, die die Konformation erheblich beeinflussen, verändern auch die Antigenstruktur stark.
- Starke Kreuzreaktivität setzt immer eine deutliche Ähnlichkeit der Primärstruktur des gesamten Moleküls oder die Übereinstimmung eines Molekülteils, z. B. einer Polypeptidkette, voraus.

Tabelle 11. Grad der Übereinstimmung der immunologischen Ähnlichkeit[1] mit der Ähnlichkeit der Primärstruktur[2] von Proteinen

Protein	Anzahl der Paarvergleiche zwischen Spezies	Korrelationkoeffizient
Lysozym	106	0,95
Ribonuklease	60	0,92
Myoglobin	78	0,87
Cytochrom c	23	0,87
Azurin	13	0,85
Serumalbumin	10	0,96

[1] Die immunologische Ähnlichkeit (antigene Kreuzreaktivität) wurde mittels Mikrokomplementbindungstest oder quantitativer Präzipitation bestimmt.

[2] Die Ähnlichkeit der Primärstruktur entspricht der Anzahl übereinstimmender Aminosäuren in gleichen Positionen. Nach Daten von Benjamin und Mitarb. (1984)

Unter welchen Voraussetzungen muß man in der Praxis mit Kreuzreaktionen bei Proteinen rechnen? Hier sind vor allem 3 Bedingungen zu nennen:

1. Werden relativ oft Kreuzreaktionen durch Strukturanteile der Proteine, die keine Peptidstruktur besitzen, ausgelöst. Hierzu gehören Kohlenhydratgruppen, Lipide und seltener Nukleinsäuren. Arbeitet man nicht mit gereinigten Antikörpern, so sollten die störenden Antikörper gegen Kohlenhydrate durch Absorption mit Leberpulver und Erythrozyten weitgehend entfernt werden.
2. Treten Kreuzreaktionen zwischen homologen Proteinen von ± nahe verwandten Spezies auf. Das kann vor allem bei indirekten Techniken in der Immunhistochemie zu falsch positiven Reaktionen führen. Stammt z. B. der erste Antikörper, mit dem ein bestimmtes Antigen im Schnitt von humanem Gewebe nachgewiesen wird, vom Kaninchen, so darf das als zweiter markierter Antikörper eingesetzte Anti-Kaninchen-Immunglobulin (z. B. von der Ziege) keinesfalls mit Human-Immunglobulin kreuzreagierende Antikörper enthalten. Dies ist unbedingt zu überprüfen; eventuell muß eine Absorption mit Human-Immunglobulin vorgenommen werden.
   Andererseits kann man aber auch die Kreuzreaktivität der Antikörper ausnutzen, indem man zur Immunisierung das Antigen nicht von derjenigen Spezies nimmt, in der der Nachweis mit dem Antikörper geführt werden soll, sondern hierfür leichter zugängliches homologes Material aus einer anderen Spezies einsetzt. Die dabei erlaubte „phylogenetische Differenz" hängt von der Evolutionsgeschwindigkeit des jeweiligen Protein-Antigens ab. Sie kann aus Angaben über die Kreuzreaktivität dieser Antigene geschlossen werden.
3. Muß mit Kreuzreaktionen gerechnet werden, wenn das Antigen zu einer „Proteinfamilie" gehört. Darunter sind Proteine zu verstehen, bei denen zur Biosynthese z. T. die gleichen Gene genutzt werden. Sie besitzen daher übereinstimmende Polypeptidketten. Als Beispiel seien die Gonadotropine der Hypophyse sowie das Chorion-Gonadotropin (gleiche Alpha-Kette) und die Familie der Immunglobuline (gleiche L-Ketten) genannt.

4.5. Die Struktur des Paratops

Für das Verständnis der Spezifität der Antigen-Antikörperbindung ist die Kenntnis der Struktur der Antigenbindungsstelle (Paratop) des Antikörpers erforderlich. In den letzten Jahren konnte die Paratopstruktur weitgehend aufgeklärt werden. Wie bereits weiter vorn erläutert, ist das Paratop Bestandteil der variablen Teile der L- und der H-Ketten. Diese V-Teile sind in Form mehrerer Schleifen strukturiert, Abb. 20. Die V-Teile der H- und L-Kette verknüpfen sich über größere Kontaktzonen zu einer relativ stabilen Struktur, einer sog. Domäne, Abb. 21. An der Grenze zwischen beiden V-Teilen, die als „Rinne" gestaltet ist, liegt das

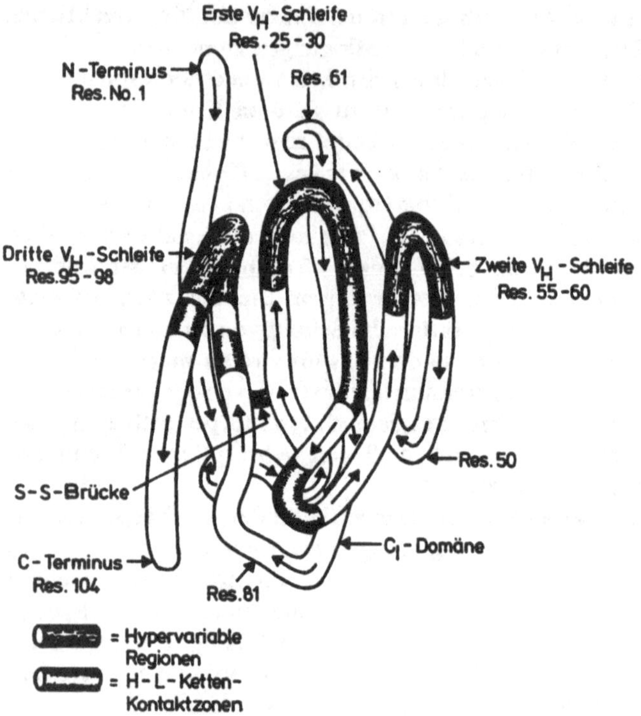

Abb. 20. Raumstruktur des Kohlenstoffskeletts des variablen Teils einer H-Kette. Die hypervariablen Regionen sind schwarz, die Kontaktzonen zum variablen Teil der L-Kette schraffiert hervorgehoben. Die Zahlen in Klammern bezeichnen die jeweiligen Aminosäurepositionen. Verändert nach RICHARDS et al. (1978) aus AMBROSIUS (1984)

Paratop. Seine Form wird von drei Schleifen sowohl des V-Teils der L-Kette als auch der H-Kette, die in Abb. 20 schwarz hervorgehoben sind, bestimmt. Da sich gerade diese Abschnitte durch eine extreme Variabilität der Primärstruktur auszeichnen, werden sie *hypervariable Regionen* genannt. Diese große Variabilität hat eine unterschiedliche Gestalt des Paratops zur Folge und erklärt die unterschiedliche Spezifität der verschiedenen Antikörper.

Exakte Analysen über die Struktur des Paratops liegen vor allem von einigen Hapten-bindenden Myelomproteinen vor. Hier soll lediglich ein Beispiel erwähnt werden, das zugleich zeigt, daß die Paratop-Hapten-Bindung eine Mehrpunktbindung ist. Bereits vor einigen Jahren ist die Bindung des Haptens Vitamin K_1-OH durch das humane Myelomprotein NEW aufgeklärt worden, Abb. 22. Sie erfolgt an mehrere hypervariable Regionen der H- und L-Kette, Abb. 22. Der Methylnaphtochinon-Teil des Haptens wird vorwiegend von den Schleifen der 1. und 3. hy-

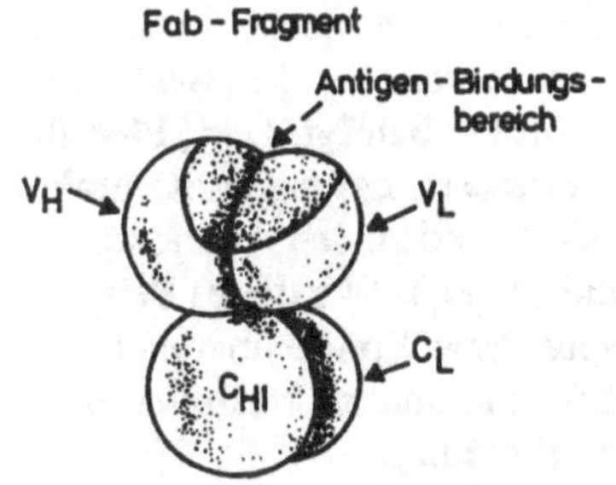

Abb. 21. Schematische Darstellung der Domänenstruktur des Fab-Teils eines Immunglobulins. Die variablen Teile der H- und der L-Kette (V_H bzw. V_L) haben sich zur V-Domäne vereinigt. Die erste konstante homologe Einheit der H-Kette (C_H1) bildet mit dem konstanten Teil der L-Kette (C_L) die erste konstante Domäne des Moleküls. Verändert nach RICHARDS et al. (1978)

pervariablen Region der L-Kette (L_1, L_3) und der 3. hypervariablen Region der H-Kette (H_3) gebunden. Der Chinonteil hat engen Kontakt zum Tyrosin in Position 90 der L-Kette und zum C-Gerüst und den Seitenketten der Aminosäuren 104 (H-Kette) sowie 29 und 30 (L-Kette). Wird das Hapten ohne den „Phytylschwanz" einge-

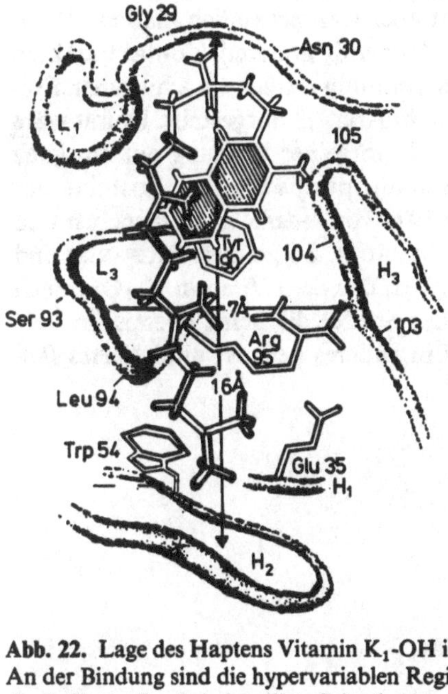

Abb. 22. Lage des Haptens Vitamin K_1-OH im Paratop des humanen IgG-Myelomprotein NEW. An der Bindung sind die hypervariablen Regionen 1 bis 3 der H-Kette (H_1, H_2, H_3) sowie 1 und 3 der L-Kette (L_1, L_3), beteiligt, Seitenketten von Aminosäuren, die als Bindungspunkte bekannt sind, wurden zusätzlich zum Kohlenstoffskelett eingezeichnet. Nach RICHARDS et al. (1974) aus AMBROSIUS (1984)

setzt, so lagert es sich an das Paratop in der gleichen Position an wie das komplette K_1-OH. Dabei wird allerdings nur eine Bindungsstärke von 17,6 kJ Mol^{-1} erreicht, während sie beim kompletten K_1-OH 30,2 kJ Mol^{-1} beträgt. Der „Phytylschwanz", der 12,6 kJ Mol^{-1} zur Haptenbindung beisteuert, hat engen Kontakt zum Glycin und Asparagin in Pos. 29 und 30 der L-Kette und zu den Aminosäureseitenketten in Pos. 93 und 94 (L_3) sowie 54 (H_2) und 35 (H_1). Wie dieses Beispiel zeigt, erfolgt die Bindung zwischen Paratop und Hapten bzw. Epitop über *mehrere Kontaktpunkte*. Dabei ist die erreichte Bindungsstärke die Summe mehrerer Bindungsprozesse. Dies alles ist Ausdruck der Mehrpunktbindung.

4.6. Die Multispezifität der Antikörper

Wie am Beispiel des Myelomproteins NEW dargestellt, erfolgt die Bindung eines Epitops oder Haptens über Kontaktpunkte, wobei unterschiedliche Bindungskräfte wirksam werden (s. Abschnitt 4.2.). Das Paratop stellt also keinesfalls eine ideale komplementäre Struktur zum Epitop dar. Vielmehr sind es immer nur bestimmte Bereiche oder einzelne Seitengruppen von Aminosäuren des Paratops, die zur Bindung des Epitops genutzt werden. Das macht aber wahrscheinlich, daß ein Paratop auch andere Epitope binden kann, die dann mit anderen Kontaktpunkten im Paratop reagieren. Diese Möglichkeit der Bindung zweier verschiedener Epitope durch das gleiche Paratop ist schematisch in Abb. 23 dargestellt. Damit wäre ein Antikörper aber nicht monospezifisch, d. h. in seiner Bindung auf ein ganz bestimmtes Epitop eingeschränkt, sondern multispezifisch. Das Postulat der Multispezifität der Antikörper wurde bereits 1974 von INMAN ausgesprochen und in der Zwischenzeit mehrfach experimentell bestätigt. So zeigten RICHARDS und Mitarb. (1978), daß das Myelomprotein NEW außer dem Vitamin K_1-OH auch Karminsäure oder Uridin binden kann. Beides Stoffe, die keine chemische Verwandtschaft zum Vitamin K_1-OH besitzen. Ein anderes genauer analysiertes Bei-

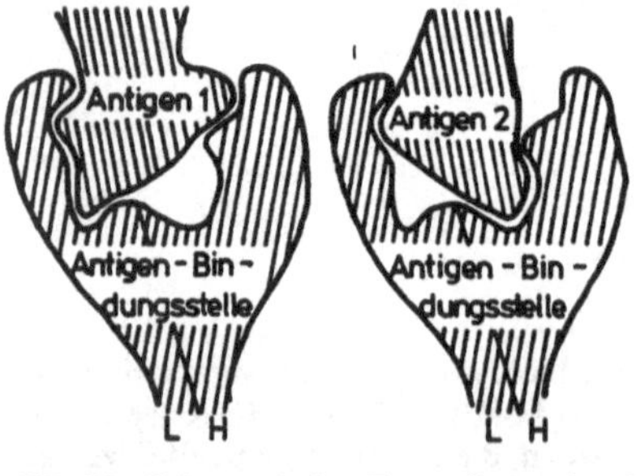

Abb. 23. Schematische Darstellung der Möglichkeit der Bindung von zwei unterschiedlichen Epitopen durch ein bestimmtes Paratop. Aus DRÖSSLER (1982)

spiel hinsichtlich der Multispezifität der Bindung durch ein Paratop ist das Maus-Myelomprotein 460. Es bindet sowohl Dinitrophenol als auch Menadion. Die Bindung ist kompetitiv, d. h., beide Haptene werden vom gleichen Bereich des Antikörpers gebunden. Allerdings sind offensichtlich unterschiedliche Kontaktpunkte wirksam. So beeinflußt die chemische Veränderung einzelner Aminosäuren im Bereiche des Paratops die Bindung der beiden Haptene in unterschiedlicher Weise.

Die zumindest in einigen Fällen belegte Multispezifität der Antikörper steht offenbar im Gegensatz zur Aussage über die hohe Spezifität der Immunreaktion. Um diesen Widerspruch klären zu können, muß man den Begriff „Immunreaktion" präzisieren. Wir haben zu unterscheiden:

— die Spezifität der Immunantwort des Organismus,
— die Spezifität der Reaktion von polyklonalen Antikörpern eines Antiserums mit dem Antigen,
— die Spezifität der Reaktion eines individuellen Antikörpers mit dem Antigen.

Die Spezifität der Immunantwort wird im wesentlichen durch den mittels Immunisierung erzielbaren Schutzeffekt gegen Krankheitserreger nachgewiesen. Diese Problematik ist außerdem für die Immunhistochemie nur von geringem Belang.

Die Reaktion von Antikörpern eines Antiserums, also einer sehr heterogenen Antikörperpopulation, mit dem Antigen ist bekanntlich dadurch gekennzeichnet, daß die Antikörper mit den verschiedensten Epitopen des Antigens reagieren. Außerdem binden sie die Epitope auch auf unterschiedliche Art und Weise, d. h. mit unterschiedlicher Feinspezifität und Affinität. Die Heterogenität einer Antikörperpopulation, die z. B. durch ein Proteinantigen induziert worden ist, ist außerordentlich groß und umfaßt Hunderte oder Tausende verschiedener Antikörper. Nehmen wir einmal an, es wären 500 unterschiedliche Antikörper vorhanden, so wäre ihnen gemeinsam, daß sie alle das gleiche Antigen — wenn auch auf verschiedene Weise — binden können. Entsprechend der These von der Multispezifität müßten sie außerdem auch mit anderen Epitopen reagieren können. Jeder der Antikörper hat sicher sein individuelles Spektrum an „Nebenspezifitäten", diese werden sich daher nicht überlappen. Das bedeutet aber, daß sie gegenüber der Gemeinsamkeit aller Antikörper der Population, der spezifischen Bindung des homologen Antigens, praktisch nicht ins Gewicht fallen. Sie werden bei immunologischen Techniken „ausverdünnt". Die Multispezifität der Antikörper ist daher einer der Gründe dafür, die Antiseren beim Einsatz in der Immunhistochemie möglichst weitgehend zu verdünnen.

Bei der Reaktion eines individuellen Antikörpers mit dem Antigen kann der oben genannte Verdünnungseffekt im Hinblick auf die Nebenspezifitäten natürlich nicht wirksam werden. Hier muß tatsächlich damit gerechnet werden, daß der

Antikörper mit gleicher Intensität auch ein anderes Antigen zu binden vermag. Dies gilt ohne Einschränkung für monoklonale Antikörper. Daher ist es eine leider nicht immer berücksichtigte Grundforderung, daß monoklonale Antikörper hinsichtlich der Nebenspezifitäten, die bei ihrem Einsatz eine Rolle spielen könnten, ausführlich zu überprüfen sind. Letztlich kommt nur derjenige Antikörper für den Nachweis seines Antigens in einem bestimmten Testsystem in Frage, der innerhalb dieses Systems mit keiner anderen Struktur reagiert. Dieser Forderung kann bereits bei der Entwicklung des jeweiligen monoklonalen Antikörpers Rechnung getragen werden. So sind für die immunhistochemischen Methoden vorgesehene Antikörper bereits frühzeitig auf Nebenreaktionen in entsprechenden Gewebsschnitten zu prüfen, bevor man eine Massenvermehrung der Zellklone vornimmt. Um unnötige Arbeit zu vermeiden, gilt hier für die Testung: Je früher, desto besser. Da man bei der Entwicklung monoklonaler Antikörper aber immer davon ausgeht, zunächst durch Zellfusion eine größere Anzahl Antikörper-produzierender Zellklone herzustellen und danach durch Selektion den jeweils geeignetsten herauszusuchen, kann der oben gestellten Forderung unschwer Rechnung getragen werden.

4.7. Ursachen für die unspezifische Bindung von Antikörpern

Hier sollen einige der wichtigsten Ursachen für die unspezifische Bindung von Antikörpern an Gewebsschnitte dargestellt werden. Die wichtigste Schlußfolgerung aus der Möglichkeit derartiger unspezifischer Bindungen ist aber die sorgfältige Durchführung der *Kontrollen*, wie sie bei der Besprechung *der einzelnen immunhistochemischen Methoden* gefordert werden.

4.7.1. Die Denaturierung von Proteinantigenen

Jede Denaturierung von Proteinen, z. B. durch Einwirkung von Hitze, Laugen, Säuren, Schwermetallsalzen oder Alkohol, führt zur Veränderung der Antigenstruktur. Dies kommt vor allem dadurch zustande, daß die innerhalb des Moleküls vorhandenen Bindungen, z. B. Wasserstoffbrücken, gelöst und in anderer Form wieder geknüpft werden. Das führt zu einer Veränderung der Konformation, die bekanntlich die Antigenstruktur ganz entscheidend beeinflußt (s. 4.1.). Bereits in den Anfängen der Immunchemie hat man die Beeinflussung der Antigenstruktur durch Hitzedenaturierung untersucht. Ein Beispiel hierfür ist die Arbeit von FURTH (1925), deren wesentlichste Ergebnisse in Tab. 12 zusammengefaßt sind. Sie zeigen, daß als Folge der Denaturierung offenbar Epitope entstehen, die auch bei sehr verschiedenen Proteinen einander ähnlich sind. Derartige „allgemeine" Epitope

Tabelle 12. Reaktion (Präzipitation) eines Antiserums gegen hitzedenaturiertes Rinderserum mit nativen und denaturierten Serumproteinen. Nach FURTH 1925.

Test-Antigene	Serumproteine von					
	Rind	**Schaf**	**Pferd**	**Mensch**	**Kaninchen**	**Meerschw.**
nativ	+++	++	–	–	–	–
denaturiert	+++	+++	++	++	+	±

Die Stärke der Reaktion ist durch die Anzahl der +—Zeichen ausgedrückt

sind die Ursache der starken Kreuzreaktionen, wie sie bei nativen Proteinen nicht vorkommen, s. Tab. 12. Besonders bemerkenswert ist die Reaktion der Antikörper mit denaturierten Serumproteinen vom Kaninchen, da die Antikörper von der gleichen Spezies stammen und native Serumproteine des Kaninchens von Kaninchen-Antikörpern prinzipiell nicht gebunden werden.

Das Problem der Denaturierung von Proteinen hat vor allem zwei praktische Konsequenzen:

1. sollte bei der Vorbehandlung des Gewebes bzw. von Zellen der Grad der Denaturierung möglichst gering gehalten werden, da anderenfalls Antikörper, die gegen das native Protein induziert worden sind, dieses Protein nicht mehr erkennen. Dieses Problem wird ausführlich bei der Fixierung als Vorbehandlung für die Histochemie behandelt werden.
2. dürfen denaturierte Proteine nicht oder nur in Spezialfällen zur Immunisierung verwendet werden, da die induzierten Antikörper nicht nur mit dem homologen Antigen, sondern auch mit anderen denaturierten Proteinantigenen reagieren.

4.7.2. Unspezifitäten infolge „Nebenantikörpern"

Jedes Antiserum enthält neben denjenigen Antikörpern, die durch die Immunisierung mit dem Antigen induziert worden sind, noch zahlreiche andere mit meist unbekannten Spezifitäten. EinTeil dieser Antikörper kann ebenfalls bei der Immunisierung induziert worden sein, wenn das Antigenpräparat nicht absolut rein war. Andere Antikörper gehen auf die zahlreichen Antigenkontakte zurück, denen jeder Organismus ständig ausgesetzt ist. Daher sind immer mehrere Spezifitätskontrollen erforderlich, von denen einige bereits vor dem Einsatz in der immunhistochemischen Technik durchgeführt werden sollten (S. 97); daneben sind aber stets die immunhistochemischen Kontrollen notwendig. Zeigen sie, daß im Antiserum Spezifitäten vorkommen, die vermutlich auf „Nebenantikörper" zurückzuführen sind, so ist eine affinitätschromatografische Reinigung der Antikörper mit einem Immunadsorbens angebracht. Dabei wird das gereinigte Antigen auf einen Träger fixiert und das Antiserum zugegeben; es kommt nunmehr zur Bindung der Antikörper an das Antigen. Alle nicht gebundenen Substanzen sind durch Waschen zu entfernen. Dann werden alle Antigen-Antikörper-Komplexe gespalten und die Antikörper eluiert. Diese Reinigungsmethode ist auf S. 100 beschrieben.

4.7.3. Unspezifitäten durch nicht immunologische Reaktionen der Antikörper

Antikörper bestehen bekanntlich aus zwei funktionellen und auch strukturellen Komponenten, den Fab- und Fc-Fragmenten, die durch enzymatische Behandlung erhalten werden können (s. 2.2.). Während der Fab-Teil des Moleküls die Funktion der Antigenbindung hat, kommen dem Fc-Teil andere biologische Funktionen zu. Diese sind z. T. mit der Bindung der Antikörper an Zellen oder Membranen verknüpft. Anders ausgedrückt, verschiedene Zellen besitzen Rezeptoren für den Fc-Teil der Antikörper. Sind derartige Zellen, z. B. Makrophagen oder Lymphozyten, in demjenigen Präparat, das immunhistochemisch bearbeitet werden soll, vorhanden, so kann es über die Fc-Rezeptoren zur „unspezifischen" Bindung der Antikörper kommen. Das ist immer aus den Kontrollpräparaten mit Einsatz des Präimmunserums erkennbar. Tritt ein solcher Fall ein, so müssen die Antikörper enzymatisch gespalten und die $F(ab')_2$ oder Fab-Fragmente eingesetzt werden, s. S. 32.

4.7.4. Unspezifitäten als Folge der Markierung der Antikörper

Durch die Markierung der Antikörper kommt es in Abhängigkeit vom Typ des Markers sowie des Kopplungsgrades zu einer mehr oder weniger starken Ladungsänderung zumindest an bestimmten Bereichen des Antikörpermoleküls. Daher zeigen überkoppelte Präparate oft unspezifische Bindungsreaktionen. Auch nicht entfernter freier Farbstoff kann die Ursache unspezifischer Reaktionen sein. Daher sind immer standardisierte Kopplungsbedingungen, der Einsatz von Konjugaten mit definiertem Kopplungsgrad und die Entfernung der freien Reaktanten zu fordern. Dies wird bei den jeweiligen Techniken beschrieben.

5. Die Herstellung von Antiseren und monoklonalen Antikörpern

Gegen zahlreiche Antigene, deren Bestimmung von diagnostischem Wert ist, lassen sich Antiseren und/oder monoklonale Antikörper käuflich erwerben. Falls aber im Rahmen der biologisch-medizinischen Forschung immunologische Methoden eingesetzt werden sollen, muß man die erforderlichen Antikörper fast stets selbst herstellen. Dabei sind bestimmte Prinzipien zu beachten, auf die z. T. bereits in den vorausgehenden Abschnitten hingewiesen wurde. Sie dienen der Zielstellung, mit *minimalem Aufwand* ein für die jeweilige Fragestellung *optimales Immunpräparat* zu erreichen. Als Wegweiser für das Erreichen dieses Zieles ist das vorliegende Kapitel zu betrachten.

5.1. Monoklonale Antikörper oder polyklonales Antiserum?

In den letzten Jahren hat die Verwendung monoklonaler Antikörper, die mittels Lymphozyten-Hybridomtechnik hergestellt worden sind, ständig zugenommen. Dabei ist vielfach der Eindruck entstanden, die moderne Immunhistochemie setze den Einsatz monoklonaler Antikörper voraus. Dies aber ist eine unzulässige Vereinfachung, die nicht den Kern der Sache trifft. Entscheidend für die Qualität des immunologischen Teils einer immunhistochemischen Arbeit ist, daß Antikörper mit ausreichender Affinität und hoher Spezifität Verwendung finden, wobei dies durch entsprechende Tests bzw. Kontrollen nachgewiesen sein muß. Ist das garantiert, so ist es völlig belanglos, ob monoklonale Antikörper oder aber konventionelle polyklonale Antikörper eines Antiserums eingesetzt werden.

Wie bereits im Abschnitt 2.4.1. gezeigt, enthält jedes Antiserum eine Vielzahl von Antikörpern, die zwar mit dem jeweiligen Antigen reagieren, dabei aber keineswegs alle dieselbe Spezifität aufweisen. So binden sie verschiedene Epitope des Antigens, Abb. 24A, oder reagieren zwar mit demselben Epitop, aber mit unterschiedlicher Feinspezifität und Affinität. Diese Heterogenität muß kein Nachteil sein, sie kann vielmehr dann einen Vorteil bedeuten, wenn das mittels immunhistochemischer Technik nachzuweisende Antigen z. B. ein Membranprotein ist oder aber mehrere Epitope durch Komplexbildung oder ähnliche Mechanismen maskiert sind. Ist das Antigen eine größere Struktur, die mit mehreren Antikörpern zu reagieren vermag, so ist sein Nachweis mit polyklonalen Antikörpern auch empfindlicher als mit einem monoklonalen Antikörper, da dieser ja nur an einen bestimmten Epitop bindet.

Die grundsätzlichen Unterschiede monoklonaler Antikörper gegenüber konventionellen Antiseren sind:

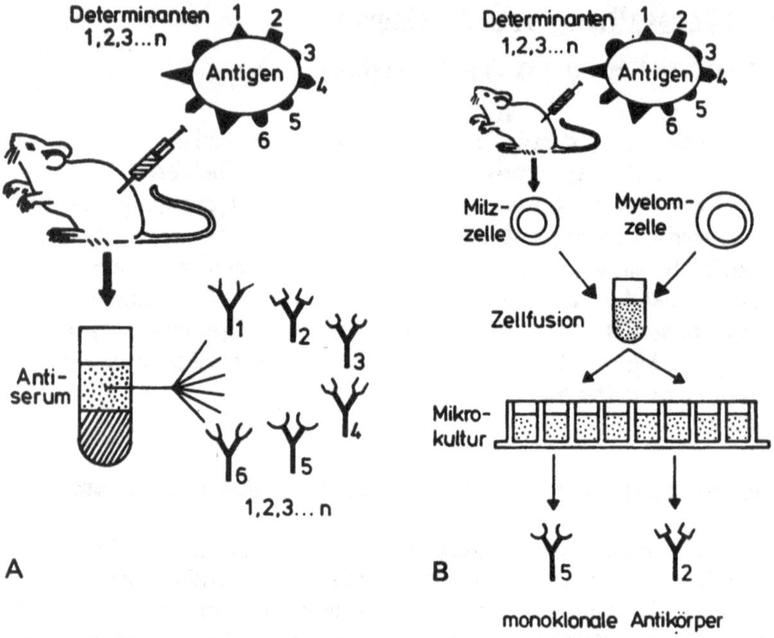

Abb. 24. Schematische Darstellung des Gegensatzes zwischen der Heterogenität der Antikörper eines Antiserums (A) und der Einheitlichkeit monoklonaler Antikörper, deren Herstellungsprinzip in Abb. 24 B skizziert ist.

1. Monoklonale Antikörper sind strukturell und funktionell absolut einheitlich.
2. Monoklonale Antikörper zeigen identische Spezifität und Affinität und reagieren mit demselben Epitop, Abb. 24B.
3. Monoklonale Antikörper lassen sich „nach Maß" herstellen, d. h., die für die Fragestellung optimale Spezifität und Affinität sowie die für die Technik vorteilhafte Antikörperklasse, -subklasse usw. sind durch Selektion des geeignetsten monoklonalen Antikörpers aus einer Vielzahl zunächst entwickelter erreichbar.
4. Monoklonale Antikörper sind in gleichbleibender Qualität über lange Zeiträume und auch in erheblicher Menge herstellbar. Sie erlauben damit eine Standardisierung des jeweiligen Tests.
5. Die Entwicklung monoklonaler Antikörper ist arbeitsaufwendig und teuer und setzt Möglichkeiten zur permanenten Zellkultur voraus, z. B. Sterilarbeitsplätze und CO_2-Inkubatoren.

Zahlreichen Vorteilen der monoklonalen Antikörper stehen also auch einige Nachteile gegenüber. Es hängt daher ganz von der jeweiligen Fragestellung ab, welches Prinzip der Herstellung von Antikörpern sinnvoll ist. Dabei gibt es allerdings einige Bereiche, die eine ausschließliche Domäne der monoklonalen Antikörper darstellen. Zu ihnen gehören u. a. Differenzierungsantigene von Zellen, gegen die sich konventionelle Antiseren nicht haben herstellen lassen. Diese Antigene treten entweder nur in bestimmten Subtypen von Zellen oder aber nur in bestimmten Aktivitätsstadien der Zellen oder bestimmten Abschnitten des Zellzyklus auf. Sie können für die Analyse zellbiologischer, biochemischer, physiologischer oder pathophysiologischer Fragen von unschätzbarem Wert sein und haben auch bereits Bedeutung für die klinische Diagnostik erlangt. Beispiele für die Möglichkeiten struktureller und funktioneller Analysen mit entsprechenden monoklonalen Antikörpern finden sich z. B. bei McFellows und Eisenbarth (1981), McKay et al. (1981), McMichael und Fabre (1982), Lane und Koprowski (1982), Løvborg (1982), Baldwin und Allison (1983), Boss und Mitarb. (1984), Goding (1984) und Singer (1985).

5.2. Die Herstellung von Antiseren

Bei allen Immunisierungen ist vorher von den Versuchstieren eine größere Menge Blut abzunehmen. Diese Präimmunseren sind für die später erfolgenden Spezifitätsprüfungen der Antiseren und für Kontrollpräparate unerläßlich. Die sog. „Normalseren“ von unbehandelten Kontrolltieren sind wegen der Individualität jedes Antiserums für Kontrollen meist nicht ausreichend.

Zur Erzielung hochtitriger und hochaffiner Immunseren sind die in den Abschnitten 1. und 3. besprochenen Vorgänge bei der humoralen Immunantwort zu beachten. Dazu gehören:

— ein ausreichend langer Zeitraum zwischen Primär- und Sekundärimmunisierung, um einen starken „Memory“-Effekt zu erzielen
— der Einsatz von immunologischen Adjuvantien, die einen Antigendepoteffekt erreichen (führt zu hoher Antikörperaffinität) und die Verarbeitung des Antigens durch Makrophagen fördern.

Wird von mehreren **Individuen** gleichzeitig Blut genommen, so ist das Serum immer **getrennt** zu gewinnen. Das gilt auch dann, wenn später eine Mischung des Serums vorgenommen werden soll. Bei zahlreichen Spezies gibt es Blutgruppensysteme, die dem menschlichen ABO-System insofern gleichen, als Antigene und Antikörper auf verschiedene Individuen verteilt sind. Mischt man deren Blut, so kommt es zur Hämolyse; das resultierende hämolytische Serum ist qualitativ stark eingeschränkt.

Für die **Serumgewinnung** hat sich für nahezu alle Wirbeltierspezies folgendes Verfahren bewährt: Das Blut wird in sterilen Röhrchen aufgefangen und bleibt verschlossen auf etwa 1 h bei Zimmertemperatur stehen. Der inzwischen entstehende Blutkuchen ist mit einem Glasstab von der Röhrchenwand zu lösen. Anschließend kommt das Röhrchen für wenigstens 8 h in den Kühlschrank. Es erfolgt eine Kontraktion des Blutkuchens, und das abgepreßte Serum kann mit einer Pipette abgezogen werden. Unter Umständen sind freie Erythrozyten durch leichtes Zentrifugieren zu sedimentieren.

Immunseren sollten stets sofort in **Gebrauchsmengen** abgefüllt und bei weniger als —20° C gelagert oder aber lyophilisiert werden (s. Abschnitt 9.).

Von den immunologischen **Adjuvantien** wird zur Herstellung von Antiseren bevorzugt das Freundsche Adjuvans eingesetzt, es besteht aus einem dünnflüssigen Mineralöl und einem Emulgator (sog. inkomplettes Adjuvans, IFA). Beim kompletten Freundschen Adjuvans (KFA) kommen noch getrocknete Mykobakterien hinzu. KFA wird z. B. von Difco Labor., Detroit, USA, angeboten. Ein ähnliches Präparat wird vom Institut für Impfstoffe, Dessau, produziert. Die Wirkung des KFA oder IFA hängt wesentlich davon ab, daß mit der Antigenlösung eine stabile Emulsion erzielt wird. Es ist in diesem Falle eine Wasser-in-Öl-Emulsion. Dazu werden gleiche Mengen der Antigenlösung und des KFA oder IFA in eine Injektionsspritze aufgezogen und wiederholt durch eine dünne Kanüle ausgespritzt.

Empfehlenswert ist die Verwendung einer „Doppelkanüle". Hierzu läßt man sich eine Kanüle herstellen, die auf beiden Seiten einen Konus zum Ansatz einer Spritze trägt. Benutzt man eine derartige „Doppelkanüle" zur Durchmischung der KFA-Antigenlösung, so drückt man abwechselnd das Gemisch von einer Spritze in die andere. Das mit zunehmender Zähflüssigkeit der Emulsion immer schwierigere Einsaugen in die Spritze entfällt dadurch; außerdem sind die Materialverluste geringer. Wichtig ist, auf einen straffen Sitz der Kanüle auf dem Konus der Spritze zu sorgen, da beim Durchdrücken der zähflüssigen Emulsion die Kanüle sonst leicht abgesprengt wird. Die Stabilität der hergestellten Emulsion ist dadurch zu prüfen, daß man einen kleinen Tropfen davon auf Wasser bringt. Der Tropfen muß wenigstens 1/2 h stabil sein und darf nicht verlaufen.

5.2.1. Die Versuchstierarten

Die Anzahl der Spezies, die zur Gewinnung von Antiseren immunisiert werden, ist relativ gering. Dabei geht man meist leider weniger von sachlichen Überlegungen über die Eignung der entsprechenden Tierart als von der leichten Beschaffbarkeit oder Hälterung der Spezies aus. Hierdurch werden die Möglichkeiten immunhistochemischer Methoden unbewußt eingeschränkt. Dieser Abschnitt soll dazu anregen, sich nicht von vornherein auf eine vorhandene Versuchstierart festzulegen, sondern in jedem Falle zu überlegen, welche Tiergruppe bei der gegebenen Fragestellung ein besonders guter Antikörperproduzent sein könnte.

Bereits seit den Anfängen der Immunologie ist bekannt, daß die **phylogenetische Differenz** zwischen Antigenspender und Antikörperbildner die Qualität des Immunserums entscheidend beeinflußt. Ist sie gering, so wird die immunisierte Art nur wenige Epitope des Antigens als fremd erkennen. Das gilt besonders dann, wenn das Antigen eine relativ „konservative“ Struktur ist, die sich in der Evolution nur langsam verändert hat, z. B. zahlreiche niedermolekulare Mediatoren aber auch einige Proteohormone und Enzyme. In einem derartigen Fall ist nicht mit einem hochtitrigen Antiserum zu rechnen, die Heterogenität der Antikörperpopulation dürfte außerdem gering sein. Stammt ein derartiges Antigen von einer Säugetierart, so sollte man immer zusätzlich zur Immunisierung etwa von Kaninchen auch Nicht-Säugetiere immunisieren. Hierfür kommen vor allem Hühner, aber auch Fische in Frage. Für sie hat das Antigen einen höheren Grad an Fremdheit. Sie werden daher Antikörper gegen eine größere Zahl von Epitopen bilden.

Während es in den meisten Fällen vorteilhaft ist, hochtitrige Immunseren mit einer großen Heterogenität der Antikörper, die auch gegen die „allgemeinen“ Epitope des Antigens gerichtet sind, einzusetzen, so besteht eine umgekehrte Situation, falls **ähnliche Antigene unterschieden** werden sollen. Dafür geeignete Antiseren lassen sich meist nur in nahe verwandte Spezies induzieren. So stammten diejenigen Antiseren, mit denen erstmalig eine Unterscheidung der Subklassen des menschlichen Immunglobulin G möglich wurde, von Affen. Andere Säugetiere bilden dagegen Antiseren, in denen die Antikörper gegen die „allgemeinen“ IgG-Determinanten dominieren. Das gilt in noch stärkerem Maße von Vögeln.

Ein anderes Prinzip, das bei der Wahl der Versuchstierart beachtet werden sollte, liegt in der möglichen biologischen Aktivität des Antigens. Das gilt z. B. bei Enzymen und Hormonen. So entstanden bei der Herstellung von Immunseren gegen Insulin in Meerschweinchen hohe Tierverluste durch Insulinschock. Da Vögel im Gegensatz zu Säugetieren viel weniger empfindlich gegen größere Insulinmengen sind, immunisierten wir Hühner und erzielten ohne Tierverluste hochtitrige Antiseren (Ambrosius und Ermisch 1964).

5.2.2. Beispiele für die Immunisierung verschiedener Tierarten

Da in der Immunhistochemie vorwiegend Proteinantigene nachgewiesen werden, beziehen sich die nachfolgenden Angaben auf diesen Antigentyp. Falls bei der Immunisierung gegen niedermolekulare Substanzen Proteine als Carrier verwendet werden, gelten die gleichen Bedingungen (s. a. 5.2.4.). Die angegebenen Antigenmengen sind als Richtwerte zu betrachten; die für ein bestimmtes Antigen optimale Menge kann davon deutlich abweichen und muß eventuell experimentell ermittelt werden.

Die einzelnen Individuen einer Spezies sprechen auf die Immunisierung nicht in gleicher Weise an. Daher sollten stets mehrere Tiere immunisiert werden, um nach erfolgter Testung das am besten geeignete Immunserum einsetzen zu können. Die stets vor der Immunisierung abzunehmenden Präimmunseren sind in kleinen Portionen (Gebrauchsmengen) abgefüllt bei —25 °C zu lagern.

5.2.2.1 Immunisierung von Kaninchen

Diese Spezies wird besonders oft zur Herstellung von Antiseren eingesetzt, da sie gegen die Mehrzahl der Antigene eine starke Immunantwort aufweist, die Antikörper meist hohe Affinitäten erreichen und die Haltung der Tiere relativ einfach ist.

Es sind pro Antigen wenigstens 3 Tiere einzusetzen. Während die Rasse keine Rolle spielt, ist auf einen guten Gesundheitszustand der Tiere unbedingt zu achten; Infektionen setzen die gewünschte Immunantwort meist deutlich herab. Tiere mit großen Ohren sind vorteilhaft, da bei ihnen die Blutentnahme aus der Ohrvene leicht möglich ist.
Folgendes Immunisierungsschema wird empfohlen:

- 1. Immunisierung mit komplettem Freundschem Adjuvans (KFA). Pro Tier sind 0,5 ml Antigenlösung (100 µg bis 1 mg Antigen in NaCl-Lösung) mit 0,5 ml KFA zu mischen (s. 5.2.) und zu gleichen Teilen intradermal in die Fußballen der 4 Exträmitäten zu injizieren.
- 8 Wochen danach werden gleiche Antigenmengen in 1 ml NaCl-Lösung an drei aufeinanderfolgenden Tagen am 1. Tag i. m. in die Oberschenkel oder die Rückenmuskulatur, am 2. und 3. Tag i. v. langsam in die Ohrvene injiziert. Eine Woche später wird aus der Ohrvene Blut entnommen und das Serum auf seinen Antikörpergehalt getestet. Reicht er noch nicht aus, so ist das gleiche dreitägige Immunisierungsschema noch einmal zu wiederholen.
- Die Blutabnahme erfolgt 7—10 Tage nach der letzten Immunisierung durch Herzpunktion in Narkose.

5.2.2.2. Immunisierung von Kaninchen mit sehr geringer Antigenmenge

Stehen weniger als 50 µg Antigen pro Immunisierung zur Verfügung, so muß die primäre Immunantwort durch unmittelbare Injektion des Antigens in einen Lymphknoten ausgelöst werden. Hier wird trotz der geringen Antigenmenge örtlich eine ausreichende Antigenkonzentration erreicht, und die entstehenden Gedächtniszellen verteilen sich danach über den ganzen Organismus, so daß bei nachfolgenden Immunisierungen eine starke Immunantwort ausgelöst wird.

Die Lage des poplitealen Lymphknotens des Hinterbeines, der für die Antigeninjektion besonders geeignet ist, läßt sich leicht ertasten, wenn man bei einem Tier, das dann für mindestens zwei Monate nicht für Immunisierungen zur Verfügung steht, 1 ml KFA-Emulsion eine Woche vorher in die Oberschenkel injiziert. Das Ertasten des Lymphknotens sollte man an mehreren Kaninchen üben.

Zu empfehlendes Immunisierungsschema:

- 1. Immunisierung mit 0,3 ml Antigen-KFA-Emulsion in den poplitealen Lymphknoten jeder Körperseite, außerdem je 0,2 ml intracutan in beide hintere Fußballen. Der Lymphknoten ist zwischen den Spitzen von Daumen und Zeigefinger zu fixieren und die Injektion mit einer möglichst dünnen Kanüle vorzunehmen.
- Nach 2 Monaten werden von 1 ml Antigenlösung 0,2 ml in die Ohrvene, der Rest verteilt s. c. in die Extremitäten injiziert.
- Die Immunisierungen sind in Wochenabständen zu wiederholen, bis ein ausreichend hoher Antikörpertiter erreicht ist.

5.2.2.3. Immunisierung von Ziegen oder Schafen[1])

Folgendes Immunisierungsschema wird empfohlen:

- 1. Immunisierung mit 10 ml einer KFA-Antigen-Emulsion (2 mg Antigen in 5 ml NaCl-Lösung). 4 × 1 ml werden intracutan, der Rest an vier Stellen tief i. m. verteilt in den Körper injiziert.
- Nach 2 Monaten Immunisierung wie oben beschrieben.
- Nachimmunisierungen im Abstand von 6—8 Wochen, bis ausreichend Antikörper vorhanden sind, mit jeweils 10 ml KFA-Antigen-Emulsion (5 mg Antigen in 5 ml NaCl-Lösung) an 4 Stellen tief i. m.
- Probeblutungen jeweils 10 Tage nach der Immunisierung.
- 3 bis 4 aufeinanderfolgende Wochen können pro Woche 400 ml Blut abgenommen werden.
- Bei Titerabfall ist wie bei den Nachimmunisierungen (s. o.) zu verfahren.

5.2.2.4. Immunisierung von Schweinen[2])

Empfehlenswert ist folgendes Immunisierungsschema:

- 1. Immunisierung von Läuferschweinen mit jeweils 5 mg Antigen in 5 ml NaCl-Lösung ohne Adjuvans i. v.
- Nach 2 Monaten sind dreimal in Wochenabständen jeweils 5 ml KFA-Antigen-Emulsion (5 mg Antigen in 2,5 ml NaCl-Lösung) subcutan an mehreren Körperstellen zu applizieren.
- Probeblutungen 1 Woche nach letzter Immunisierung.
- Ist der Antikörpertiter noch zu gering, so sind in monatlichen Abständen weitere Antigeninjektionen, wie oben beschrieben aber ohne KFA, vorzunehmen.
- Pro Woche können je nach Größe des Tieres 200 bis 500 ml Blut abgenommen werden.

---

[1]) Frau Dr. Jutta Mohr vom Staatl. Inst. f. Immunpräparate und Nährmedien, Berlin, danke ich für die Übermittlung ihrer Erfahrungen bei der Herstellung von Immunseren.
[2]) Den Herren Dr. W. Rudolph und Dr. H. Richter, Inst. f. Impfstoffe Dessau, danke ich für ihre Information zur Immunisierung von Schweinen.

5.2.2.5. *Immunisierung von Hühnern und Enten*

Vögel haben einen intensiven Stoffwechsel, das Antigen wird deshalb schnell abgebaut. Daher müssen relativ große Antigenmengen eingesetzt werden. Folgendes Verfahren wird empfohlen:

- 1. Immunisierung mit 5 ml KFA- oder IFA-Antigen-Emulsion (5 bis 25 mg in 2,5 ml NaCl-Lösung) s. c. an 4 Stellen der Oberschenkel oder in den Pectoral-Muskel.
- Nach zwei Monaten Immunisierung wie vorher aber ohne Adjuvans (5 ml Antigenlösung)
- 2 Wochen danach Wiederholung der Immunisierung.
- Blutentnahme genau 7 Tage nach letzter Immunisierung, da die Antikörpertiter meist schnell abfallen. Probeblutungen aus der großen Flügelvene (mit Kanüle anstechen und durch Fingerdruck stauen), Entbluten aus der Halsschlagader.

5.2.2.6. *Immunisierung von Legehennen*

Da Hühner große Mengen der Antikörper in die Eier abgeben und die Antikörper relativ einfach aus dem Eidotter isoliert werden können (Bade und Stegemann 1984), ist diese Methode immer dann zu empfehlen, wenn entsprechende Haltungsbedingungen für Hühner zur Verfügung stehen oder über einen längeren Zeitraum Antikörper benötigt werden, die keinesfalls von Säugetieren stammen sollen. Zu empfehlendes Immunisierungsschema:

- 1. Immunisierung mit 3 mg Antigen in 2 ml IFA- oder KFA-Emulsion in den Pectoral-Muskel.
- Nach 4 Wochen gleichartige Immunisierung mit IFA.
- Falls über einen längeren Zeitraum Antikörper benötigt werden, ist monatlich nachzuimmunisieren (ohne Adjuvans).
- Ausreichende Antikörpermengen sind in den Eiern etwa eine Woche nach der zweiten Immunisierung zu erwarten.
- Die Eier sind täglich abzunehmen, zu markieren und bis zur Antikörperisolierung (nicht länger als drei Wochen) bei 1 °C aufzubewahren.

Zur Isolierung der Antikörper aus dem Eidotter wird folgendes Verfahren empfohlen:

- Die Eidotter sind in der Kälte vom Weißei zu trennen und sorgfältig zu waschen. Jeweils 3 bis 5 Dotter sind zu vereinigen.
- Der Dotter (ohne Membran) ist in vorgekühltes (—20 °C) Isopropanol (100 ml je Dotter) zu geben und intensiv zu mischen (Mixer!). Nach 5minütigem Stehen ist der Überstand über dem präzipitierten Protein abzugießen.
- Zur völligen Entfernung der Lipide ist das präzipitierte Protein in gleicher Weise wie der Dotter (s. o.) zu behandeln.
- Das Protein ist jeweils zweimal mit vorgekühltem Isopropanol und Azeton (100 ml pro Dotter) zu waschen.

— Das Präzipitat wird auf einem Büchner-Trichter auf starkem Filterpapier gesammelt, mit einer geringen Menge Azeton gewaschen und luftgetrocknet. Man erhält ein trockenes Pulver, das mit 0,01 M Phosphatpuffer (pH 7,5), der 0,1 M NaCl und 0,01 % NaN_3 enthält, extrahiert wird (10 ml pro Dotter); dazu ist es 1 h bei Raumtemperatur zu rühren. Anschließend bei 25.000 × g zentrifugieren. Der Überstand kann bei —20 °C gelagert werden. Ist eine weitere Reinigung des Antikörpers erforderlich, so ist das Gammaglobulin, das die Antikörper enthält, mit Polyethylenglykol (12 % w/v) zu präzipitieren.

5.2.2.7. *Immunisierung von Karpfen*

Die Karpfen sind für mindestens zwei Wochen an eine Wassertemperatur von ca. 23 °C zu adaptieren und bei dieser Temperatur zu hältern. Pro Antigen sollten 5 Tiere mit 500—1500 g Körpermasse eingesetzt werden. Folgendes Immunisierungsschema wird empfohlen:

— 1. Immunisierung mit 0,5 ml KFA-Antigen-Emulsion (0,1 bis 1 mg Antigen in 0,6 %iger NaCl-Lösung) i. p.
— Nach 2 Monaten gleichartig, aber mit 1—2 mg Antigen, immunisieren.
— 2 Wochen später Probeblutung (Herzpunktion). Ist der Antikörpertiter zu niedrig, so ist nach 4 Wochen erneut zu immunisieren (1 mg Antigen in 0,5 ml 0,6 %iger NaCl-Lösung ohne Adjuvans).
— Je nach Größe der Tiere können alle 2 Wochen 5—10 ml Blut abgenommen werden. Eine Entblutung sollte 2 Wochen nach letzter Immunisierung erfolgen.

5.2.3. Möglichkeiten zur Umgehung der präparativen Reinigung des Antigens

In vielen Fällen ist die Reindarstellung des Antigens sehr aufwendig, außerdem führt sie oft zu erheblichen Substanzverlusten oder Denaturierungen. Von den Verfahren, die einen Verzicht auf die präparative Reinigung des Antigens ermöglichen, sollen hier einige, die sich in unserem Labor bewährt haben, dargestellt werden.

5.2.3.1. *Immunisierung mit Fraktionen aus Polyakrylamidgel*

Zahlreiche Trennverfahren, die i. d. R. für analytische Zwecke eingesetzt werden, liefern Fraktionen, in denen das Antigen frei von Verunreinigungen ist. z. B. Diskelektrophorese, Gradienten-Polyakrylamidgelelektrophorese, Isoelektrofokussierung. Obwohl die in diesen Fraktionen enthaltene Proteinmenge meist weniger als 1 µg beträgt, reicht sie aus, falls keine Elution des Proteins vorgenommen wird sondern unmittelbar mit der Gelscheibe, die das Antigen enthält, immunisiert wird. Das Polyakrylamidgel hat offensichtlich einen Adjuvanseffekt. Die Gelstücke sind mit Skalpell und Schere zu zerkleinern. Die Immunisierung wird entsprechend dem in Absatz 5.2.2.2. beschriebenen Schema vorgenommen.

5.2.3.2. Immunisierung mit Präzipitatlinien

Die Immunisierung mit Präzipitatbanden aus Präparaten der Immunelektrophorese ist zur Umgehung aufwendiger Reinigungsverfahren geeignet. (AMBROSIUS und LEHMANN 1970). Zunächst wird als „Antigen" eine Grobpräparation, die das Antigen angereichert enthält, eingesetzt und ein Kaninchen damit entsprechend dem Schema 5.2.2.1. immunisiert. Das erhaltene polyspezifische Immunserum wird in der Immunelektrophorese (s. S. 97) verwendet. Man erhält mehrere Präzipitatlinien, von denen diejenige, die das eigentliche Antigen enthält, identifiziert werden muß. Hierfür eignen sich je nach Antigentyp Färbungen, Enzymreaktionen etc., wie sie auch in der Histochemie üblich sind. Ist eine direkte Charakterisierung der Präzipitatbande nicht möglich, so muß eine Immunelektrophorese mit einer weitgehend gereinigten Antigenpräparation angesetzt werden. Der Vergleich mit den anderen Immunelektrophoresepräparaten zeigt, welche Bande verstärkt, bzw. infolge der größeren Antigenmenge in Richtung der Antiserumrinne verschoben ist. Diese enthält das gesuchte Antigen. Es sind nun parallel mehrere Immunelektrophoresen durchzuführen. Aus den Präparaten sind diejenigen Bereiche der Antigen-enthaltenden Präzipitatlinien, die keine Überschneidung mit anderen Banden aufweisen, herauszuschneiden. Ist das wegen zu starker Überlappung mit anderen Fraktionen nicht möglich, so sind die Bedingungen der Immunelektrophorese zu variieren (pH des Puffers; Typ des Gels, z. B. Agar oder Agarose oder Gemische; Laufzeit), bis ausreichend große Abschnitte der Antigen-enthaltenden Präzipitatlinie (etwa 1 cm) zur Verfügung stehen.

Das herausgeschnittene Material ist zur gründlichen Entfernung aller nicht im Präzipitat gebundenen Stoffe 3 Tage zu waschen, davon 2 Tage mit NaCl-Lösung und den 3. Tag mit Aqua dest. unter Zusatz eines Bakteriostatikums.

Die gewaschenen Gelstreifen (etwa 6 Streifen zu 1 cm Länge) werden mit Schere und Skalpell zerkleinert, in 1 ml NaCl-Lösung aufgenommen und dann mit 0,5 ml KFA zu einer Emulsion verarbeitet (s. 5.2.). Diese injiziert man einem Kaninchen in die Knielymphknoten und Fußballen, wie in 5.2.2.2. beschrieben.

Die Zweitimmunisierung erfolgt wenigstens 6 Wochen danach mit einer gleichartigen KFA-Antigenpräzipitat-Emulsion. Hiervon sind 0,4 ml langsam in die Ohrvene, der Rest s. c. verteilt in die Extremitäten zu injizieren. Nach einer Woche wird aus der Ohrvene Blut abgenommen und der Antikörpertiter bestimmt. Ist er zu niedrig, so werden in Wochenabständen weitere Immunisierungen ohne KFA und ausschließlich s. c. vorgenommen, bis er ausreicht.

Falls das mit dieser Methode erzielte Antiserum noch nicht monospezifisch ist, so ist das gleiche Verfahren noch einmal zu wiederholen, wobei aber in den Immunelektrophoresen das erhaltene Antiserum eingesetzt wird. Nach unseren Erfahrungen ist ein monospezifisches Immunserum stets nach ein oder zwei derartigen Immunisierungsschritten zu erreichen.

5.2.4. Die Herstellung von Antiseren gegen niedermolekulare Substanzen

Niedermolekulare Substanzen sind bekanntlich nicht immunogen. Nach Kopplung an geeignete Carrier lassen sich aber Antikörper gegen diese Stoffe, die wir als Haptene bezeichnen (s. 1.2.2.), induzieren. Für den Erfolg der Immunisierung ist die Auswahl des Carriers von großer Bedeutung, auch die Art und Weise der Kopplung spielt eine Rolle.

Die niedermolekularen Substanzen, deren immunhistochemischer Nachweis von Interesse ist, weisen eine derartig große Vielfalt auf, daß sie nicht im einzelnen behandelt werden können. Es werden daher nur an einigen Beispielen empfehlenswerte Verfahren dargestellt. Die Einzelheiten sind der zitierten Literatur zu entnehmen. Eine Übersicht gibt das Buch von Lübke und Nieuweboer (1978).

Die am meisten verwendeten Carrier sind Serumalbumine, da sie käuflich erhältlich sind. Sie haben sich in vielen Fällen als effektive Carrier erwiesen, z. B. zur Herstellung von Antikörpern gegen Vitamin A (Conrad und Wirtz, 1973) oder gegen Trijodthyronin (Hesch und Hüfner, 1972) in Kaninchen. Andererseits gibt es aber mehrere vergleichende Untersuchungen, in denen die Überlegenheit anderer Carrier nachgewiesen wurde; dies gilt insbesondere für Hämozyanin und Thyreoglobulin. Beispielhaft sei die Arbeit von Skowsky und Fisher (1972) genannt, in der Serumalbumin, Eialbumin, Aminosäure-Polymere sowie Thyreoglobulin als Carrier eingesetzt wurden. Die Kopplung der Haptene Lysin-Vasopressin (LVP) und Parathyreoidea-Hormon (PTH) an die Carrier erfolgte mit Carbodiimid. Während keines der 70 Kaninchen und Meerschweinchen, die mit den Konjugaten unter Verwendung der 3 erstgenannten Carrier immunisiert worden waren, Antikörper bildete, traf dies für alle Tiere zu, die die Thyreoglobulin-Konjugate erhalten hatten. Die meisten Antiseren waren außerdem hochtitrig und für immunologische Nachweistechniken für LVP oder PTH geeignet. In Experimenten in unserem Labor erwies sich Thyreoglobin als effektiver Carrier bei der Immunisierung von Mäusen.

Wie in Abschnitt 1.2.3. dargestellt, unterscheiden wir thymusabhängige und -unabhängige Antigene. Letztere können wirksame Carrier sein, da bei ihnen bestimmte Regulationen innerhalb des Immunsystems ausgeschaltet sind und oft sehr hohe Antikörpertiter erreicht werden. Allerdings gehören die Antikörper meist zur IgM-Klasse. McDONALD et al. (1972) haben als einen derartigen Carrier formalinbehandelte Pneumokokken des Stammes R 36 A verwendet, an den die nicht immunogenen Substanzen Lysozym, Poly-Glutaminsäure-D-Lysin-Alanin (GLA) und das Polymer von γ-2-N-Morpholinylethyl-L-Glutamamid (PAMEG) adsorbiert wurden. Sie erhielten extrem hochtitrige Antiseren, deren Antikörpermenge bei Lysozym bis zu 15 mg/ml, bei GLA bis zu 10 mg/ml und bei PAMEG bis zu 16 mg/ml betrug.

5.3. Die Herstellung monoklonaler Antikörper[1])

Die Herstellung monoklonaler Antikörper erfolgt mittels der von KÖHLER und MILSTEIN (1975) entwickelten Lymphozyten-Hybridom-Technik. Hierbei werden die Milzzellen einer immunisierten Maus oder Ratte mit den Zellen einer geeigneten Zellinie (Myeloma-Zellen), die permanent in vitro kultivierbar ist, gemischt und durch Zusätze zur Fusion gebracht. Die entstehenden Hybridzellen enthalten sowohl genetisches Material der Milzlymphozyten als auch der Myelomazellen. Da die Myelomazellen einen genetischen Defekt aufweisen (Fehlen des Enzyms Hypoxanthin-Guanin-Phospho-Ribosyl-Transferase, HGPRT), können sie in einem Medium, das Hypoxanthin, Aminopterin und Thymidin enthält (HAT-Medium) nicht wachsen, weil sie den Aminopterinblock des üblichen DNA-Synthesewegs nicht durch Verarbeitung von Hypoxanthin und Thymidin umgehen können, Abb. 25. Die Hybridzellen verfügen aber ebenso wie die Milzzellen über das Enzym HGPRT, können also auch im HAT-Medium DNA bilden. Da normale Milzzellen in vitro nicht vermehrungsfähig sind, ist bei Einsatz des HAT-Mediums nach erfolgter Zellfussion nur mit einer Vermehrung der Hybridzellen zu rechnen. Die nicht fusionierten Myelomazellen sterben ebenso wie die Milzzellen innerhalb von 2 Wochen ab. Dieses Prinzip der **HAT-Selektion**, das die Verwendung ganz

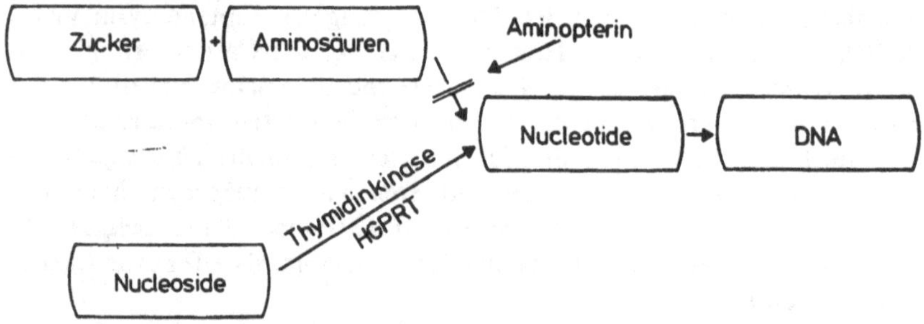

Abb. 25. Prinzip der HAT-Selektion. Aus FIEBIG (1984)

[1]) Meinem Mitarbeiter Prof. Dr. sc. Helmut FIEBIG danke ich für die detaillierten Angaben zur Lymphozyten-Hybridom-Technik.

bestimmter Myelomazellen für die Fusion voraussetzt, hat die Verbreitung der Lymphozyten-Hybridom-Technik wesentlich gefördert. Als Lymphozyten-Hybridome, Hybridomzellen oder kurz **Hybridome** bezeichnen wir alle diejenigen Hybridzellen, die Antikörper produzieren. Von ihnen müssen die ausgewählt werden, die einen geeigneten monoklonalen Antikörper gegen das jeweilige Antigen bilden, s. a. Abb. 24 B. Dies setzt voraus, daß die Überstände der Hybridome in demjenigen Testsystem geprüft werden, das für den späteren Einsatz der Antikörper vorgesehen ist. Es hat sich nämlich gezeigt, daß die Eignung einzelner monoklonaler Antikörper in verschiedenen Testsystemen ganz unterschiedlich sein kann. Diejenigen, die im Radio- oder Enzym-Immuntest optimal reagieren, sind u. U. in immunhistochemischen Verfahren unbrauchbar. Es ist deshalb wichtig, entsprechende Tests und Selektionsschnitte möglichst frühzeitig in die Entwicklung monoklonaler Antikörper einzuschieben.

Die folgende Beschreibung der Arbeitsgänge der Hybridomtechnik, vielfach auch Immuntechnik genannt, stützt sich auf die Erfahrungen, die in unserem Hybridomlabor gesammelt worden sind. Zusammenfassende Darstellungen der Hybridomtechnik sowie ihrer Anwendungsmöglichkeiten finden sich bei MELCHERS et al. (1978), MÖLLER (1979), HÄMMERLING et al. (1981), KENNETT et al. (1981), FELLOWS und EISENBARTH (1981), MCMICHAEL und FABRE (1982), LØVBORG (1982), BALDWIN und ALLISON (1983), BOSS u. Mitarb. (1984), GODING (1984), FIEBIG (1984) und SINGER (1985).

5.3.1. Material und Geräte

Zellkulturmedium: RPMI 1640 (Trockenmedium) ist in Aqua bidest. zu lösen. Folgende Zusätze:
2 g/l Natriumhydrogenkarbonat
20 mM HEPES p. A.
2 mM L-Glutamin (als 200 mM Stammlösung tiefgefroren aufbewahren)
5×10^{-5} M 2-Merkaptoethanol p. A.
100 mg/l Gentamyzin, Streptomyzin oder Penizillin.

Das Medium ist steril zu filtrieren und mit 1/10 Vol sterilen fetalen Kälberserums (FKS) zu versetzen. Das komplette Medium ist bis 6 Wochen im Kühlschrank haltbar. Für etablierte Hybridome, insbesondere Massenkulturen können statt FKS neonatales Kälberserum oder ausgewählte Pferdeserumchargen verwendet werden.

Zellfusionsmedium: RPMI-Medium wird ergänzt mit:
2 g/l Natriumhydrogenkarbonat
20 mM HEPES
100 mg/l Gentamyzin, Streptomyzin oder Penizillin.

HAT-Selektionsmedium: Das komplette Zellkulturmedium erhält einen Zusatz von 20 ml/l steriler HAT-Stammlösung.

Herstellung der HAT-Stammlösung: Eine 1×10^{-2} M Lösung von chromatografisch reinem Hypoxanthin in Aqua dest. wird durch Erhitzen auf 45—50 °C für 1 h hergestellt. Thymidin p. A. ist bis zur Endkonzentration von $1{,}6 \times 10^{-3}$ M zuzugeben. Damit liegt die 100-fach konzentrierte HT-Stammlösung vor. Sie ist nach Sterilfiltern bei —20 °C lagerfähig.

1,76 mg Aminopterin und 0,5 ml 1 M NaOH werden zu 90 ml Aqua dest. gegeben; dann ist auf 100 ml aufzufüllen, mit 0,5 ml 1 M HCl zu neutralisieren und steril zu filtrieren (Aminopterin-Stammlösung).

Die 50-fach konzentrierte **HAT-Stammlösung** wird durch 1 : 1 Mischung der HT- und der Aminopterin-Stammlösung erhalten. Sie ist in 2 ml Portionen abzufüllen und bei —20 °C aufzubewahren.

HT-Medium: Das komplette Zellkulturmedium ist mit 10 ml/l steriler HT-Stammlösung (s. o.) zu ergänzen.

Polyethylenglykollösung: 5 g Polyethylenglykol (MG 1500 bis 4000, gaschromatografisch rein) werden in 5 ml Zellfusionslösung eingebracht und autoklaviert. Die Lösung kann bei —20 °C aufbewahrt werden.

Kulturgefäße: Mikrotiterplatten 96 × 200 µl mit Flachboden und Deckel zur Gewebekultur

Gewebekulturplatten 24 × 2 ml mit Flachboden und Deckel

Vierkant-Gewebekulturflaschen für 5, 25 und 50 ml Kulturen

Alle Geräte einschließlich Pipetten, Zentrifugengläser etc. müssen steril sein.

Geräte: Möglichkeiten zum sterilen Arbeiten sind erforderlich (Laminarflowbox oder Sterilraum); außer den üblichen Laborgeräten (Zentrifuge etc.) sind ein CO_2-Inkubator (mit CO_2-Anzeige und Kontrolle der Wassersättigung) und ein Umkehrmikroskop (Telaval, VEB Carl Zeiss, Jena) erforderlich.

Myelomazellinien: Bis auf Ausnahmen werden Maus-Myelomalinien eingesetzt, denen das Enzym HGPRT fehlt, so daß die HAT-Selektion auf Hybridzellen möglich ist (s. 5.3.). Außerdem sollen sie selbst keine Immunglobuline produzieren, da sonst nach erfolgter Fusion die Hybridome auch Mischmoleküle synthetisieren. Die genannten Forderungen werden von folgenden Linien, die weite Verbreitung gefunden haben, erfüllt:

Zellinie	Referenz
X 63-Ag 8.653	KEARNEY et al. 1979
SP2/O-Ag 14	SHULMAN et al. 1978
FO	FAZEKAS DE ST. GROTH et al. 1980

Diese Zellinien gehen alle auf eine Linie des BALB/c-Stammes zurück. Dies ist bei der Immunisierung vor der Fusion sowie bei der In-vitro-Kultur der Hybridome zu berücksichtigen.

5.3.2. Immunisierung und Präparation der Milzzellen

Zur Immunisierung können sowohl der BALB/c-Stamm als auch andere Inzuchtlinien verwendet werden. Im letzteren Fall müssen aber die normalen Milzzellen, die zur Intensivierung des Wachstums der Hybridome zugesetzt werden, von F_1-Hybriden zwischen BALB/c und dem zur Immunisierung verwendeten Stamm genommen werden. Gleiches gilt für die In-vitro-Kultur der Hybridome.

Zur Immunisierung der Mäuse sind alle Schemata geeignet, die eine starke Immunantwort auslösen. Allerdings ist immer 4 Tage vor der Fusion eine hohe Antigendosis ohne Adjuvans zu verabreichen. Wir empfehlen für Proteinantigene folgendes Schema:

— 1. Immunisierung mit 100—500 µg Antigen in 0,5 ml KFA-Antigen-Emulsion i. p.
— Nach 4 Wochen gleiche Antigenmenge in 0,5 ml NaCl-Lösung i. p.
— Ein bis zwei Wochen später doppelte Antigendosis in 0,5 ml NaCl-Lösung i. p.

4 Tage nach der letzten Immunisierung ist die Maus durch Cervicaldislokation zu töten, die Milz steril zu entnehmen und eine Zellsuspension herzustellen. Anschließend dreimaliges Waschen mit serumfreiem Zellfusionsmedium. Der Anteil der Lymphoblasten ist mikroskopisch festzustellen und eine Zellmenge, die 2×10^7 Lymphoblasten enthält, in ein 25 ml Zentrifugenglas zu geben. Ist die Zahl der Lymphoblasten gering, setzt man 2×10^8 kernhaltige Zellen ein.

5.3.3. Zellfusion

Alle Arbeiten müssen steril erfolgen! Zu den Milzzellen der immunisierten Maus werden 2×10^7 Myelomazellen zugegeben, Abb. 26. Sie entstammen einer Log-Phasenkultur und wurden zweimal mit Fusionsmedium gewaschen. Die Zellen werden gut durchmischt und bei 300 × g sedimentiert. Der Überstand ist abzusaugen, die Zellen sind in einer geringen Menge Fusionsmedium zu suspendieren. Danach wird innerhalb von 2 Minuten ganz gleichmäßig tropfenweise 1 ml Polyethylenglykollösung zugegeben, wobei durch ständiges Drehen des schräg gehaltenen Röhrchens eine gleichmäßige Durchmischung erreicht wird. Bei der nun sofort folgenden Verdünnung der Lösung ist folgendes Zeitschema genau einzuhalten: Unter ständigem Durchmischen (s. o.) sind in jeweils 2 min. nacheinander 1, 2, 4 und 8 ml Fusionsmedium zuzugeben. Anschließend sind die Zellen durch Schütteln gut zu suspendieren und bei 300 × g zu zentrifugieren.

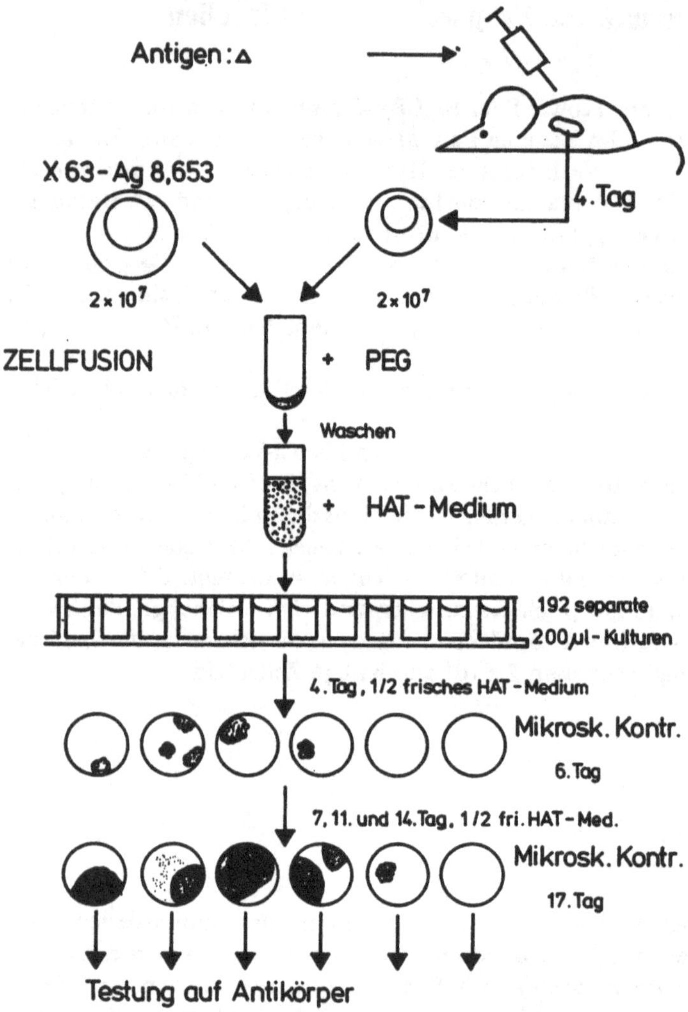

Abb. 26. Schema für die Durchführung der Hybridomtechnik. I. Zellfusion, HAT-Selektion, Hybridzellnachweis. (Nach Fiebig 1984)

5.3.4. Selektion auf Hybridzellen

Die Zellen (s. o.) sind in 40 ml HAT-Medium aufzunehmen und vorsichtig zu suspendieren. Dann setzt man 1×10^7 frisch präparierte syngene kernhaltige Milzzellen (s. 5.3.2.) zu, die das Wachstum der Hybridzellen fördern. Nun sind in zwei 96er Mikrokulturplatten 192 separate 200 µl-Kulturen anzulegen und in wassergesättigter 5%iger CO_2-Atmosphäre bei 37 °C zu inkubieren.

Ab 4. Tag nach der Zellfusion wird aller 3 bis 4 Tage die Hälfte des Mediums durch frisches HAT-Medium ersetzt. Vom 6. Tag an können Hybridomzellklone erkennbar sein, s. Abb. 26. Daher sind alle Kulturen mikroskopisch zu kontrollieren und in einem Protokoll, das wöchentlich ergänzt wird, zu vermerken. Bei einer durchschnittlichen Fusionsfrequenz von 1×10^{-5} ist im Mittel mit einem Klon pro Mikrokultur zu rechnen. Einige Kulturen enthalten aber mehr als einen Klon, s. Abb. 26, sie sind möglichst frühzeitig zu klonieren (s. u.).

5.3.5. Hybridomnachweis

Hybridome sind diejenigen Hybridzellen, die nachweislich Antikörper produzieren. Nach 2 bis 3 Wochen haben sie sich so stark vermehrt, daß der Antikörpernachweis möglich wird. Hierzu sind je Mikrokultur 50 µl Überstand zu entnehmen und in einem Radio- oder Enzymimmuntest (RIA bzw. EIA) zu prüfen. Der Test wird in Mikrotiterplatten oder Tablettenblistern aus PVC vorgenommen. Dazu werden die Vertiefungen der PVC-Folien mit Antigenlösung (5—50 mg/l) gefüllt und über Nacht bei Zimmertemperatur inkubiert. Die danach abgezogene Antigenlösung läßt sich mehrmals verwenden. Dann sind die Folien dreimal mit NaCl-Lösung zu waschen und anschließend zum Blockieren freier Bindungsstellen mit neonatalem Kälberserum oder Pferdeserum (1:100) für 1/2 h zu inkubieren. Danach erneut mit NaCl-Lösung dreimal waschen. In getrocknetem Zustand sind die beschichteten Folien für einige Wochen oder Monate im Kühlschrank lagerfähig.

In die Antigen-beschichteten Folien sind je Vertiefung 50 µl Überstand einzupipettieren. Kontrollen sind: Überstände von Myelomazellen und von Hybridomen mit anderer Spezifität sowie Zellkulturmedium. Die Folien werden 2 h bei 4 °C in 5% CO_2-Atmosphäre (Exsikkator!) inkubiert. Nach dem Absaugen der Überstände und dreimaligem Waschen mit NaCl-Lösung sind die gebundenen Antikörper mittels RIA oder EIA nachweisbar. Hierzu sind spezifisch isolierte Anti-Maus-Immunglobulin-Antikörper (z. B. vom Kaninchen), die entweder mit 125 I oder mit Peroxidase markiert sind, geeignet. Beim RIA sollten etwa 20.000 Ipm/Vertiefung zugegeben werden, Abb. 27. Die Lösung der markierten Antikörper muß ein stabilisierendes Protein, z. B. 10 g/l Humanserumalbumin, enthalten. Die Folien sind 4 bis 20 h bei 4 °C zu inkubieren und dann dreimal mit kalter NaCl-

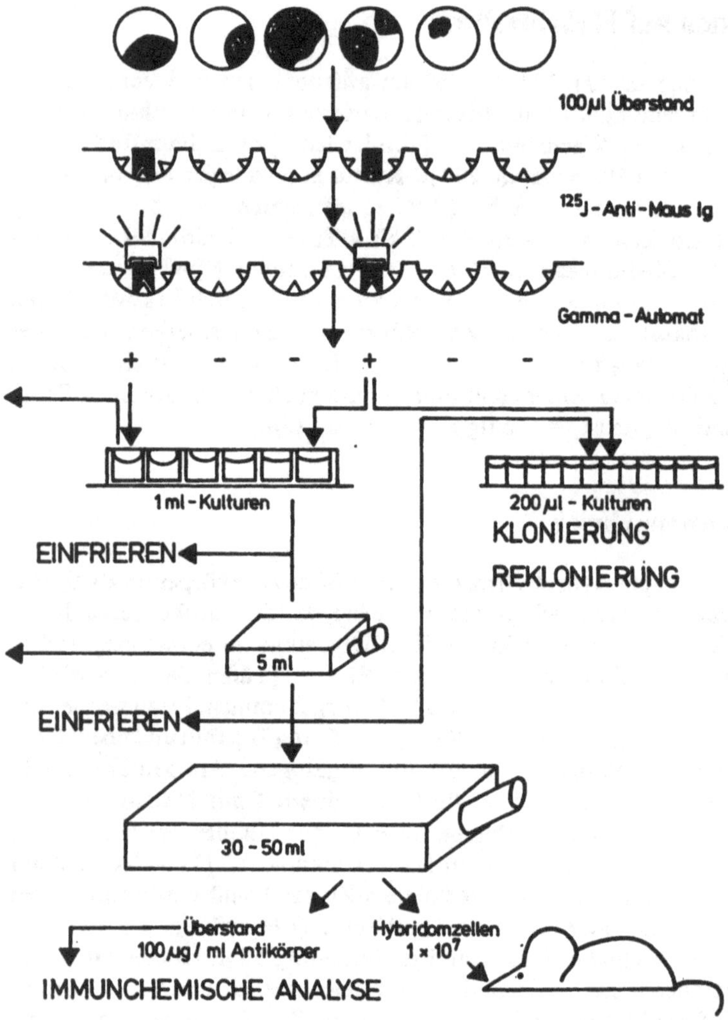

Abb. 27. Schema für die Durchführung der Hybridomtechnik. II. Antikörpernachweis mit RIA, Klonierung, Massenkultur in vitro und in vivo. (Nach FIEBIG 1984)

Lösung zu waschen. Anschließend erfolgt entweder die Messung der Radioaktivität der einzelnen Vertiefungen (RIA) oder die Zugabe des Substrats für die Peroxidase (EIA), dafür wird eine Lösung verwendet, die 800 mg o-Phenylendiamin je 1 0,067 M Phosphatpuffer, pH 5,5 sowie 0,01 % H_2O_2 enthält. Nach 10 min

(20 °C) wird die Substratumsetzung mit 4 N H_2SO_4 abgestoppt. Die Messung der Extinktion erfolgt bei 492 nm.

Nur diejenigen Überstände, deren Meßwerte wenigstens das Vierfache der Kontrollen betragen, stammen von sicher Antikörper-produzierenden Hybridzellen.

5.3.6. Klonierung und Reklonierung

Eine Klonierung ist erforderlich, wenn mehr als **ein** Zellklon in der Mikrokultur aufwächst, s. 5.3.4. und Abb. 26. Später sind Reklonierungen notwendig, wenn die Antikörperaktivität in den Hybridomkulturen absinkt. Dies ist auf das Vorhandensein von Segreganten, Hybridzellen mit Chromosomenverlust, zurückzuführen, die keine Antikörper mehr produzieren. Da sie meist schneller wachsen als die produzierenden Zellen, können sie den Klon in wenigen Tagen „überwachsen", was den Verlust des Hybridoms zur Folge hat. Daher ist in regelmäßigen Abständen die Prüfung der Antikörperaktivität der Überstände erforderlich.

Die Klonierung bzw. Reklonierung wird folgendermaßen vorgenommen: Die Zellen sind in 2 ml Kulturmedium aufzunehmen, die Zellzahl zu bestimmen und dann eine Verdünnung auf 150 lebende Zellen/ml vorzunehmen. Je ml sind 2×10^7 normale syngene kernhaltige Milzzellen zuzugeben, dann ist auf 20 ml mit Zellkulturmedium aufzufüllen. Mit der gut durchmischten Zellsuspension werden 96 neue 200 µl-Kulturen angelegt. Diejenigen Mikrokulturen, die sich mikroskopisch als monoklonal ausweisen, sind auf Antikörper zu testen. Positive Klone werden weiterkultiviert.

5.3.7. In-vitro-Kultur der Hybridome

Bei ausreichender Vermehrung der Hybridome in den Mikrokulturen ist ihre Umsetzung in 1 ml-Kulturen möglich. Hierzu sind zwei Tage vorher syngene 1 ml-Milzzellkulturen (5×10^5 kernhaltige Zellen/Kultur) in Gewebekulturplatten mit 24 Vertiefungen anzulegen. Die Hybridzellen werden vorsichtig suspendiert und die Mikrokultur auf zwei 1 ml-Kulturen verteilt.

Der Mediumwechsel ist bis zur 5. Woche nach der Fusion aller 3—4 Tage mit HAT-Medium, dann dreimal mit HT-Medium, und später mit Zellkulturmedium vorzunehmen.

In den Plattenkulturen werden die Hybridome vermehrt, bis sie in 5 ml Vierkantflaschen überführt werden können. Sie sind nun ausreichend stabilisiert, so daß auf die Zugabe von normalen Milzzellen auch bei Übernahme in 25 ml- oder 50 ml-Kulturflaschen verzichtet werden kann. Außerdem kann das teure fetale Kälberserum durch neonatales Kälberserum oder ausgewählte Pferdeserum-Chargen ersetzt werden. Die beim Mediumwechsel anfallenden antikörperhaltigen Überstände sind zunächst zur Spezifitätsprüfung, später zur immunhistochemischen Analyse (s. 5.3.10.) zu verwenden. In den In-vitro-Kulturen werden 10—50 µg monoklonale Antikörper/ml erreicht. Diese Konzentrationen sind für immunhistochemische Nachweise ausreichend. Ein Vorteil dieser Überstände ist, falls sie mit FKS angesetzt wurden, daß sie keinerlei fremde Immunglobuline enthalten und daher alle dadurch möglichen Kreuzreaktionen entfallen.

5.3.8. In-vivo-Kultur der Hybridome

Benötigt man eine größere Antikörpermenge, z. B. zur immunchromatografischen Reinigung des Antigens, so ist diese durch Vermehrung der Hybridome in Ascitesform in Mäusen zu produzieren. Dazu erhalten syngene Mäuse (s. 5.3.2.) eine Woche vorher 0,5 ml Paraffinum subliquidum (DAB 7) oder Pristan (Koch-Light Labs.) i. p. injiziert. Dann werden 2×10^7 Hybridomzellen i. p. gegeben. Da sich nicht in jeder Maus ein guter Ascites bildet, sollten stets mehrere Mäuse angesetzt werden; u. U. ist nach einigen Wochen die Injektion der Zellen zu wiederholen. In einigen Wochen ist die Ascitesbildung auch äußerlich erkennbar. Der Ascites kann punktiert und die Maus zwei- bis dreimal als Ascitesspender verwendet werden. Die in der Ascitesflüssigkeit enthaltenen Hybridomzellen sind gut auf vorstimulierte Mäuse übertragbar. Die Antikörperkonzentration im Ascites erreicht 5 bis 10 mg/ml. Es empfiehlt sich, die Immunglobuline des Ascites unmittelbar nach Entnahme mit Ammoniumsulfat zu fällen, s. 9., und nach Dialyse eingefroren aufzubewahren oder sie schonend zu lyophilisieren.

5.3.9. Tieftemperaturkonservierung von Myeloma- und Hybridomzellen

Beide Zelltypen können bei Lagerung in flüssigem Stickstoff über Jahre aufbewahrt werden.

Zum Einfrieren sind 10^6 Zellen in 1 ml RPMI 1640, das 20% FKS und 7% Dimethylsulfoxid enthält, aufzunehmen und steril in Glasampullen abzufüllen. Nach Abkühlung auf 4 °C stellt man die Ampulle in ein Dewargefäß mit Trockeneis. 2 h später erfolgt die Überführung in flüssigen Stickstoff.

Zum Auftauen kommen die Ampullen in ein Wasserbad von 37 °C. Dann ist die Zellsuspension sofort in ein Zentrifugenglas mit 5 ml Kulturmedium zu überführen. Nach schnell durchgeführter Zentrifugation werden die Zellen in frisches Kulturmedium aufgenommen und auf vorbereitete, zwei Tage alte syngene Milzzellkulturen verteilt. Da offenbar als Folge des Einfrierens oft Segreganten auftreten, sind bald Reklonierungen vorzunehmen. Zu beachten ist, daß aus HAT- oder HT-Kulturen eingefrorene Hybridome nach dem Auftauen in HT-Medium kultiviert werden müssen.

Große praktische Bedeutung hat das frühzeitige Einfrieren von Hybridomen aus der 2 ml-Kultur (s. Abb. 27), um das Hybridom sicherzustellen Man kann dann bei späterem Verlust der weitergeführten Kultur, z. B. durch Infektion, auf die eingefrorenen Zellen zurückgreifen. Etablierte Hybridome sind stets in mehreren Proben einzufrieren.

5.3.10. Immunchemische Analyse der monoklonalen Antikörper

Für die Anwendung der Antikörper in der Immunhistochemie ist neben Spezifität und Affinität auch ihre Klasse von Bedeutung. Daher ist noch vor der Massenkultur der Hybridome die Typisierung der Antikörper vorzunehmen, Abb. 28.

Zunächst sind in die Vertiefungen von antigenbeschichteten Folien (s. 5.3.5.) jeweils 50 µl des zu testenden Kulturüberstandes zu geben; danach 2 h bei 4 °C in 5%iger CO_2-Atmosphäre inkubieren. Anschließend dreimal mit kalter NaCl-

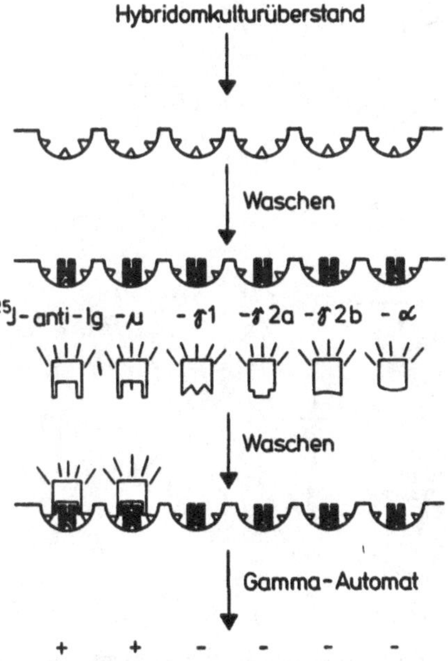

Abb. 28. Prinzip der immunchemischen Charakterisierung der Klasse bzw. Subklasse von monoklonalen Antikörpern mittels Radioimmuntest. (Nach FIEBIG 1984)

Lösung waschen. Der Nachweis der Klasse bzw. Subklasse der gebundenen monoklonalen Antikörper wird mit ^{125}I-markierten oder Peroxidase-gekoppelten Antikörpern geführt, die spezifisch mit den Epitopen der schweren Ketten (μ, γ1, γ2a, γ2b, γ3, α) reagieren. Als Positivkontrolle dient ein Anti-Immunglobulin, s. Abb. 28. Der Test wird in gleicher Weise durchgeführt, wie in 5.3.5. für RIA und EIA beschrieben. Verwendet man statt markierter gereinigter Antikörper für den Test die mittels Ammoniumsulfatfällung gewonnenen Ig-Fraktionen, so sind höhere Aktivitäten (ca 150,000 Ipm/50 μl) bzw. höhere Konzentrationen im EIA einzusetzen.

6. Der Nachweis von Antikörpern

Hier werden aus der Fülle der Tests (s. Friemel, 1984) nur wenige ausgewählte beschrieben, die einfach durchzuführen und zur Überprüfung der hergestellten Antiseren geeignet sind.

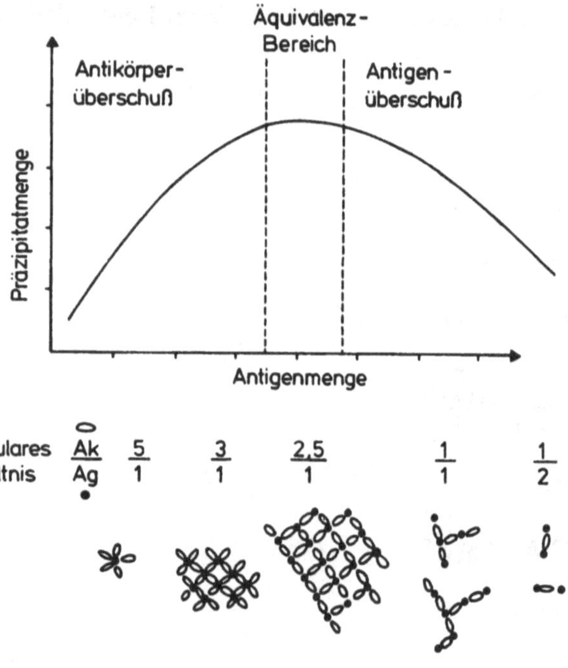

Abb. 29. Abhängigkeit der Präzipitatmenge von der Proportion von Antigen (Ag) zu Antikörper (Ak). Strukturschema löslicher Ag-Ak-Komplexe und des Präzipitats bei bestimmten molekularen Proportionen.

Bei der Reaktion der Antikörper mit dem Antigen kommt es zur Bildung von Antigen-Antikörper-Komplexen. Ist das Antigen molekular, so entstehen Präzipitate, ist es partikulär, so bilden sich Agglutinate. Bei der Präzipitationsreaktion sind die Komplexe nur im Äquivalenzbereich unlöslich und als Präzipitat erkennbar, Abb. 29. Daher ist bei allen Präzipitationsreaktionen mit variablen Proportionen von Antigen zu Antikörper zu arbeiten, um auch den Äquivalenzbereich zu erfassen. Unter den Präzipitationstests dominieren heute Verfahren, bei denen Trägermedien, z. B. Agar, Agarose, Polyakrylamidgel, eingesetzt werden. Sie werden als Gel- oder Immundiffusionstechniken bezeichnet, s. a. FRIEMEL (1984).

6.1. Doppelte radiale Immundiffusion (Test nach Ouchterlony)

Prinzip: In einer Gelschicht befinden sich Reservoire, in die Antiserum bzw. Antigenlösungen eingefüllt werden. Die Substanzen diffundieren in die Gelschicht und bilden beim Zusammentreffen reaktionsfähiger Partner Präzipitate, Abb. 30.

Ausführung: Fettfreie Objektträger werden in eine 0,4 %ige heiße wäßrige Agarlösung getaucht und dann im Trockenschrank bei ca 90 °C senkrecht stehend getrocknet. Danach legt man sie in heißem Zustand auf eine waagerechte Unterlage und beschichtet sie mit 2,5 ml einer 1,5 %igen Agarlösung, die durch Verflüssigen des Agars in 0,15 M NaCl-Lösung im siedenden Wasserbad hergestellt wurde. Sie sollte bakterizide Substanzen, z. B. 0,01 % Merthiolat, enthalten. Nach dem Erstarren der Gelschicht inkubiert man die Objektträger für ca 1/4 h in einer feuchten Kammer; anschließend werden die Probelöcher ausgestanzt. Entsprechende Stanzen sind käuflich erhältlich, es lassen sich aber auch angeschliffene Metallröhrchen u. ä. verwenden. Von uns wird die in Abb. 31. angegebene Anordnung der Stanzlöcher empfohlen.

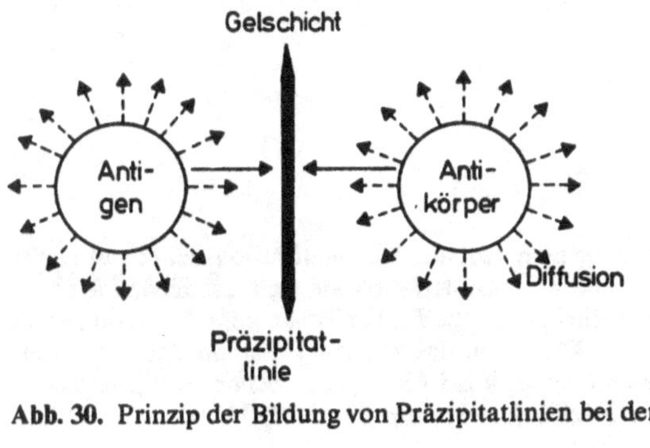

Abb. 30. Prinzip der Bildung von Präzipitatlinien bei der doppelten radialen Immundiffusion

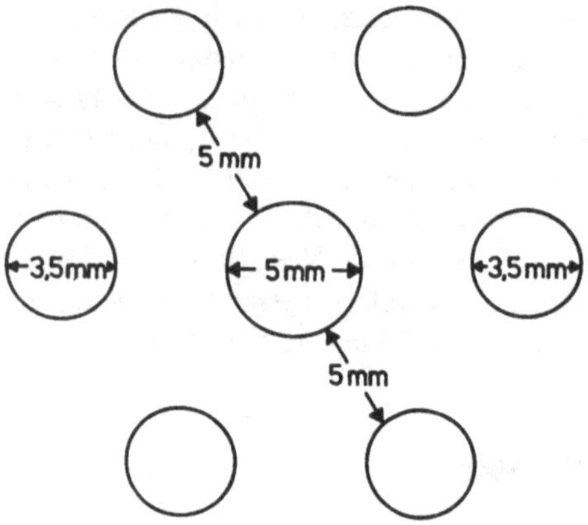

Abb. 31. Anordnung und Maße der Probenlöcher bei der doppelten radialen Immundiffusion

Das zentral gelegene Reservoir ist mit Antiserum, die Randlöcher sind randvoll mit Antigenverdünnungen, z. B. 1/100, 1/400, 1/1600 usw. zu füllen. Anschließend ein bis zwei Tage Inkubation bei Raumtemperatur in einer feuchten Kammer. Es bilden sich Präzipitatlinien, falls ausreichend Antikörper vorhanden sind und der Äquivalenzbereich vorliegt, s. S. 89. Die Lage der Präzipitate gibt einen Hinweis auf die Antikörpermenge, s. Abb. 32.

Monospezifische Antiseren dürfen auch bei Antigengemischen stets nur **eine** Präzipitatlinie bilden, falls nicht, z. B. durch enzymatische Spaltung, Bruchstücke des Antigens vorliegen.

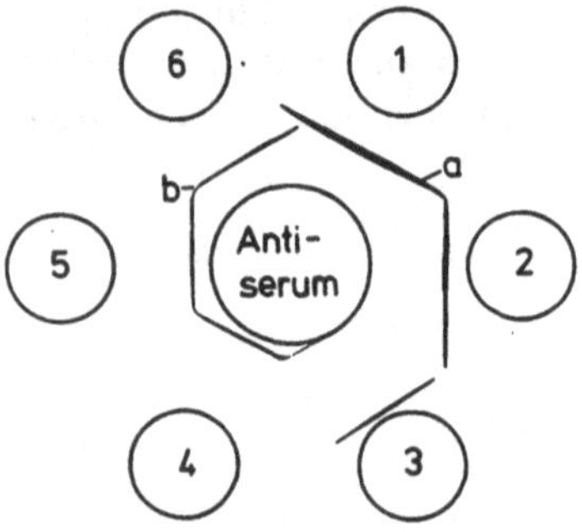

Abb. 32. Lage der Präzipitatlinien in der doppelten radialen Immundiffusion bei einem hochtitrigen (a) und einem niedrigtitrigen (b) Antiserum. Beide Präparate sind übereinander projiziert dargestellt, um den Vergleich zu verdeutlichen. In die Probenlöcher 1 bis 6 ist Antigen in abnehmender Konzentration (1/100, 1/200, 1/400, ...), in das zentrale Reservoir das Antiserum **a** bzw. **b** eingefüllt worden. Der Äquivalenzbereich liegt bei Antiserum **a** bei der Antigenkonzentration 1 (1/100), bei Antiserum b bei der Antigenkonzentration 6 (1/3200).

Eine Färbung der Präparate macht auch schwache Präzipitatlinien sichtbar, allerdings ist vorher das nicht in den Präzipitaten enthaltene Protein durch zweitägiges Waschen in NaCl-Lösung zu entfernen. Die Objektträger werden zwischen glattem Filterpapier getrocknet und 10 min mit Amidoschwarz gefärbt. Die Farblösung ist folgendermaßen herzustellen: In 95 ml Aqua dest. gibt man 0,5 g Amidoschwarz, 3 g Sublimat und 5 ml Eisessig, läßt die Lösung unter mehrmaligem Aufschütteln 1 d stehen und filtriert sie dann. Die Farblösung ist bei 4 °C mehrere Monate haltbar. Andere Färbungen s. FRIEMEL (1984) S. 125.

Die gefärbten Präparate sind unter fließendem Wasser abzuspülen und in einem Ethanol-Eisessig-Wasser-Gemisch (4:1:5) solange zu differenzieren, bis der Untergrund farbfrei ist. Sie sind nach Lufttrocknung jahrelang haltbar.

Die beschriebene Methode erfaßt Antikörper nur in Mengen über 20 µg/ml. Da aber niedrigtitrige Antiseren für die Immunhistochemie ungeeignet sind, ist ihre Empfindlichkeit ausreichend, um sie zur ersten Prüfung der Antiseren einzusetzen.

6.2. Einfache radiale Immundiffusion

Prinzip: Das Antiserum wird in unterschiedlichen Konzentrationen in Probenlöcher eingefüllt, die sich in einer antigenhaltigen Gelschicht befinden. Die in das Gel diffundierenden Antikörper bilden im Äquivalenzbereich ringförmige Präzipitate, deren Durchmesser der Antikörpermenge proportional ist. Die Technik eignet sich zur quantitativen Bestimmung der Antikörpermenge und ist vor allem zum Vergleich der Wertigkeit von Antiseren zu empfehlen.

Ausführung: Durch Erhitzen im siedenden Wasserbad ist eine 1,5%ige Agarlösung in phosphatgepufferter NaCl-Lösung, pH 7,4, die 0,02% NaN_3 enthält, herzustellen. Nach Abkühlung auf 50 °C ist die auf 50 °C angewärmte Antigenlösung zuzusetzen. Die optimale Antigenkonzentration hängt vor allem vom Molekulargewicht des Antigens ab. Sie ist für die Empfindlichkeit und den Meßbereich der Methode entscheidend, s. Abb. 33, und sollte ausgetestet werden. In vielen Fällen kann mit einer 0,0003%igen Antigenkonzentration gearbeitet werden, d. h., je 10 ml Agarlösung sind 0,1 ml einer 0,03%igen Antigenlösung (~1/3000) zuzusetzen. Beim intensiven Mischen sind Luftblasen unbedingt zu vermeiden. Das 50 °C warme Gemisch ist in waagerecht liegende vorgewärmte Plast-Petrischalen einzufüllen, so daß eine etwa 2 mm hohe Schicht entsteht. Nach dem Erstarren bleiben die abgedeckten Schalen für wenigstens 15 min stehen, bevor die Probenlöcher ausgestanzt werden. Dazu verwendet man käufliche Lochstanzen oder abgeschliffene Kanülen (Ø 2,5 mm), wobei das Gelscheibchen mit einem schwachen Vakuum (Wasserstrahlpumpe) abgesaugt wird. Die Ränder der Probenlöcher dürfen nicht einreißen, anderenfalls sind die Löcher beim Einfüllen der Proben auszulassen.

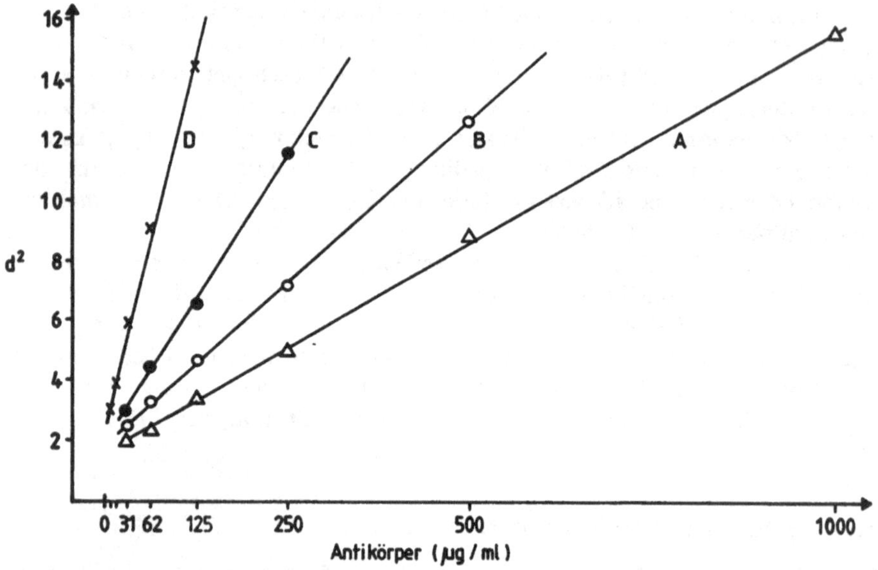

Abb. 33. Einfluß der Antigenkonzentration im Agargel auf Empfindlichkeit und Meßbereich bei der einfachen radialen Immundiffusion. Sie beträgt bei A = 0,0003%. B = 0,0002%, C = 0,0001%, D = 0,00005%. Der Meßbereich liegt bei A zwischen 30 und 1000 µg/ml, bei D zwischen 7,5 und 125µg Antikörper/ml.
Antigen = Rinder IgG; Antiserum vom Kaninchen

Die Probenlöcher sind in Kreisen anzuordnen, wobei der Abstand der Löcher voneinander wenigstens 15 mm betragen soll. In die Reservoire werden jeweils genau 5 µl des Antiserums und seiner Verdünnungen (1/2, 1/4, 1/8, . . .), stets in Doppelbestimmungen, eingefüllt. Die abgedeckten Platten verbleiben 3 Tage im Kühlschrank oder 2 Tage bei Zimmertemperatur. In dieser Zeit erreichen die Präzipitatringe ihre maximale Größe. Für jedes Probenloch sind 2 senkrecht aufeinander stehende Durchmesser des Präzipitatringes auszumessen. Das Produkt der beiden Werte (d^2) ist der Antikörpermenge direkt proportional, Abb. 34. Bei exakter Ausführung der Technik müssen die d^2-Werte der Antiserumverdünnungen in einem Koordinatensystem, das dem von Abb. 34 entspricht, auf einer Geraden liegen. Die Steigung dieser Geraden ist der Antigenkonzentration im Gel umgekehrt proportional, s. Abb. 33. Innerhalb einer Schale muß daher die Steigung auch bei verschiedenen Antiseren gleich sein. Zwischen verschiedenen Schalen bestehen aber fast stets Unterschiede.

Der Einsatz der Methode zum Antiserenvergleich sei an 4 gleichzeitig hergestellten Antiseren gegen Rinder-IgG demonstriert. Eines von ihnen ergab keinen auswertbaren Präzipitatring, seine Antikörpermenge war zu gering. Die Werte der

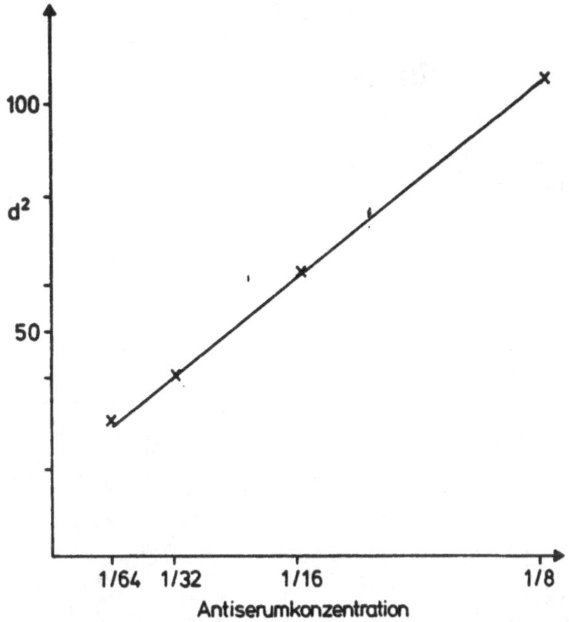

Abb. 34. Proportionalität von Antikörpermenge und d^2 (entspricht der Fläche der Präzipitatringe) bei der einfachen radialen Immundiffusion

3 anderen Antiseren sind in Abb. 35 wiedergegeben. Antiserum 3 enthält etwa doppelt soviele Antikörper wie Serum 2.

6.3. Passive Hämagglutination

Die passive Hämagglutination wird vor allem zum Nachweis von Antikörpern gegen Haptene eingesetzt. Sie ist aber auch gut für die Antikörperbestimmung bei molekularen Antigenen geeignet. Ein Vorteil ist, daß sie auch gleichzeitig zur Spezifitätsprüfung genutzt werden kann, s. 7.2.

Prinzip: Die Haptene oder Antigene werden an Erythrozyten gekoppelt, die als Träger fungieren. Werden Antikörper gegen das jeweilige Hapten bzw. Antigen hinzugefügt, so erfolgt eine Agglutination, die meist deutlich sichtbar ist, Abb. 36. Diese Technik ist infolge der Größe der in die Reaktion einbezogenen Erythrozyten etwa 1000fach empfindlicher als die Präzipitation.

Ausführung: In Abhängigkeit von der Chemie des Haptens oder Antigens sind unterschiedliche Kopplungsverfahren anzuwenden. Hier werden beispielhaft die

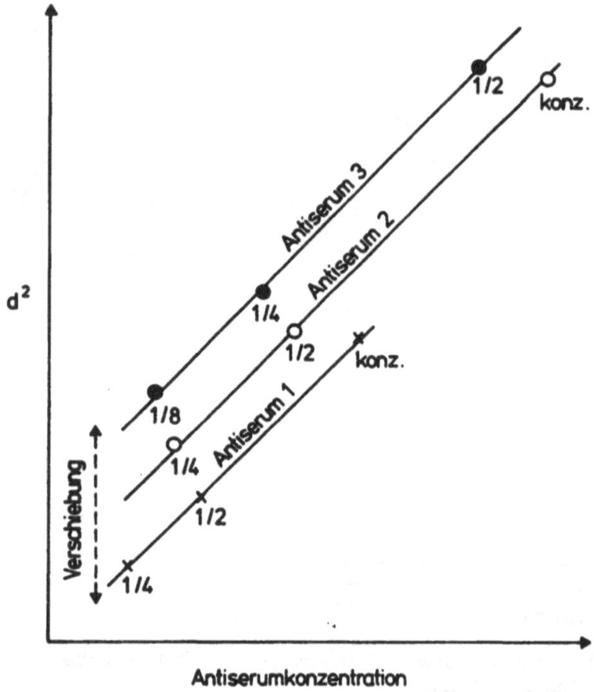

Abb. 35. Vergleich von 3 Antiseren mittels einfacher radialer Immundiffusion. Die drei Geraden, die eigentlich einander decken, sind zur besseren Übersichtlichkeit senkrecht gegeneinander verschoben.

für alle Proteinantigene sowie Peptide einsetzbare Kopplung mittels Bisdiazobenzidin sowie die Adsorption von Antigenen oder Haptenen an Tanninsäure-behan-

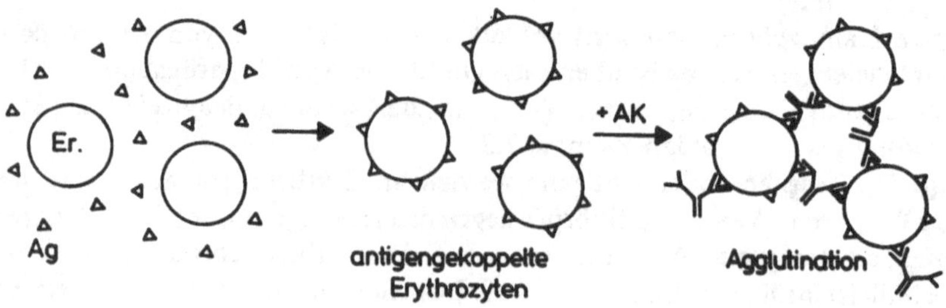

Abb. 36. Schema der passiven Hämagglutination. An die Oberfläche der Erythrozyten (Er) wird Antigen (Ag) oder Hapten gekoppelt bzw. adsorbiert. Nach Zugabe der Antikörper (Ak) erfolgt eine Agglutination.

delte Erythrozyten dargestellt. Weitere Kopplungstechniken müssen der Spezialliteratur, z. B. Friemel (1984) entnommen werden.

Zur Bestimmung der Antikörpertiter empfehlen wir die Mikromethode von Takatsy (1950). Die hierfür notwendigen Titerplatten, Mischösen und Tropfpipetten sind käuflich erhältlich.

6.3.1. Kopplungstechnik mit Bisdiazobenzidin

Bisdiazobenzidin (BDB) ist ein bifunktionelles Reagens. Die **BDB-Stammlösung** stellt man folgendermaßen her: 0,23 g Benzidin werden in 45 ml 0,2 N HCl, die im Eisbad gekühlt werden, gelöst. 0,175 g $NaNO_2$ sind in 5 ml eiskaltem Aqua dest. zu lösen und dann tropfenweise innerhalb einer Minute bei ständigem Rühren der Benzidinlösung zuzugeben. Die Diazotierungsreaktion ist unter Rühren und Kühlen solange — meist 1/2 h — fortzusetzen, bis kein freies Nitrit mit KJ-Stärkepapier mehr nachweisbar ist. Die gelbliche BDB-Stammlösung wird in 1 ml-Ampullen abgefüllt, sofort eingefroren und bei —70 °C aufbewahrt.

Die **BDB-Gebrauchslösung** ist immer frisch anzusetzen. Zu 0,3 ml Stammlösung werden 4,2 ml 0,1 M Phosphatpuffer, pH 7,4, zugesetzt.

Die **Kopplung von Proteinantigen** (Ag) an Schaferythrozyten (SE) erfolgt folgendermaßen: 0,4 ml gewaschenes SE-Sediment werden in 13 ml NaCl-Lösung suspendiert und mit 16 ml 0,1 %iger Antigenlösung in NaCl-Lösung vermischt, dann sind 2,8 ml der BDB-Gebrauchslösung (s. o.) zuzugeben. Nach 10 min Inkubation bei Zimmertemperatur und dreimaligem Waschen der SE mit jeweils 10 ml NaCl-Lösung, die 1 %Pferdeserum oder ein anderes nicht kreuzreagierendes Normalserum (NS) enthält, nimmt man das SE-Ag-Sediment in 99,6 ml derselben NaCl-Lösung auf (=0,4 %ige Suspension).

Antikörperbestimmung: Test- und Kontrollseren sind zunächst 30 min bei 56 °C im Wasserbad zur Inaktivierung des Komplementsystems zu inkubieren. Von den inaktivierten Seren werden mit dem Mikrotitrator Verdünnungsreihen angesetzt, meist mit dem Faktor 2 (s. Vorschrift des jeweiligen Titratormodells). Dann ist mit der Tropfpipette in alle Kavitäten ein Tropfen der 0,4 %igen SE-Ag-Suspension zu geben. Als Kontrollen sind außer der Verdünnungsreihe des Präimmunserums Kavitäten mit Verdünnungslösung und SE-Ag-Zusatz sowie eine Verdünnungsreihe des Antiserums mit Zusatz ungekoppelter SE anzusetzen. Alle Platten sollten 1 min mit einem Vibrator geschüttelt, abgedeckt und 3 h bei Raumtemperatur inkubiert werden. Die Agglutinationen sind mit einer Lupe oder dem Agglutinoskop erkennbar. Als Titer wird diejenige Antiserumverdünnung bezeichnet, bei der die Verklumpung der SE-Ag noch deutlich ist. Antiseren, die in der Immunhistochemie eingesetzt werden, sollten einen Titer über 1000 haben, um ihre spätere Verdünnung zu ermöglichen.

6.3.2. Antigenadsorption an tannierte Erythrozyten

Bei dieser Technik müssen einige Parameter (Tanninsäurekonzentration, Inkubationszeit und -temperatur, pH des Puffers und Antigenkonzentration) in Abhängigkeit vom Typ des Antigens variiert werden, da sonst eine zu geringe Empfindlichkeit (zu geringe Beladung der Erythrozyten mit Antigen) oder unspezifische Agglutination (Überladung der Erythrozyten) resultieren. Hier wird eine Variante beschrieben, die sich in unserem Labor für mehrere Proteinantigene bewährt hat. Als weiterführende Literatur ist die Zusammenstellung von HERBERT (1973) zu empfehlen.

Tannierung der Schaferythrozyten (SE): Die mehrfach gewaschenen SE werden als 10 Vol%ige Suspension in PBS 7,2 aufgenommen. Der Puffer enthält 23,9 ml 0,15 M KH_2PO_4; 76 ml 0,15 M Na_2HPO_4; 100 ml 0,15 M NaCl; der pH ist 7,2. Die SE-Suspension wird mit gleichem Volumen einer Tanninsäurelösung (1:20000 in PBS 7,2) gemischt und 10 min bei Raumtemperatur inkubiert. Nach dreimaligem Waschen mit PBS 7,2 stehen die tannisierten SE (tann. SE) für die Antigenadsorption zur Verfügung.

Antigenadsorption: Zu 1 Vol.-Teil einer Suspension von tann. SE gibt man 4 Vol.-Teile PBS 6,4 (67,7 ml 0,15 M KH_2PO_4; 32,3 ml 0,15 M Na_2HPO_4; 100 ml 0,15 M NaCl; pH = 6,4) und 1 Vol.-Teil der Antigenlösung (s. u.). Nach 20 min Inkubation bei Raumtemperatur wird dreimal mit PBS 7,2 mit Zusatz von 0,2% Serumalbumin oder einem anderen, nicht kreuzreagierenden Protein gewaschen. Diese Lösung dient auch als Verdünnungsmedium bei der Antiserumtitration.

Als Beispiele für die Antigenkonzentration seien hier die optimalen Bereiche für 4 Proteine angeführt: Eialbumin 0,01 — 5 g/l; Rinderserumalbumin 0,04 — 25 g/l; Thyreoglobulin 1—5 g/l; Fibrinogen 1—5 mg/l.

Antikörperbestimmung: Sie erfolgt in gleicher Weise wie unter 6.3.1. beschrieben; als Verdünnungslösung dient die oben genannte PBS mit Proteinzusatz.

6.4. Unterscheidung von Antikörpern der Klassen IgM und IgG

Wie vorn erwähnt, sind neben den Bindungseigenschaften eines Antikörpers auch seine anderen Funktionen, die von seiner Klassenzugehörigkeit abhängen, für seine Einsatzmöglichkeit in einer immunologischen Technik von Bedeutung. Besonders beim Einsatz in einer indirekten immunhistochemischen Technik muß man die dominierende Antikörperklasse kennen, da das Anti-Immunglobulin-Serum die entsprechende Spezifität besitzen muß.

Bei der Herstellung von Antiseren nach den vorn beschriebenen Methoden erhält man in Abhängigkeit von der Spezies und dem Antigentyp vorwiegend

Antikörper der Klassen IgM und IgG. Wegen ihrer höheren Stabilität gegen Enzyme und verschiedene chemische Einflüsse werden IgG-Antikörper in der Immunhistochemie meist bevorzugt.

Die einfachste Methode der Unterscheidung von Antikörpern der IgM- und IgG-Klasse beruht darauf, daß IgM durch Reduktionsmittel inaktiviert wird, während IgG seine Aktivität behält. Man versetzt daher eine Probe des Antiserums mit dem gleichen Volumen einer 0,2 M Merkaptoethanollösung und inkubiert 1 h bei 37 °C. Parallel dazu wird einer 2. Probe NaCl-Lösung zugegeben und ebenfalls 1 h bei 37 °C inkubiert. Beide Proben sind dann in einer Antikörpernachweistechnik einzusetzen, z. B. der einfachen radialen Immundiffusion (6.2.) oder der passiven Hämagglutination (6.3.). Da in Probe 1 alle IgM-Antikörper inaktiviert werden, zeigt der Vergleich der Titer beider Proben, welche Antikörperklasse im Immunserum dominiert. Ist es IgG, so zeigen beide Proben den gleichen Titer.

7. Spezifitätsprüfung von Antiseren und Reinheitsprüfung von Antigenpräparaten

Die geprüfte Spezifität des Antiserums ist wohl die wichtigste Voraussetzung für seinen Einsatz in der Immunhistochemie. Dabei sind neben der allgemeinen Spezifitätskontrolle, die in diesem Abschnitt besprochen wird, immer noch zusätzliche Kontrollen erforderlich, die von der jeweiligen Technik abhängen und in den entsprechenden Kapiteln dieses Buches behandelt werden.

Die Reinheit des zur Immunisierung eingesetzten Antigenpräparates ist eine Vorbedingung für die Induktion monospezifischer Antiseren, falls man nicht eine der in Abschnitt 5.2.3. erwähnten Methoden anwendet.

7.1. Immunelektrophorese zur Spezifitäts- bzw. Reinheitsprüfung

Prinzip: In der Immunelektrophorese sind Gelelektrophorese und Immundiffusion kombiniert. Zunächst wird das Antigengemisch elektrophoretisch aufgetrennt, dann werden die Fraktionen durch Antikörper in Form von Bögen präzipitiert, Abb. 37. Die Technik eignet sich zur Prüfung der Monospezifität von Antiseren sowie der Reinheit von Antigenpräparationen.

Ausführung: Fettfreie Objektträger sind mit 0,4%iger Agarlösung zu behandeln (s. 6.1.) und dann mit 2,5 ml 1,5%iger gepufferter Agarlösung zu beschichten (s. 6.1.). Hierzu sind nur gereinigte Agarsorten oder aber Agarose geeignet. Als Puffer wird Veronalpuffer pH 8,6 und μ 0,05 mit 0,01% Methiolat verwendet

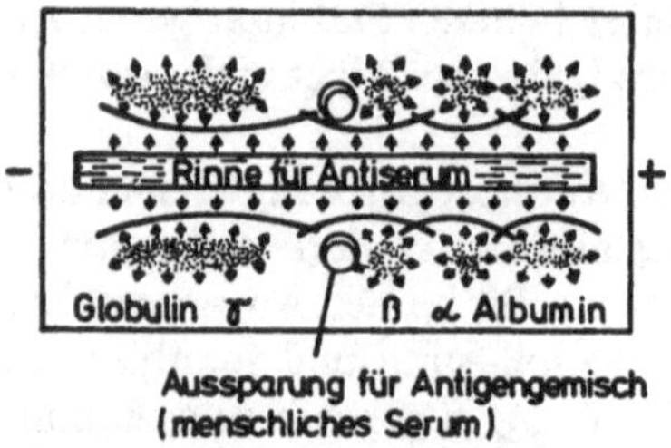

Abb. 37. Schema der Immunelektrophorese. Zunächst wird das Antigengemisch (als Beispiel dient Humanserum) elektrophoretisch aufgetrennt, dann in die Rinne das Antiserum eingefüllt. Die Pfeile geben die Diffusion der Komponenten in das Gel an. Wo Antigen und Antikörper aufeinandertreffen, entstehen Präzipitatbögen.

oder ein anderer für die Gelelektrophorese geeigneter Puffer (Hames und Rickwood 1981). Die Objektträger kommen nach dem Erstarren der Gelschicht auf mindestens 15 min in eine feuchte Kammer, anschließend sind die Probenlöcher (∅ 2,5 bis 4 mm) entsprechend Abb. 38 auszustanzen. Sie sind randvoll mit Antigenlösung zu füllen und die Objektträger in die Elektrophoresekammer einzulegen. Die Elektrophorese erfolgt mit 7 mA je Objektträger für 60 bis 90 min bei einem Puffer von $\mu = 0,1$ in der Kammer. Danach ist die 2—3 mm breite Rinne für das Antiserum auszuheben, s. Abb. 38. Für das Herausschneiden geeignete Doppelmesser oder Stanzen lassen sich leicht aus Rasierklingen herstellen, sind aber auch käuflich erhältlich. Die Rinne wird randvoll mit Antiserum gefüllt. Zur maximalen Ausbildung der Präzipitatbanden kommen die Objektträger für 2 Tage bei Raumtemperatur in eine feuchte Kammer. Sie werden dann gemäß 6.1. mit Amido-

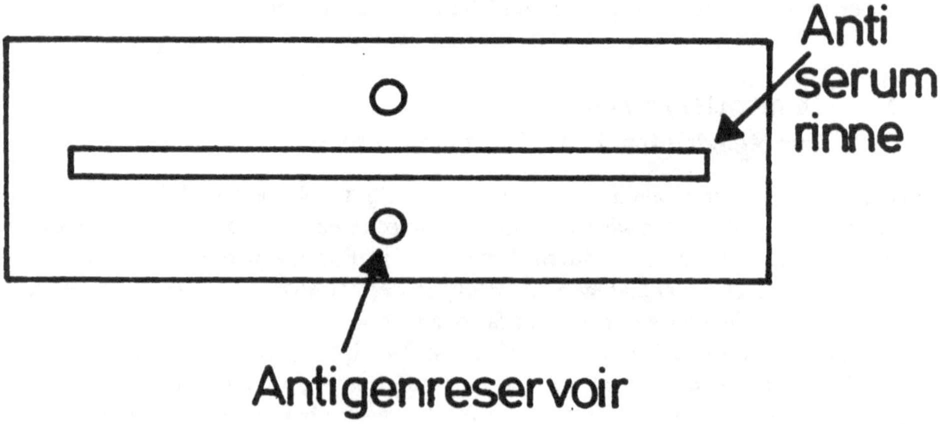

Abb. 38. Für die Immunelektrophorese vorbereiteter Objektträger in Originalgröße

schwarz gefärbt. Auch zahlreiche andere Färbungen, z. B. auf Kohlenhydrate oder Fette oder Nachweise von Enzymaktivitäten sind möglich, s. BACKHAUSZ (1967), CLAUSEN (1981), FRIEMEL (1984), GRABAR und BURTIN (1964).

Zur Prüfung der **Spezifität** von **Antiseren** werden Grobpräparationen des Antigens, die Begleitsubstanzen enthalten, in unterschiedlichen Konzentrationen eingesetzt. Das Antiserum ist konzentriert sowie 1/2 und 1/4 verdünnt anzuwenden. Tritt in keinem Präparat neben der Präzipitatbande des Antigens eine weitere Bande auf, so sind Antikörper gegen Begleitsubstanzen höchstens in so geringer Menge vorhanden, daß sie bei der immer zu fordernden Verdünnung des Antiserums beim Einsatz in der Immunhistochemie „ausverdünnt" werden, s. a. 1.4.6.

Für die **Reinheitsprüfung** von **Antigenpräparationen** sind Antiseren erforderlich, die auch Antikörper gegen Begleitsubstanzen enthalten. Derartige Antiseren, die durch Immunisierung mit Grobpräparaten des Antigens induziert wurden, sind auch hervorragend zur Überprüfung der Reinigungsschritte des Antigens mittels Immunelektrophorese geeignet. Tritt auch bei unterschiedlichen Verdünnungen von Antigen und Antiserum (s. o.) nur die Präzipitatbande des Antigens auf, so kann man eine mindestens 98%ige Reinheit des Antigens voraussetzen.

7.2. Hämagglutinationshemmtest zur Spezifitätsprüfung

Prinzip: Die passive Hämagglutinationsreaktion wird in parallelen Ansätzen durch Zusätze gleicher Mengen des für die Kopplung an Schaferythrozyten eingesetzten „Rohantigens" sowie eines sicher reinen Antigenpräparates gehemmt. Ruft das Rohantigen eine stärkere Hemmung hervor, so sind auch Antikörper gegen Begleitstoffe vorhanden.

Ausführung: Die passive Hämagglutination wird zunächst, wie in Absatz 6.3. beschrieben, ausgeführt. Als Antiserum-Gebrauchsverdünnung (AsGV) ist dann diejenige Konzentration zu wählen, die gegenüber dem gemessenen Titer achtfach konzentriert ist; so ist beim Titer 1:10000 die AsGV 1:1250.

Von der AsGV wird soviel angesetzt, daß in alle Kavitäten der vorgesehenen Hemmreihen jeweils 0,025 ml eingetropft werden können. Ist dies erfolgt, so überträgt man mittels der Mischöse des Titrators in die jeweils erste Kavität einer Reihe eine gleiche Menge der zu vergleichenden Antigenpräparate und stellt mit ihm die Verdünnungsreihe her. Damit befindet sich in jeder Kavität die gleiche Antikörpermenge, die Antigenmenge nimmt aber von Loch eins an um den Faktor 2 ab. Nach 30 min Inkubation werden die mit Rohantigen gekoppelten Erythrozyten, s. 6.3., zugegeben, die Platten geschüttelt und bis zum Ablesen 3 h inkubiert.

Die Testauswertung sei hier an einem Beispiel demonstriert, bei dem die Spezifität eines Anti-Thyreotropin-Serums geprüft wurde. Mit dem Rohextrat ergab sich eine Hemmung bis zur Antigenverdünnung 1:640000, mit dem reinen

Thyreotropin bis 1:160000. Das weist eindeutig auf Antikörper gegen Begleitstoffe hin, anderenfalls müßten die Hemmtiter gleich oder sogar mit dem reinen Antigen höher sein. Dieses Antiserum muß vor seinem Einsatz in der Immunhistochemie unbedingt gereinigt werden.

8. Reinigung von Antiseren, Antikörpern oder Antigenen mittels Immunchromatografie[1])

Als Immunchromatografie bezeichnen wir Verfahren der Affinitätschromatografie, bei denen die spezifische Immunreaktion zwischen Antigen und Antikörper ausgenutzt wird. Dabei wird einer der Partner an eine unlösliche Matrix gekoppelt. Ist es das Antigen, so lassen sich damit die spezifischen Antikörper aus dem Antiserum isolieren. Umgekehrt kann bei Kopplung von Antikörpern an eine Matrix mit diesem Immunadsorbens das Antigen gebunden und später eluiert werden, wobei ein hoher Reinigungseffekt erreicht wird.

Als Matrix für die Kopplung sind die verschiedensten Kohlenhydrate, Proteine, Glas und synthetische Stoffe beschrieben worden. Auch die Zahl der Kopplungsverfahren ist groß, wobei die beim jeweiligen Kopplungspartner vorhandenen reaktiven Gruppen die Auswahl bestimmen. Hier werden zwei Verfahren dargestellt, die in unseren Laboratorien wiederholt erfolgreich angewendet wurden. Sie setzen das Vorhandensein von kopplungsfähigen NH_2-Gruppen voraus, wie sie zumindest in Proteinen, Peptiden und Polynukleotiden vorliegen. Für Antigene mit anderen funktionellen Gruppen finden sich Angaben bei Lowe (1979).

8.1. Herstellung eines Immunadsorbens mit CNBr-aktivierter Sepharose

Derartige Immunadsorbentien sind gut für säulenchromatografische Verfahren geeignet. Vorteilhaft ist, daß auch geringe Mengen des Liganden (ca 1 mg) an Sepharose gebunden werden können. Nachteilig ist eine relativ hohe unspezifische Bindung an die Gelpartikel auch bei Blockierung reaktiver Gruppen. Trotzdem haben Sepharose-Immunadsorbentien die weiteste Verbreitung erfahren.

CNBr-aktivierte Sepharose ist käuflich erhältlich (Pharmacia Fine Chemicals, Schweden), läßt sich aber auch nach folgender Vorschrift herstellen, wobei unbedingt unter dem Abzug zu arbeiten ist: Sepharose 4 B wird mit 0,1 M $NaHCO_3$-

[1]) Meiner Mitarbeiterin Dr. Diethild Hädge danke ich für die Übermittlung ihrer langjährigen Erfahrungen mit Immunadsorptionstechniken.

Lösung, pH 9,0 gewaschen, abzentrifugiert und in einem Becherglas im gleichen Volumen $NaHCO_3$-Lösung suspensiert. Je ml gepackte Sepharose sind 50—300 mg CNBr in 4 °C kaltem Dimethylformamid zu lösen und der vorgekühlten Sepharosesuspension unter Rühren und Kühlen zuzugeben. Dabei ist der pH mit 2 M NaOH auf 11 zu halten. Die Temperatur darf 20 °C nicht überschreiten, anderenfalls sind Eisstücke zuzugeben. Nach 10 min wird die Sepharose auf einen Glasfilter gegeben und sehr schnell zweimal mit kaltem Aqua dest. und 0,1 M $NaHCO_3$-Lösung gewaschen. Die trocken gesaugten Partikel kommen sofort in das gleiche Volumen der Ligandenlösung (in 0,1 M $NaHCO_3$). Sie enthält 5—10 mg Protein pro ml. Das Gel bleibt 2 h bei Raumtemperatur, dann über Nacht bei 4 °C stehen und ist ganz langsam zu rühren. Es erfolgt eine kovalente Bindung von etwa 80 bis 90% des Proteins. Nach gründlichem Waschen des Gels wird es zur Blockierung reaktiver Gruppen in 0,5 M Ethanolamin-, 0,2 M Glycin- oder 0,1 M ε-Lysinlösung überführt und 2 h bei 20 °C sowie über Nacht bei 4 °C inkubiert. Es folgt zur Entfernung adsorbierter Stoffe das Waschen auf einem Glasfilter mit 0,1 $NaHCO_3$, pH 9,0; Glycin-HCl-Puffer, pH 2,5 und 6 M Harnstofflösung (sehr schnell!); dann intensiv mit PBS unter Zusatz von 0,2 g NaN_3/l; darin kann es auch bei 4 °C monatelang aufbewahrt bleiben.

Die geschilderten Reaktionsbedingungen sind für die meisten Proteine geeignet. Durch Veränderungen des Puffers, in dem die Kopplung erfolgt, sind in allen Fällen optimale Bedingungen zu erzielen, s. CUATRECASAS (1970).

8.2. Immunadsorbens durch Vernetzung mit Glutardialdehyd

Nach der von AVRAMEAS und TERNYNCK (1969) beschriebenen Methode lassen sich leicht Proteine mittels Glutardialdehyd (GDA) polymerisieren. Außerdem können mit GDA NH_2-Gruppen-enthaltende Liganden an Polyamidgele gebunden werden (TERNYNCK und AVRAMEAS, 1972). Vorteile der mittels GDA hergestellten Immunadsorbentien sind ihre hohe Kapazität bei geringem Volumen sowie die geringe unspezifische Bindung. Ungünstig ist der relativ hohe Antigenbedarf, da bei der Vernetzungsreaktion etwa 70% der Antigenität verloren gehen.

Die Technik ist dazu geeignet, sowohl „Antikörper-" als auch „Antigen-Immunadsorbentien" herzustellen. Im ersteren Fall werden Antiseren, Immunglobulinfraktionen oder gereinigte Antikörper, im letzteren Proteinantigene oder Hapten-Protein-Konjugate vernetzt. Man kann auch eine geringe Menge des Antigens mit einer großen eines inerten Proteins als Carrier vernetzen.

Ausführung: Die Reaktion erfolgt in einem 0,2 M Puffer, dessen pH dem isoelektrischen Punkt des Proteins entspricht. Für Albumine, Gemische mit Albuminen und Antiseren (vorher gegen 0,15 M NaCl dialysieren) wird Azetatpuffer pH 5,0 empfohlen, für Immunglobulinfraktionen pH 7,0. Zur Proteinlösung (40 bis

50 mg/ml) ist unter leichtem Rühren tropfenweise 2,5 %ige wäßrige GDA-Lösung zuzugeben, bis die GDA-Menge 1/10 der Proteinmenge erreicht. Es wird 3 h bei 20 °C und über Nacht bei 4 °C inkubiert. Das Gel ist durch eine engmaschige Metallgaze zu pressen, wodurch kleine Partikel entstehen. Anschließend erfolgen die im Abs. 8.1. beschriebenen Nachbehandlungen zur Absättigung reaktiver Gruppen und zur Entfernung adsorbierter Stoffe, wobei aber nicht auf dem Filter gewaschen, sondern das Adsorbens durch Zentrifugieren (etwa 4000 U/min in Laborzentrifugen) vom Überstand getrennt wird.

8.3. Säulenchromatografie mit Immunadsorbentien

Hierzu sind vor allem die mit CNBr-aktivierter Sepharose hergestellten Adsorbentien geeignet. Sie können bei schonender Behandlung mehrfach und über einen langen Zeitraum verwendet werden.

Ausführung: Falls nicht unmittelbar vorher verwendet, ist das Adsorbens durch mehrfaches Waschen von adsorbierten Stoffen zu reinigen, s. 8.1. Anschließend wird es in eine Säule eingefüllt und mit PBS äquilibiert.

Das aufzutrennende Gemisch ist langsam auf die Säule zu geben. Nach 1 h Inkubation wird solange mit kalter PBS gewaschen, bis das Eluat eine Extinktion unter 0,05 aufweist. Die Elution des gebundenen Materials erfolgt mit 0,01 M Glycin-HCl-Puffer, pH 2,8 mit Zusatz von 9 g NaCl/l, bei säureempfindlichen Antigenen mit alkalischem Puffer, pH 10,0 mit NaCl-Zusatz. Das Eluat ist so schnell wie möglich zu neutralisieren, bei saurem Puffer mit 1 M K_2HPO_4-Lösung. Die Säule wird durch intensives Waschen mit PBS auf einen pH von 7 gebracht.

8.4. „Batch"-Verfahren mit Immunadsorbentien

Hierfür sind alle Immunadsorbentien geeignet.

Ausführung: Das Adsorbens ist zur Entfernung adsorbierter Stoffe intensiv zu waschen, s. 8.1. Dem Adsorbens wird das Komponentengemisch zugegeben und unter leichtem Rühren 1 h bei 20 °C inkubiert. Nach der Zentrifugation ist der Überstand abzuziehen und ev. noch einmal mit Adsorbens zu behandeln. Das beladene Adsorbens wäscht man so oft mit PBS, bis der Überstand eine Extinktion unter 0,05 aufweist. Die Elution des gebundenen Materials nimmt man unter den gleichen Bedingungen vor, wie sie in 8.3. beschrieben wurden.

Benötigt man hoch affine Antikörper, so ist allen Puffern von der Inkubation bis zur Elution 29 g NaCl/l zuzusetzen. Da niedrig affine Antikörper unter diesen Bedingungen nicht binden, ist die Ausbeute geringer, die mittlere Affinität der gereinigten Antikörper aber höher.

8.5. Reinigung von Antiseren durch Absorption

Sind in einem Antiserum unerwünschte Spezifitäten vorhanden, so lassen sie sich in vielen Fällen durch Absorption mit entsprechenden Präparaten entfernen. Dies sollte aber keinesfalls mit löslichen Komponenten erfolgen, da die entstehenden z. T. löslichen Immunkomplexe in der immunhistochemischen Technik unspezifische Effekte hervorrufen können. Für Absorptionen sehr gut geeignet sind Präparate, die als Immunadsorbentien nach den in Absatz 8.1. und 8.2. beschriebenen Verfahren gewonnen wurden. Wir bevorzugen die mittels Glutardialdehyd hergestellten, da sie eine geringere unspezifische Bindung aufweisen und daher die „gewünschten" Spezifitäten des Antiserums nicht so stark beeinträchtigen.

Die Absorptionen mit dem jeweiligen Präparat müssen mehrfach erfolgen (s. 8.4.), bis die Spezifitätsprüfung des Antiserums positiv ausfällt. Allerdings ist zu beachten, daß jeder Absorptionsschritt auch die gewünschte Aktivität des Antiserums negativ beeinflußt. Daher kommt der Qualität des zur Absorption eingesetzten Präparates sowie der Einhaltung schonender Bedingungen große Bedeutung zu.

9. Aufbewahrung von Antiseren und Antikörpern

Für die Verminderung der Aktivität von Antikörpern sind vor allem ihr enzymatischer Abbau durch Serum- oder bakterielle Enzyme oder ihre Aggregatbildung infolge Fehlens von Schutzkolloiden verantwortlich zu machen. Dabei spielt die Antikörperklasse eine wichtige Rolle. Damit ergeben sich folgende Empfehlungen:

— Antiseren mit hohem **IgM-Gehalt** sollten sofort in kleinen Portionen eingefroren und bei —30 °C aufbewahrt werden.
— Antiseren mit vorwiegend **IgG-Antikörpern** können nach Sterilfiltration einige Wochen im Kühlschrank aufbewahrt werden. Lange Haltbarkeit ist nach Einfrieren gegeben, s. o.
— Eine **Lyophilisierung** ist nur bei IgG-Antikörpern zu empfehlen. Das lyophilisierte Material sollte, z. B. in Ampullen eingeschmolzen, bei 4 °C aufbewahrt werden.

Die Herstellung von **Immunglobulinfraktionen** aus Antiseren ist dann zu empfehlen, wenn diese später für Kopplungen, z. B. mit Fluoreszenzfarbstoffen, eingesetzt werden sollen. Hierzu bedient man sich der Ammoniumsulfatfällung. Dabei geht man von einer bei 20 °C gesättigten Ammoniumsulfatlösung aus (55 g $(NH_4)_2SO_4$ in 100 ml Aqua dest. geben, unter mehrfachem Rühren 3 d bei 20 °C stehen lassen). Sie wird dem Antiserum je nach der verwendeten Spezies unter Rühren in der Menge zugegeben, wie in Tabelle 13 angegeben. Nach einem Tag Aufbewahrung bei 4 °C wird zentrifugiert und der Überstand verworfen. Das Präzi-

Tabelle 13. Anzahl der Fällungen und Endkonzentration des Ammoniumsulfats (gesättigte Lösung g = 100%) für die Herstellung von Immunglobulinfraktionen aus dem Serum verschiedener Spezies. Nach Jones et al. 1978

Kaninchen	3 × 35%
Meerschweinchen	1 × 35% und 2 × 40%
Maus	1 × 35% und 2 × 40%
Schaf	3 × 35%
Ziege	1 × 30% und 2 × 35%
Rind	1 × 30% und 2 × 35%
Schwein	3 × 35%
Pferd	2 × 30%
Huhn	3 × 35%

pitat ist mit Aqua dest. auf das Ausgangsvolumen aufzufüllen und die Fällung mit $(NH_4)_2SO_4$ noch zweimal zu wiederholen, s. Tab. 13. Nach erneuter Aufnahme des Präzipitats in Aqua dest. wird gegen 0,15 M NaCl-Lösung bis zur Sulfatfreiheit dialysiert oder die Entsalzung durch Gelchromatografie (Sephadex G 25) vorgenommen. Die Aufbewahrung der Lösung erfolgt in der gleichen Weise, wie oben für Antiseren beschrieben.

Monoklonale und immunchromatografisch gereinigte Antikörper benötigen einen *Proteinzusatz* als *Schutzkolloid.* Dafür kommen gut wasserlösliche Proteine, z. B. Human- oder Rinderserumalbumin infrage. Sie werden in der gleichen Konzentration wie die Antikörper zugegeben. Die Aufbewahrung erfolgt entweder bei —30 °C oder nach Lyphilisierung bei 4 °C.

Nach unseren Erfahrungen können Antiseren unter den oben genannten Bedingungen ohne nachweisbaren Aktivitätsverlust wenigstens 10 Jahre, monoklonale Antikörper zumindest 5 Jahre aufbewahrt werden.

Grundlagen der immunhistochemischen Technik

H. Luppa

10. Allgemeine Voraussetzungen für eine immunhistochemische Reaktion

Das Ziel jeder immunhistochemischen Reaktion ist die ortsrichtige Lokalisation einer zu untersuchenden Gewebekomponente mit Hilfe der Antigen-Antikörper-Reaktion. Dieses Ziel ist nur zu erreichen, wenn die eingesetzten Reagenzien und die angewendete Methode eine Reihe von Bedingungen erfüllen.

Dazu gehören: die Beschaffenheit der Antiseren (Serumspezifität) und die Spezifität und Zuverlässigkeit der eingesetzten Methode (Methodenspezifität, Luppa 1986a, Übersicht).

10.1 Serumspezifität

Da besonders der 1. Antikörper das Ergebnis einer immunhistochemischen Reaktion beeinflußt, müssen an ihn folgende Anforderungen gestellt werden:
Der 1. Antikörper muß
- spezifisch,
- von hoher Affinität bzw. Avidität,
- von hohem Titer sein (s. S. 69).

Die Spezifität des 1. Antikörpers wird in erster Linie während der Immunisierung des Versuchstieres festgelegt. Gute Voraussetzungen sind dann gegeben, wenn man ein reines, möglichst synthetisches Antigen zur Immunisierung verwendet. Allerdings können auch dann noch unerwünschte Antikörper auftreten, die beim Immunisierungsprozeß u. a. gegen eingesetzte Träger(Carrier)-Proteine und konjugierende Moleküle gebildet werden können. In diesem Falle ist eine
- Affinitätsreinigung (Antigen-spezifische Isolierung von Antikörpern) und/ oder
- Adsorption an Gewebepudern, u. a. Leberpuder (Entfernung unerwünschter, vorwiegend Kohlenhydrat-spezifischer Antikörper)

notwendig.
Die Affinitätsreinigung mit Hilfe der Immunadsorbenzien ist dabei der Adsorption an Gewebepudern vorzuziehen (s. S. 100).

Ein Nachteil der Immunadsorption ist, daß relativ viel reines Antigen benötigt wird. Andererseits enthalten selbst gereinigte Seren noch eine Reihe undefinierter Antikörper, die gegen unterschiedliche antigene Determinanten gerichtet sind. Diese Schwierigkeiten lassen sich durch Anwendung monoklonaler Antikörper vermeiden. Die mit der Hybridomtechnik (s. S. 78) produzierten monoklonalen Antikörper sind gut charakterisiert, von hoher Affinität und nur gegen eine einzelne antigene Determinante gerichtet. Wenn jedoch monoklonale Antikörper nicht zur Verfügung stehen, so kann die Wirkung von Verunreinigungen bei polyklonalen Antikörpern durch starke Verdünnung des ersten Antikörpers und längere Inkubation — in der Regel über Nacht — bei 4 °C vermindert werden. Zu lange Inkubationszeit sollte man bei immunelektronenmikroskopischen Untersuchungen wegen der ungünstigen Beeinflussung der Ultrastruktur in Pufferlösung vermeiden (PRIESTLEY und CUELLO 1983).

10.2. Kreuzreaktivität

In der Regel reagiert ein Antikörper allein mit dem Epitop des Antigens, gegen das der Antikörper gerichtet ist. Es besteht aber auch die Möglichkeit einer Reaktion mit ähnlichen Strukturen in anderen Substanzen. Mit diesem Problem ist besonders die Peptid-Immunhistochemie belastet, da hier die an Zahl zunehmenden Familien unterschiedlicher Peptide in ihrer molekularen Struktur häufig eng verwandt sind. Kreuzreaktivität (s. S. 56) läßt sich nicht vollständig ausschalten. Durch Verdünnung des 1. Antikörpers können jedoch niedrig affine, kreuzreagierende Antikörper unwirksam gemacht werden (VAN LEEUWEN und SWAAB 1977).

10.3. Methodenspezifität

Sieht man von der Möglichkeit einer Kreuzreaktion ab, so ist eine spezifische immunhistochemische Reaktion neben der präzisen Darstellung der gewünschten Substanz besonders durch eine geringe Hintergrundfärbung oder -fluoreszenz gekennzeichnet. Unspezifische Hintergrundfärbung ist weniger ein Problem bei den in der Immunelektronenmikroskopie üblichen Ultradünnschnitten, sondern vielmehr bei Dickschnitten, die für die Lichtmikroskopie verwendet werden. Hintergrundfärbung, die auf unspezifischer Antikörperbindung beruht, läßt sich durch folgende Maßnahmen auf ein Minimum reduzieren:

— Blockade von reaktiven Stellen an Gewebeschnitten durch Normalserum vor der Farbreaktion,
— Zusetzen von Protein zur Antikörperlösung,
— Vorinkubation der Seren mit Aceton-extrahierten Gewebepudern,
— Entfernung endogener Peroxidase- und Pseudoperoxidaseaktivität,

— optimale Verdünnung des 1. Antikörpers,
— sorgfältiges Waschen der Schnitte vor der Immunfärbung bei Objekten, die mit bifunktionellen Fixanzien in höherer Konzentration fixiert wurden.

Die Vorinkubation der Schnitte zur Absättigung unspezifischer Bindungsstellen erfolgt am besten mit Nicht-Immunserum von der Spezies, die den Brückenantikörper liefert. Es können aber auch andere Proteine dafür verwendet werden (Sofroniew et al. 1979; Vaughn et al. 1981). Schnittvorbehandlung mit Reagenzien, u. a. zur Beseitigung endogener Peroxidase und Pseudoperoxidase, sollte in der Immunelektronenmikroskopie immer dann vermieden werden, wenn ihre Wirkung auf Ultrastruktur und Antigenität nicht genau bekannt ist (Straus 1979; Weir et al. 1974).

Sorgfältiges Waschen der Schnitte vor der Immunfärbung ist erforderlich, wenn die Objekte mit bifunktionalen Reagenzien, z. B. Glutaraldehyd, höherer Konzentration fixiert wurden. Bifunktionale Reagenzien können nach Vaughn et al. (1981) zu nichtspezifischen Bindungen und mit zu unerwünschter Hintergrundfärbung führen.

Für lichtoptische Routineuntersuchungen genügt es meist, wenn zwei der angeführten Maßnahmen berücksichtigt werden: die Blockade reaktiver Stellen durch Normalserum und der Einsatz der optimalen Verdünnung des 1. Antikörpers. Die Ermittlung der optimalen Verdünnung des 1. Antikörpers sollte für jedes Immunserum individuell erfolgen. Außerdem sind die Art der Gewebevorbehandlung und des zur Untersuchung stehenden Gewebes zu berücksichtigen. Zur Testung der optimalen Verdünnung des 1. Antikörpers empfiehlt es sich, eine Verdünnungsreihe mit folgenden Konzentrationen anzufertigen:

1:100, 1:500, 1:1000, 1:1500, 1:2000.

Bei lichtmikroskopischer Kontrolle ist diejenige Verdünnung als optimal anzusehen, bei der allein das nachzuweisende Gewebeantigen in der immunhistochemischen Reaktion mit geringer oder fehlender Hintergrundfärbung präzis dargestellt wird. Hochtitrige Antiseren können über die angeführten Verdünnungsstufen hinaus weiter verdünnt werden.

Während die Konzentration des 1. Antikörpers in Abhängigkeit vom Antiserum, von der Gewebevorbehandlung und vom jeweiligen Gewebetyp variieren kann, ist bei Anwendung einer indirekten immunhistochemischen Reaktion (s. S. 135) die Konzentration des 2. Antikörpers generell 1:10. Diese Konzentration gewährleistet, daß der 2. Antikörper im erforderlichen Überschuß vorhanden ist

Bigbee-Effekt: Zu hohe Konzentrationen (z. B. 1:20, 1:50) des 1. Antikörpers können in Abhängigkeit von der Epitopdichte bei Anwendung der PAP-Technik dazu führen, daß sich der Brückenantikörper infolge intensiver Reaktion des 1. Antikörpers mit dem Gewebeantigen (hohe Antikörperdichte) durchweg an beiden Fab-Bindungsstellen bindet. Eine Färbung mit dem PAP-Komplex ist aber nur dann möglich, wenn eine freiliegende Fab-Bindungsstelle zur Aufnahme des PAP-

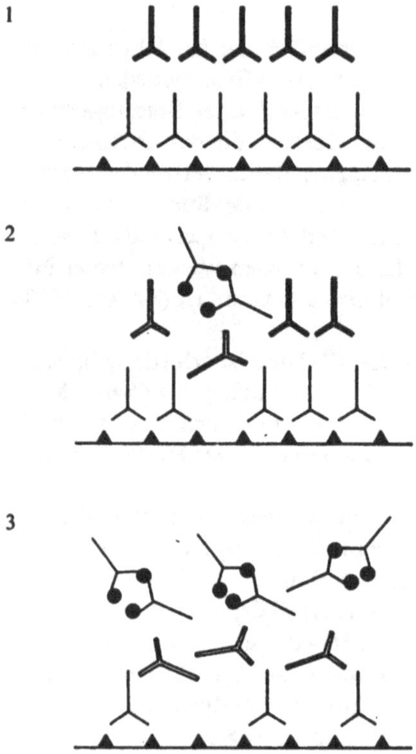

Abb. 39. Schematische Darstellung des „Bigbee-Effektes“. 1 sterische Behinderung durch vollständige Bindung des Brückenantikörpers infolge zu hoher Antiserumkonzentration (1 : 50). Daher keine positive Färbung; 2 mittlere Serumkonzentrationen (1:250). Schwache Farbreaktion, da nur einige Brückenmoleküle einfach gebunden werden; 3 niedrige Antiserumkonzentration (1:1000), starke Verringerung der vollständigen Bindung der Brückenmoleküle, dadurch gesteigerte Färbung.

Moleküls vorliegt (BIGBEE et al. 1977; Abb. 39). Es kommt zu einem falsch-negativen Reaktionsergebnis, obwohl das nachzuweisende Antigen im Schnitt vorhanden ist und auch sonst alle Voraussetzungen für eine spezifische Reaktion (Serumspezifität, Methodenspezifität) gegeben sind. Nach Einsatz stärker verdünnter Antiseren wird das Reaktionsergebnis positiv. Dabei ist zu berücksichtigen, daß Serumverdünnungen gewebeabhängig sind. Der Bigbee-Effekt tritt besonders dann auf, wenn das zu untersuchende Gewebeantigen in höherer Konzentration vorliegt und seine Inaktivierung infolge schonender Gewebevorbehandlung (optimale Fixation; Gefrier- oder Vibratomschnitte anstelle von Paraffinschnitten) gering ist.

10.4. Spezifitätstests

Jeder immunhistochemische Nachweis muß durch Kontrollreaktionen auf seine Spezifität geprüft werden. Dabei sind besonders 2 Fragen zu klären:
- die Zuverlässigkeit der angewendeten Methode und
- der Nachweis, daß die Farbreaktion spezifisch ist, d. h. daß die positive Färbung ausschließlich von der immunchemischen Reaktion zwischen dem primären Antikörper im ersten Antiserum und dem Gewebeantigen stammt.

Kriterien für die Zuverlässigkeit einer immunhistochemischen Reaktion wurden bisher nicht eindeutig definiert (s. Petrusz et al. 1980). Nach Borth (1952) gibt es folgende 4 Zuverlässigkeits-Kriterien: Genauigkeit, Präzision, Sensitivität und Spezifität (Einzelheiten bei Petrusz et al. 1980). International erprobte Methoden können als zuverlässig angesehen werden, wenn die erforderlichen Reagenzien (Reinheit, keine Überalterung, Serumspezifität, Methodenspezifität) und das zu untersuchende Gewebe (Erhaltung der Antigendeterminanten) den Kriterien entsprechen.

Eine immunhistochemische Färbung sollte in Gewebepräparationen immer nur dort auftreten, wo auch das entsprechende Antigen vorkommt. Die Färbung sollte auf die Antigenlokalisation beschränkt und durch den Antikörper verursacht sein. Zum Nachweis einer spezifischen Reaktion sind folgende Kontrollen notwendig:

a) Ersetzen des 1. Antikörpers durch nichtimmunes IgG in der gleichen Verdünnung wie im Hauptversuch (negative Kontrolle). Ergebnis: keine Färbung. Tritt die gleiche Färbung im Hauptversuch auf, so ist diese entweder auf unvollständig blockierte endogene Peroxidase oder auf unspezifische Aufnahme des nichtimmunen IgG oder des 2. Antikörpers zurückzuführen.
b) Adsorptionskontrollen durch Inkubation des Antigens mit dem Antikörper 12—14 h bei 4 °C vor der Färbung. Der Antikörperlösung sollte dabei 0,1 % Rinderserumalbumin enthalten. Ergebnis: negative Färbung.
c) Hemmung der Färbung durch Gewebevorbehandlung mit nichtkonjugiertem Antikörper, sog. Blockadetest.

Artefakte können auf „falsch-positiven" und „falsch-negativen" Farbreaktionen beruhen. Sie haben ihre Ursache vor allem in unbrauchbaren

Immuncytochemischen Reagenzien
- Antikörperpräparationen mit Verunreinigungen und kreuzreagierenden Antikörpern,
- Markersubstanzen mit molekularer Heterogenität und Unreinheiten: unkontrollierte Konjugation,
- Verunreinigungen durch unkonjugierte Antikörper; falsch-negative Färbeergebnisse.

Gewebepräparationen

Zellschädigungen, ungenügende Fixation und Einflüsse bei der Gewebebehandlung können ebenfalls zu „falsch-negativen“ und „falsch-positiven“ Farbreaktionen führen“ (s. 112).

Unerwünschte immunhistochemische Farbreaktionen sind außerdem durch Ionenbindung, Rezeptorbindung und Komplementbindung möglich. Das von Grube (1980) untersuchte Phänomen der Ionenbindung beruht auf unspezifischer Antikörperadsorption an Gewebeschnitten, ausgelöst durch Ionenkräfte. Es spielt bei hoch verdünnten Antikörpern keine Rolle. Das gleiche trifft für die Komplementbindung zu, die im Antiserum bei der Bindung an das Gewebe und dem darauffolgenden Bindungsprozeß des 2. Antikörpers zustandekommen kann (Polak und Van Noorden 1983). Adsorbierte Antikörperlösung mit Antigen-Antikörperkomplexen kann im Gewebe vorhandene Antigenrezeptoren unter der Voraussetzung binden, daß sich die Rezeptor-Bindungsstelle am Antigen von der Antikörperbindungsstelle unterscheidet (Polak und van Noorden 1983).

10.5. Visualisierung der immunhistochemischen Reaktion

Eine immunhistochemische Reaktion muß für die Auswertung im Licht-, Fluoreszenz- oder Elektronenmikroskop sichtbar gemacht werden. Zu diesem Zweck werden Markersubstanzen verwendet, die mit Hilfe einer chemischen Reaktion in ein farbiges Reaktionsendprodukt umgewandelt bzw. durch die Elektronendichte der Markersubstanz (Metallmarker) sichtbar gemacht werden. In der Praxis steht die histochemische Darstellung des Enzyms Peroxidase im Mittelpunkt, das bei den Immunperoxidase-Techniken (s. 155) als Markerenzym verwendet wird. Meerrettichperoxidase ist auf Grund umfangreicher Untersuchungen (Übersichten bei Sternberger 1979, Boorsma 1983) als Markerenzym besonders geeignet, da es den Kriterien für die Auswahl eines Enzyms als Nachweismolekül am besten entspricht. Weitere erfolgreich eingesetzte Markerenzyme sind: Alkalische Phosphatase (Avrameas 1969), saure Phosphatase (Ram et al. 1966), β-Galactosidase (Ternynck und Avrameas 1976), Glukoseoxidase (Kuhlmann 1970; Suffin et al. 1980; Clark et al. 1982).

Peroxidase kann mit der von Graham und Karnovsky (1966) entwickelten Diaminobenzidin(DAB)-Methode histochemisch zuverlässig dargestellt werden. Das Reaktionsprodukt ist ein dunkelbraunes, amorphes, in Wasser und Ethanol unlösliches Präzipitat, für dessen Bildung folgender Mechanismus angenommen wird: Peroxidase überträgt Elektronen vom DAB auf Wasserstoffperoxid, das dabei zu Wasser reduziert wird. Bei diesem Vorgang kommt es zu einer oxidativen Polymerisation und Zyklisierung (Abb. 40). Es entsteht ein Phenazinpolymer (ein dunkelbraunes, amorphes Präzipitat), das mit Osmiumtetroxid in ein unlösliches,

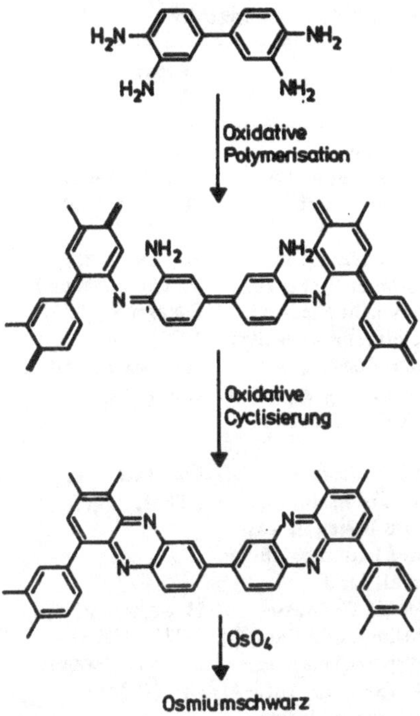

Abb. 40. Möglicher Chemismus der Farbstoffentwicklung bei der DAB-Reaktion mit anschließender Osmierung.

amorphes Chelat umgewandelt werden kann (Seligman et al. 1968).
Vorteile der Peroxidasemarkierung mit Hilfe der DAB-Reaktion sind:
- die hohe Zuverlässigkeit und Ökonomie der Methode,
- die Stabilität des gefärbten Reaktionsproduktes, so daß gefärbte Schnitte als Dauerpräparate aufbewahrt werden können.

Nachteile der DAB-Methode:
- die Darstellung endogener Peroxidasen (dies betrifft alle histochemischen Peroxidasenachweise),
- kanzerogene Eigenschaften von Diaminobenzidin.

Die angeführten Vorteile überwiegen jedoch gegenüber den Nachteilen. Aus diesem Grunde hat sich die DAB-Methode in der Praxis allgemein durchgesetzt. Weitere erfolgreich angewendete Indikatoren zur Sichtbarmachung der Peroxidaseaktivität sind in Tab. 14 zusammengestellt.

Tabelle 14. Chromogene Indikatoren zur Sichtbarmachung der Peroxidaseaktivität

Chromogener Indikator	Farbe des Reaktionsproduktes	Eigenschaften	Literatur
3,3'-Diaminobenzidintetrahydrochlorid	braun; nach Osmierung, braunschwarz	amorph, fettunlöslich; Ethanolentwässerung und Eindecken in organische Medien möglich	GRAHAM und KARNOVSKY (1966); SELIGMAN et al. (1968)
4-Chlor-1-naphthol (auch Naphthol-Derivate möglich; s. NAKANE u. HARTMAN 1980)	blau	in organischen Lösungsmitteln löslich, daher Eindecken in wasserlöslichem Medium (Glyceringelatine) notwendig; DAB-Partner-Reagens bei Doppelfärbungen; geeignet für Rasterelektronenmikroskopie	NAKANE 1968); VANDESANDE und DIERICKX (1975, 1979); NAKANE und HARTMAN (1980, Übersicht)
3-Amino-9-ethylcarbazol	rot	wasserunlöslich, löslich in Fett und Fettlösungsmitteln; Eindecken am besten in wasserlöslichem Medium; weniger empfindlich als DAB	GRAHAM et al. (1965);
p-Phenylendiamin-pyrocatechol	blauschwarz	nach Osmierung Entwässerung; Aufhellung und Eindecken in organischen Medien möglich; Reagens zur Aufbewahrung weniger geeignet; erfaßt keine tierischen endogenen Peroxidasen	HANKER et al. (1977); POLAK und VAN NOORDEN (1983)
Benzidin	blau (Benzidinblau)	instabil, geht von Benzidinblau in Benzidinbraun über; nicht absolut wasserunlöslich, Neigung zur Rekristallisation; Lokalisation schlechter als mit DAB-Verfahren	WILLSTÄTTER und KALB (1906)

11. Gewebevorbehandlung

Die immunhistochemische Darstellung und Visualisierung einer Antigen-Antikörper-Reaktion in Zellen und Geweben erfordert eine Gewebevorbehandlung, die drei Ziele verfolgt:

— Erhaltung der Antigenität,
— Zugänglichkeit des Antigens,
— Erhaltung der Zell- und Gewebestruktur.

Jede Form der Gewebebehandlung kann die Antigenstruktur verändern. Da das Endprodukt einer immuncytochemischen Reaktion gut lokalisiert und cyto-

oder histologisch auswertbar sein muß, ist in den meisten Fällen ein Kompromiß zwischen der Erhaltung der Antigenstruktur und der Zellstruktur erforderlich. Zur Gewebevorbehandlung gehören die Fixation sowie die verschiedenen Verfahren der Gewebeeinbettung und der Schnittgewinnung.

Der erste, das Ergebnis einer immuncytochemischen Reaktion erheblich beeinflussende Schritt der Gewebevorbehandlung ist die Fixation. Sie läßt sich durch Verwendung unfixierter Gefrier- oder Vibratomschnitte (s. S. 126) umgehen, Unfixiertes Material wird in der Immunhistochemie allerdings nur selten verwendet, da die Gefahr des Herauslösens zahlreicher Komponenten besteht. Neben der Fixation müssen noch folgende, die Antigenität entscheidend beeinflussende Faktoren berücksichtigt werden:

— die Entwässerung durch verschiedene Medien (Ethanol, Aceton, Methylbenzoat u. a.);
— der Temperatureinfluß bei der Durchtränkung mit Paraffin;
— chemische Reaktionen bei der Behandlung mit Kunstharzeinbettungsmedien (z. B. Methacrylat, Epoxidharze u. a.).

Für eine optimale Gewebevorbehandlung ist es notwendig, den Einfluß der angeführten Faktoren auf die Antigenität so weit wie möglich einzuschränken. Diese Bedingungen werden von der Kryostat- und Vibratomtechnik unter der Voraussetzung erfüllt. daß die Antikörper die Antigenorte erreichen können (s. S. 128). Dünne Kryostatschnitte gut fixierten Untersuchungsmaterials sind daher besonders geeignet.

11.1. Fixation

Bei der überwiegenden Zahl immunhistochemischer Reaktionen wird zur Stabilisierung von Zellen und Geweben die chemische Fixierung angewendet. Die Gefriertrocknungstechnik kann zur Darstellung löslicher Antigene herangezogen werden. Das Gefrieraustauschverfahren wurde in Verbindung mit immunhistochemischen Untersuchungen bisher nicht ernsthaft geprüft.

Chemische Fixierung führt in jedem Fall zu Veränderungen der Antigenstruktur, deren Ausmaß sich nur empirisch aus Vergleichsuntersuchungen ermitteln läßt. Das Ergebnis eines Antigennachweises sollte daher stets im Hinblick auf die Fixation beurteilt werden. Neben der unmittelbaren Reaktion der Fixierungsmittel sind zu berücksichtigen:

— pH-Wert und Isotonie,
— Fixierungstemperatur,
— Dauer der Fixierung.

Zell- und Gewebestabilisierung durch Lufttrocknung wird in erster Linie bei Ausstrichpräparaten, Gewebeeinfrieren ohne chemische Fixierung zum Nachweis

Tabelle 15. Fixierung für die lichtmikroskopische Immunhistochemie

Fixans	Zusammensetzung	Fixationstemperatur/ Fixationsdauer	Anwendung	Bemerkungen
Paraformaldehyd (Pease 1962; Hökfelt 1975)	4% Paraformaldehyd in 0,1 M Natriumphosphatpuffer, pH 7,2—7,4	20 °C, 4—6 h; 4 °C, 6—12 h	Routinefixation (u. a. für Biopsiematerial bei Paraffineinbettung)	in Verbindung mit Kryostatschnitten zur Darstellung von Antigenen mit unbekannter Lokalisation geeignet
Ethanol (Sainte-Marie 1962; Brandtzaeg 1974; Borowitz et al. 1981, 1982)	95% Ethanol	20 °C oder 4 °C, 15-24 h bei Paraffineinbettung; 4 °C, 5—15 min Nachfixation von Kryostatschnitten	Darstellung von Oberflächenantigenen an Kryostatschnitten; Rind—IgG, Influenzavirus A	Entwässern und Aufhellen vor der Paraffineinbettung bei 4 °C
Bouinsches Gemisch	150 ml gesättigte wäßrige Pikrinsäurelösung, 50 ml Formaldehyd, 10 ml Eisessig	20 °C, mehrere h bis Tage	Darstellung vieler Peptidhormone an Paraffinschnitten möglich	einige Antigene werden vollständig zerstört; Weglassen von Eisessig verbessert in vielen Fällen das Reaktionsergebnis
Zamboni-Gemisch (Zamboni und De Martino 1967)	20 g Paraformaldehyd, 150 ml gesättigte wäßrige Pikrinsäure, Phosphatpuffer/Paraformaldehyd wird unter Erwärmen und tropfenweiser Zugabe von 2,5% NaOH in der Pikrinsäure gelöst und mit Phosphatpuffer (3,31 g $NaH_2PO_4 \cdot H_2O$ in 1 l Aqua dest.) auf 1000 ml aufgefüllt.	20 °C, 30 min bis 8 h	besonders zur Darstellung von Peptiden	gute Strukturerhaltung, auch im elektronenoptischen Bereich

Tabelle 15. Fortsetzung

Fixans	Zusammensetzung	Fixationstemperatur/ Fixationsdauer	Anwendung	Bemerkungen
Bouin-Hollande	4% Paraformaldehyd, 4% Pikrinsäure, 2% Kupferacetat, 10% Sublimat	20 °C, 24—48 h	Besonders zur Darstellung niedermolekularer, löslicher Peptide, u. a. auch von Somatostatin	Störende Sublimatniederschläge müssen sorgfältig beseitigt werden
Benzochinon (PEARSE und POLAK 1975)	0,4—0,5% gereinigtes Benzochinon in Phosphatgepufferter physiologischer Kochsalzlösung (PBS; pH 7,4)	4 °C, 1—4 h	Peptiddarstellung, besonders Gastrin, Sekretin, Motilin	Kommerzielles Benzochinon muß vor Gebrauch gereinigt werden; 3% Benzochinon ist als Fixans weniger geeignet.
Gefriertrocknung mit anschließender Dampffixation in Paraformaldehyd, p-Benzochinon oder Diethylpyrocarbonat	2% Paraformaldehyd 0,4—0,5% Benzochinon in PBS, pH 7,4	50—60 °C 50—60 °C, 2 h	Intrazelluläre, wasserlösliche Antigene; Peptide in endokrinen Zellen	Für Membranantigene nicht geeignet.

sehr geringer Antigenität angewendet. Bei unfixierten Gefrierschnitten können lösliche Antigene während der Inkubation in das Inkubationsmedium diffundieren oder sich an benachbarten Gewebestrukturen niederschlagen und Diffusionsartefakte bilden.

Die chemischen Fixierungsmittel lassen sich in konventionelle und konformationserhaltende Fixanzien einteilen. Zu den konventionellen Fixationsmitteln gehören in der Hauptsache die traditionellen, von der Histologie her bekannten Fixierungen, wie z. B. Aldehyde, Pikrinsäuregemisch, Osmiumtetroxid, Ethanol und Aceton. Carbodiimide und Diimidoester werden den konformationserhaltenden Fixierungsmitteln zugeordnet.

11.1.1. Aldehyde

Die Hauptvertreter dieser Gruppe, Formaldehyd und Glutaraldehyd, werden wegen ihrer strukturerhaltenden Eigenschaften häufig in der Immunhistochemie eingesetzt. Beide Fixanzien können theoretisch mit folgenden Gruppen reagieren: Amino-, Amido-, Sulfhydryl-, Guanido- und phenolischen OH-Gruppen. Da die genannten Aminogruppenverbindungen zum überwiegenden Teil relativ labil sind, läßt sich durch Spülen mit Puffer (s. S. 140) oder mit Wasser ein Teil dieser Bindungen bei Verwendung von Formaldehyd wieder lösen. Auf diese Weise wird auf Kosten einer gewissen Destabilisierung des Gewebes Antigenreaktivität wieder zurückgewonnen.

In bezug auf die Erhaltung der Antigenität von Proteinen und Peptiden gilt Formaldehyd allgemein als relativ mildes Fixationsmittel. Es ist daher als Standardfixans zum Nachweis von unbekannten Antigenen und für Untersuchungen an Biopsiematerial zu empfehlen (Hökfelt et al. 1975; Petrusz et al. 1975, 1980; Larsson et al. 1978). Zufriedenstellende Resultate liefert eine 2—4%ige Formaldehydlösung (hergestellt aus Paraformaldehyd) in Phosphatpuffer, pH 7,2 bis 7.4 (Tab. 15).

Glutaraldehyd besitzt gegenüber Formaldehyd Vorteile in der Erhaltung der Gewebestruktur. Der Denaturierungseffekt ist aber größer und im Gegensatz zum Formaldehyd irreversibel. Mit Glutaraldehyd denaturierte Antigenität, z. B. von Peptiden, läßt sich daher nicht wieder herstellen (Larsson 1981). Die durch Glutaraldehyd bewirkte stabile intra- und intermolekulare Vernetzung von Proteinmolekülen wird vermutlich durch Reaktionen mit ε-Aminogruppen von Lysinketten hervorgerufen (Hopwood 1972).

Einen guten Kompromiß zwischen Strukturerhaltung und Bewahrung der Antigenität liefern Glutaraldehydkonzentrationen zwischen 1 und 2%. Auch Konzentrationen unter 1% ergeben bei kleinen Gewebeproben eine vertretbare Ultra-

Tabelle 16. Fixierung für die elektronenmikroskopische Immuncytochemie

Fixans	Zusammensetzung	Fixationszeit/ Fixationstemperatur	Anwendung	Bemerkungen
Paraformaldehyd (PEASE 1962)	siehe Tab. 15	10—15 min Perfusion 20 °C; 1—24 h Immersionsfixation	Routinefixation, auch in Verbindung mit der Preembedding-Technik	siehe Tab. 15
Glutaraldehyd (VAN EWIJK et al. 1980)	0,1—1 % gereinigter Glutaraldehyd in PBS, pH 7,2	30 min Perfusion	Oberflächenantigene	Differenzierter Abfall der Antigenität
Karnovsky-Gemisch (KARNOVSKY 1965)	3 % Paraformaldehyd und 2 % Glutaraldehyd in in 0,1 M Natriumphosphatpuffer, pH 7,3 (Paraformaldehyd wird unter Erwärmung im Puffer gelöst.)	5—10 min Perfusion 20 bzw. 4 °C; 15 min bis 1 h Nachfixation, 4 °C	Lokalisation u. a. von Peptidantigenen	Gute Erhaltung der Feinstruktur
Periodat-Lysin-Paraformaldehyd-Gemisch (MCLEAN und NAKANE 1974)	A. Pufferlsg. 0,2 M Lysinhydrochlorid in dest. Wasser, 0,1 M zweibasisches Natriumphosphat bis pH 7,4. Lysinhydrochlorid mit 0,1 M Phosphatpuffer, pH 7,4, auf 0,1 M verdünnen. B. Paraformaldehyd (PFA): 40 g PFA in 100 ml bidest. Wasser erhitzen auf 60 bis 65 °C, einige Tropfen NaOH zufügen, bis Lösung klar. 5,4 g Sucrose zusetzen.	4 °C, 3 h; anschließend je 4 h in Phosphat-gepufferter Sucrose (7, 15 und 25 %) unter Bewegung waschen	Routinefixation, besonders für Glykoproteinhormone	Gute Antigenstabilisierung ohne Zerstörung der Antigenität

Tabelle 16. Fortsetzung.

Fixans	**Zusammensetzung**	**Fixationszeit/ Fixationstemperatur**	**Anwendung**	**Bemerkungen**
	C. Fixationslsg. Vor Gebrauch 3T A zu 1T B zugeben, Na-m-Periodat bis zu einer Konz. von 0,01 M zufügen.			
Dimethylsuberimidat-Fixation (HASSELL und HAND 1974)	Aqua dest. 7,8 ml; 1,0 N NaOH, 1,2 ml; Tris (hydroxymethyl) aminomethan 121—180 mg; Dimethylsuberimidatdihydrochlorid 160—200 mg; Lösung wird mit HCl oder NaOH auf pH 9,5 eingestellt und tropfenweise 1 ml 0,2 M $CaCl_2$ hinzugefügt.	20 °C, 2 1/2 h; danach 18 h in 0,1 M Natriumcacodylatpuffer, pH 7,4, mit einem Zusatz von 7,5% Sucrose spülen.	konformationserhaltende Fixierung; Oberflächenantigene, intrazelluläre Antigene	kleine Gewebeproben erforderlich; Fixans unmittelbar vor Gebrauch herstellen!
Ethyldimethylaminopropylcarbodiimid-Glutaraldehyd-Gemisch (WILLINGHAM und YAMADA 1979, WILLINGHAM 1980)	1% Ethyldimethylaminopropyl-Carbodiimid, 0,3 Glutaraldehyd, 1,4% Tris, 50% PBS, 50 mM PO_4, pH 7,0	7 min, 23 °C	elektronenmikroskopischer Antikörpernachweis an kultivierten Zellen	Fixierungsgemisch ist niedrig konzentrierten Glutaraldehydlösungen überlegen; zur Verbesserung der Membran- und Matrix-Permeation wird eine Behandlung mit 0,02% Saponin angeschlossen.

struktur bei gleichzeitiger Erhaltung einer gewissen Antigenität von Proteinen und Peptiden (KRAEHENBUHL und JAMIESON 1974, Tab. 16).

Gute Fixationsergebnisse wurden in den letzten Jahren mit Glutaraldehydkombinationen erzielt. Unter den erprobten Varianten hat sich als Standardfixans eine Kombination von 2—4% Paraformaldehyd und 0,1% Glutaraldehyd in 0,1 M Phosphatpuffer, pH 7,4 bewährt (PRIESTLEY und CUELLO 1983). Diese Kombination kann für licht- und elektronenmikroskopische Untersuchungen verwendet werden.

Neben Kombinationen von Glutaraldehyd mit Formaldehyd sind Kombinationsfixationen mit wasserlöslichen Carbodiimiden zu erwähnen (WILLINGHAM und YAMADA 1979, WILLINGHAM 1980, Tab. 16).

11.1.2. Pikrinsäuregemische

Pikrinsäuregemische haben sich besonders in der Peptid-Immunhistochemie bewährt (DUBOIS 1980, Übersicht). Sie werden hauptsächlich in 3 Varianten angewendet: im Gemisch mit Formaldehyd und Eisessig (BOUIN), mit gepuffertem Formaldehyd (STEFANINI-ZAMBONI-Gemisch) und mit Formaldehyd und Kupferacetat unter Sublimatzusatz (BOUIN-HOLLANDE, Tab. 15). Da Eisessig eine lösende Wirkung ausübt, die besonders bei kurzkettigen Antigenen zu Substanzverlusten führen kann, wird diese Komponente bei Fixation mit BOUIN häufig weggelassen. Der Sublimatzusatz im BOUIN-HOLLANDE-Gemisch bewirkt offenbar eine Fällung niedermolekularer Peptide und ermöglicht so ihre immuncytochemische Darstellung.

Die Gemische nach BOUIN und BOUIN-HOLLANDE sind in ihrer Anwendung ausschließlich auf den lichtoptischen Bereich beschränkt. Das STEFANINI-ZAMBONI-Gemisch ist wegen seiner guten Erhaltung der Ultrastruktur auch für den elektronenmikroskopischen Antigennachweis geeignet (STEFANINI et al. 1967, DAIKOKU et al. 1982).

11.1.3. Ethanol und Aceton

Da Ethanol und Aceton an aktiven Gruppen keine irreversiblen Veränderungen hervorrufen, sind beide zur Darstellung von Proteinen geeignet. In der Praxis haben sich folgende Anwendungen bewährt:

— 95%iges kaltes Ethanol (ohne und mit Zusatz von Eisessig) zur Erhaltung diffusibler extrazellulärer Antigene (SAINTE-MARIE 1962; BRANDTZAEG 1974; KUHLMANN 1977; ROGNUM et al. 1980; OH et al. 1981),

— Ethanol-Ether (60 vol/40 vol) — Fixation luftgetrockneter Zellsuspensionen KUHLMANN 1977),

— Aceton und Ethanol — Fixation von Kryostatschnitten,
— Aceton bei —20° C — Fixierung luftgetrockneter Kryostatschnitte zur Lokalisation von Oberflächenantigenen (BOROWITZ et al. 1981, 1982).

11.1.4. Osmiumtetroxid

OsO_4 bewirkt Vernetzungen zwischen Proteinen sowie zwischen Proteinen und Lipiden. Der überwiegende Teil der Antigendeterminanten wird durch OsO_4 zerstört. In vielen Fällen reicht jedoch die Restaktivität für die erfolgreiche Anwendung empfindlicher immunhistochemischer Methoden aus. Hier sind die Möglichkeiten der OsO_4-Fixation noch nicht ausgeschöpft. So hat sich OsO_4 für die Erhaltung der Antigenstruktur des Wachstumshormons als geeignetes primäres Fixans erwiesen (LI et al. 1977).

11.1.5. Carbodiimide und Diimidoester

Carbodiimide und Diimidoester sind milde bifunktionelle Reagenzien, die geringgradige, ausreichende Vernetzungen knüpfen und nur wenige Ladungsveränderungen verursachen. Auf Grund dieser Eigenschaften bewirken sie nur unerhebliche Konformationsveränderungen und werden daher in die Gruppe der konformationserhaltenden Fixierungsmittel eingeordnet (HASSEL und HAND 1974; WILLINGHAM und YAMADA 1979; HALBHUBER 1980).

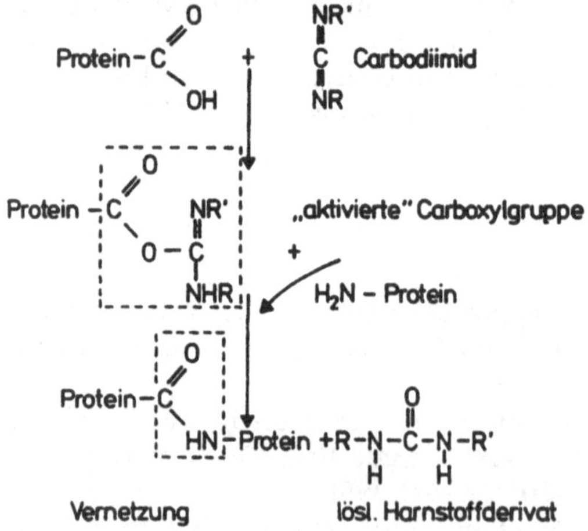

Abb. 41. Amidierungsreaktion mit einem bifunktionellen Imidoester.

Carbodiimide reagieren im neutralen pH-Bereich besonders mit Seitenketten-COOH-Gruppen von Proteinen, Peptiden und Aminosäuren. Man nimmt an, daß sich diese Reaktionen günstig auf die Erhaltung der Antigenaktivität auswirken (GEYER 1977). In der Immunhistochemie wurden bisher besonders Carbodiimid-Kombinationen erfolgreich angewendet.

Diimidoester sind ebenfalls milde Proteinvernetzer mit einer bevorzugten Reaktion mit ε-Aminogruppen des Lysins von Proteinen und Peptiden (LI et al. 1974; WHITELEY et al. 1974, Abb. 41). Sie können in Lösung als flüssige Fixationsmittel (PEARSE und POLAK 1975; PEARSE 1980) wie auch in der Dampfphase bei 60 °C als kleine, gefriergetrocknete Gewebeblöcke mit Erfolg eingesetzt werden. Kombination mit niedrig konzentriertem Glutaraldehyd führt zur Bewahrung der Morphologie durch Erhaltung der Organellenstruktur und der räumlichen Beziehungen der Cytosolkomponenten (WILLINGHAM und YAMADA 1979, Tab. 16).

11.1.6. Chinone, Pyrocarbonate und andere Fixantien

Chinone und Pyrocarbonate sind ebenfalls bifunktionelle Fixierungsmittel und nach ihrem Wirkungsmechanismus milde Proteinvernetzer (HALBHUBER 1980).

Aus der Gruppe der Chinone hat sich Benzochinon bei der Dampffixation gefriergetrockneten Gewebes in der Immunhistochemie bewährt (POLAK et al. 1974a, 1974b; PEARSE et al. 1974a, 1974b, 1975, 1980, Tab. 15). Es reagiert mit primären Aminogruppen und bildet über Additionsprodukte mit eng benachbarten freien Amino- und Sulfhydrylgruppen Vernetzungen (Einzelheiten bei HALBHUBER 1980; Abb. 42). p-Benzochinon kann bei der Dampf- und Immersionsfixation in niedriger Konzentration bei 4 °C zur Darstellung von Peptidantigenen verwendet werden.

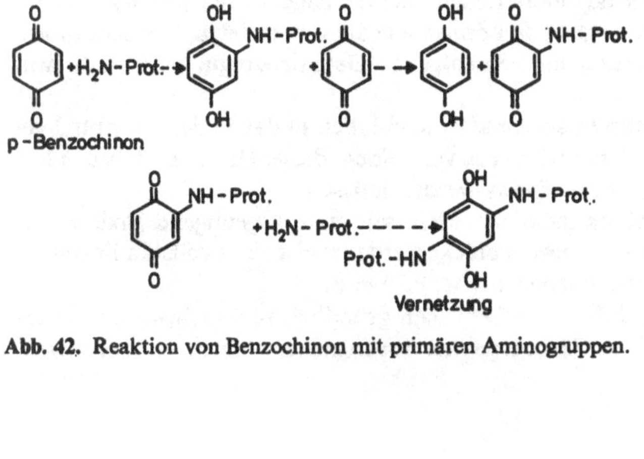

Abb. 42. Reaktion von Benzochinon mit primären Aminogruppen.

Als Dampffixationsmittel sind für immunhistochemische Untersuchungen ferner Diethylpyrocarbonat und Diacetyl (2, 3-Butandion) geeignet (PEARSE 1980). Diethylpyrocarbonat ergibt eine sehr gute Erhaltung von Antigendeterminanten, besonders auch von Peptiden, deren Antigenstruktur durch Aldehydfixation zerstört wird (LARSSON 1976). Diacetyl wurde an gefriergetrocknetem Material mit guten Fixationsergebnissen zur Erhaltung der Antigenaktivität von Gastrin, Sekretin, Motilin und GIP eingesetzt (PEARSE 1980). Bei Dampffixation mit Diethylpyrocarbonat muß mit der Möglichkeit von Diffusionsartefakten gerechnet werden (LARSSON 1981).

Zur Darstellung von Peptiden und Proteinen mit Zuckerresten wurde von MC-LEAN und NAKANE (1974) ein Periodat-Lysin-Paraformaldehyd-Gemisch eingeführt. Der Reaktionsmechanismus beruht auf einer Periodat-Oxidation der Gewebekohlenhydrate zu Aldehyden, die danach durch beide Aminogruppen des Lysins vernetzt werden. Der im Gemisch vorhandene Paraformaldehyd hat lediglich die Aufgabe, intrazelluläre Proteine und Lipide zu stabilisieren.

Das Periodat-Lysin-Paraformaldehyd-Gemisch hat sich auf Grund seiner guten strukturerhaltenden Eigenschaften zur Stabilisierung von Glykopeptiden und Glykoproteinen in verschiedenen Anwendungsgebieten der Immunhistochemie als sehr geeignetes Fixans erwiesen.

Zur Erhaltung der Antigenität wird vielfach die Perfusionsfixation mit anschließender Nachfixierung bei 0 °C bevorzugt. Die Fixationszeit wird dabei im allgemeinen von der Größe der Gewebeprobe und dem nachzuweisenden Antigen bestimmt. Die kalte Nachfixation erfolgt gewöhnlich im Kühlschrank über Nacht. Bei kleineren Objekten genügen wesentlich kürzere Fixationszeiten. Hinsichtlich der Dauer der Fixation ist zu berücksichtigen, daß Proteinmoleküle in Abhängigkeit von der Fixationszeit offenbar in unterschiedlichem Ausmaß denaturiert werden. Untersuchungen von VAN EWIJK et al. (1980) konnten diese Annahme für bestimmte Proteinmoleküle der Zelloberfläche bestätigen.

Die Bedeutung der Fixation als dem ersten Schritt der Gewebebehandlung wird besonders durch die Tatsache unterstrichen, daß die Ergebnisse einer immuncytochemischen Reaktion nur so gut sein können wie die verwendeten Gewebeproben.

Für eine optimale Fixation müssen folgende Grundbedingungen erfüllt werden:

— Die Gewebeproben müssen so schnell wie möglich in das Fixierungsmittel gebracht werden, um ein Austrocknen zu vermeiden; dieser Hinweis gilt besonders für Zellausstriche, die sofort fixiert werden müssen;
— Die Gewebeblöcke sollten möglichst klein sein und in genügend Fixiermittel gebracht werden. Größere Gewebeblöcke werden meist nicht vollständig durchdrungen. Die Folge ist nichtspezifische Färbung;
— Nach der Fixation sind die Gewebeproben gründlich zu waschen, um Fixiermittelrückstände, welche Färbeartefakte verursachen können, zu beseitigen.

Je nach Art der Untersuchung ist es günstig, ein Fixationsprotokoll anzufertigen, in dem die Abhängigkeit der Fixierung von der Größe, Struktur und Art des zu untersuchenden Antigens berücksichtigt wird. Beim Einsatz verschiedener Fixiermittel ist das Ergebnis unterschiedlicher Fixationszeiten in bezug auf die Erhaltung des Antigens sorgfältig zu registrieren.

11.2. Weiterbehandlung der fixierten Objekte

Nach der Fixation werden die Objekte mit dem Ziel weiterbehandelt, Schnitte für die immunhistochemische Reaktion zu gewinnen. Zu diesem Zweck stehen folgende Techniken zur Verfügung:

— die Paraffintechnik,
— die Kryostattechnik,
— Gefriertrocknungstechnik,
— die Vibratomtechnik,
— das Gefrieraustauschverfahren,
— Ultradünnschnittechniken.

Die genannten Techniken haben Vor- und Nachteile in bezug auf die Erhaltung der Antigenität und der Struktur des Objekts.

11.2.1. Paraffintechnik

Diese Technik wurde in Verbindung mit der klassischen Histologie entwickelt und zur Anwendung in der lichtoptischen Cytologie und in der Histochemie verfeinert. In der Immunhistochemie ist sie besonders für Routineuntersuchungen, aber auch für Forschungszwecke, unter der Voraussetzung geeignet, daß Fixation, Nachbehandlung und Paraffineinbettungsprozedur optimal auf das Objekt abgestimmt sind. Ein Nachteil der Technik ist die stärkere Beeinflussung der Antigenstruktur u. a. durch die Entwässerungsprozedur der Gewebestücke in lösend wirkenden Medien und durch die Temperaturbelastung beim Überführen der Objekte in flüssiges Paraffin. Diese Nachteile lassen sich jedoch durch schonende Gewebebehandlung, wie Entwässerung bei Kühlschranktemperatur, verkürzte Paraffindurchtränkung im Vakuumtrockenschrank bei maximal 60 °C, einschränken. Ein wesentlicher Vorteil der Paraffintechnik ist die Möglichkeit, von beliebigen Objekten gleichmäßige Schnittserien in einer Dicke von 3—10 µm anfertigen zu können.

Bei der praktischen Durchführung der Paraffineinbettung ist zur Vermeidung nichtspezifischer, auf Paraffinrückständen beruhender Hintergrundfärbung folgendes zu beachten:

— Die Temperatur der Paraffinstufen und des Einbettungsmediums sollte maximal 60 °C betragen,
— die Objektträger mit den gestreckten Paraffinschnitten sollten vor der Entparaffinierung 30 min in einem Trockenschrank bei einer Temperatur unter 60 °C gebracht werden,
— zur vollständigen Entfernung des Einbettungsmediums sollte die Entparaffinierung der Paraffinschnitte über 2 Stufen reinen Xylols oder Toluols erfolgen,
— Xylol- bzw. Toluolmenge und Objektträgerzahl sollten abgestimmt sein (Richtwert: bei 250 ml Xylol maximal 50 Objektträger).

11.2.1.1. Befestigung (Aufkleben) der Schnitte

Die Behandlung der Objektträger während der immunhistochemischen Reaktion, besonders das wiederholte Spülen, hat häufig ein Ablösen der Schnitte zur Folge. Um dies zu verhindern, werden die Schnitte 30 min bei 60 °C in einen Trockenschrank gebracht. Durch das schmelzende Paraffin werden die Schnitte fest an die Objektträger geheftet. Bei hitzeempfindlichen Antigenen kann diese Methode nicht angewendet werden!

Eine zweite Möglichkeit ist die Befestigung der Schnitte mit Hilfe folgender chemischer Klebstoffe:
— Mayer's Eiweißglycerin,
— Elmers Alleskleber (Gluc-All, Borden, Inc. Columbus Ohio),
— Chromalaun-Gelatine.

Eiweißglycerin sollte nicht verwendet werden, wenn die Schnitte zur Verbesserung der Penetration (s. S. 139) oder zur Antigendemaskierung mit Trypsin behandelt werden sollen (s. S. 140). In diesem Fall ist Chromalaun-Gelatine geeigneter, da die Schnitthaftung mit diesem Klebstoff Enzymandauungen übersteht.

Bei der Verteilung des Klebstoffes auf dem Objektträger ist zu beachten, daß zu dick aufgetragener Klebstoff eine Hintergrundfärbung verursachen kann.

11.2.1.2. Gegenfärbung

Paraffinschnitte können im Anschluß an die immunhistochemische Reaktion (hauptsächlich Immunperoxidase- oder Avidin-Biotin-Technik) mit Hämatoxylin oder Methylgrün zur Verbesserung der histologischen Auswertbarkeit gegengefärbt werden. Objekte mit unlöslichen Reaktionsprodukten (DAB-Reaktion oder HANKER-Yates, S. 168) werden dabei am besten mit Harris' Hämatoxylin, Schnitte mit löslichen Reaktionsendprodukten (4-Chlor-1-naphthol, 3-Amino-9-ethylcarbazol, S. 112) mit Mayer's Hämatoxylin gegengefärbt. Methylgrün ist als Gegenfärbung bei der Hanker-Yates-Reaktion geeignet.

11.2.2. Semidünnschnitt-Technik

Mit Hilfe dieser Technik angefertigte Schnitte erlauben im Vergleich zur Paraffintechnik einen besseren Einblick in strukturelle Details der Zelle. Die Objekte werden nach der für elektronenmikroskopische Zwecke üblichen Entwässerung (s. S. 133) in Kunstharz (s. S. 128) eingebettet und mit dem Ultramikrotom im Bereich zwischen ca. 0,3 und 2 µm Dicke geschnitten. Bei der Kunstharz-Einbettung müssen in Abhängigkeit vom verwendeten Kunstharz die Antigenität beeinflussende Faktoren beachtet werden (s. S. 129).

Bei Semidünnschnitten muß das Einbettungsmedium vor der Reaktion aus den Schnitten entfernt werden. Dies kann mit Natriummethoxid (Mayor et al. 1961) oder mit Kalium- bzw. Natriumhydroxid in wasserfreiem Ethanol (Maxwell 1978) erfolgen (s. Tab. 17).

Bei der Kunstharz-Einbettung ist zu beachten, daß durch Hitzeeinfluß Antigene zerstört werden können. Es ist daher zweckmäßig, Epon oder Araldit bei 45 °C zu polymerisieren. Zur Schnittbefestigung können das übliche Eiweißglycerin (s. S. 132) oder Gelatine verwendet werden.

Die Semidünnschnitt-Technik ermöglicht die parallele Untersuchung von Semidünnschnitten, an denen die immunhistochemische Reaktion durchgeführt wurde, und benachbarten, praktisch in der gleichen Schnittebene liegenden Dünnschnitten. Zur Darstellung von Peptiden hat sich die Gefriertrocknungs-Paraformaldehyd-Bedampfungs-Araldíteinbettungs-Semidünnschnitt-Technik bewährt (s. Grube 1980).

Tabelle 17. Methoden der Kunstharz-Entfernung von Semidünnschnitten nach Eponeinbettung (in Anlehnung an Kuhlmann 1984)

Methode	Anwendung	Einwirkungsdauer
CH_3ONa (5%) in Methanol/Benzol	1:2 in Methanol/Benzol gelöst	2—4 min
CH_3ONa, gesättigt in abs. Methanol	1:2 in abs. Methanol gelöst	2—4 min
NaOH, gesättigt in abs. Ethanol	1:2, gelöst in abs. Ethanol	5—10 min
NaOH, gesättigt in abs. Methanol	1:2, gelöst in abs. Methanol	5—10 min
NaOH, 2% in abs. Ethanol	nicht gelöst	5 min

11.2.3. Kryostattechnik

Die Kryostattechnik vermeidet eine Gewebeeinbettung, die in jedem Fall zur Beeinträchtigung der Antigenität führt. Außerdem ist bei dieser Technik die Schnittgewinnung mit einem geringeren Zeitaufwand verbunden als bei der Paraffin- und der Semidünnschnitt-Technik. Dieser Zeitgewinn spielt bei bestimmten diagnostischen Untersuchungen eine Rolle.

Ein Nachteil der Kryostattechnik ist die mit dem Einfrieren verbundene Eiskristallbildung, die beim Auftauen der Schnitte zur Verschiebung von Zell- und Gewebebestandteilen führen kann. Sie läßt sich durch folgende Maßnahmen reduzieren:

— durch schnelles Einfrieren bei niedrigen Temperaturen;
— durch Behandlung mit Kryoprotektanten;
— durch Fixation mit vernetzenden Fixanzien.

Rasches Einfrieren bei tiefen Temperaturen ist in Freon 22 oder flüssigem Stickstoff gewährleistet.

Als Kryoprotektanten sind — in Verbindung mit der Einfrierprozedur mit Kohlensäureschnee — besonders Sucrose(Rohrzucker)-Lösungen zu empfehlen, die in Konzentrationen von 10%, 15%, 20% einzeln oder gestaffelt angewendet werden können. Alternative Kryoprotektanten sind Dimethylsulfoxid und Glycerin.

Eine erfolgreiche Schnittherstellung im Kryostaten ist vor allem von zwei Voraussetzungen abhängig:

— der raschen Überführung des Objekttisches mit dem eingefrorenen Objekt in den Kryostaten;
— der Einstellung der optimalen Gefrierschranktemperatur.

Diese liegt in Abhängigkeit vom Objekt zwischen —10 und —25 °C, bei stark fetthaltigem Material zwischen —30 und —35 °C. Unfixierte Kryostatschnitte, bei denen vor allem die Antigenität von Bestandteilen der Membranoberfläche gut erhalten bleibt, werden durch den Auftaueffekt beeinträchtigt. Diese Schwierigkeiten lassen sich durch sorgfältige Trocknung der Schnitte und anschließende Fixation mit kaltem Aceton (S. 131) einschränken. Weitere Informationen über die Kryostattechnik sind bei v. MAYERSBACH 1966, LOJDA et al. 1976, LUPPA 1978 und PEARSE 1980 zu finden.

11.2.4. Gefriertrocknungstechnik

Die Gefriertrocknungstechnik wird in der Immunhistochemie besonders zur Darstellung löslicher oder leicht löslicher Antigene angewendet. Ein zweites wichtiges Gebiet dieser Technik in Verbindung mit der Dampffixation und der Paraffin- oder Kunstharzeinbettung ist die Peptid-Immunhistochemie (LARSSON 1981; POLAK und BLOOM 1983). Ausführliche Beschreibungen der Gefriertrocknung finden sich bei NEUMANN 1958, v. MAYERSBACH 1973, LUPPA 1978, PEARSE 1968, 1980). Hier seien einige wesentliche Gesichtspunkte hervorgehoben.

Eine optimale Gefriertrocknung erfordert:

- Trocknung bei tiefen Temperaturen (—60 °C) und hohem Vakuum (10^{-5} Torr),
- das Vorhandensein einer gewissen Restfeuchtigkeit, die mit der sog. Hitzefixierung während der Paraffineinbettung abgestimmt sein muß.

Im Anschluß an die Gefriertrocknung ist für histochemische Zwecke eine Nachfixation erforderlich. Für immunhistochemische Untersuchungen hat sich hier besonders die Dampffixation bewährt (s. S. 115).

Eine gute Anwendungsmöglichkeit der Gefriertrocknung an Schnitten ist die Trocknung von Kryostatschnitten. Zur Trocknung der Schnitte genügen kleine, im Kryostaten untergebrachte Exsikkatoren. Die Kryostattemperatur muß dabei unter —18 °C gehalten werden. Die Trockenzeit beträgt bei 10 µm dicken Schnitten nur 45—60 min und ist damit wesentlich kürzer als bei der Gewebetrocknung. Aufziehen und Fixieren der getrockneten Schnitte lassen sich kombinieren, indem man sie auf einem mit Eiweißglycerin bestrichenen Objektträger auf der gewünschten Fixierlösung (z. B. Aceton, Ethanol) streckt und damit gleichzeitig fixiert.

Lufttrocknung als Fixierung kann zur Untersuchung von Einzelzellen und Zellkulturen, die in Monolayers gezüchtet werden, dienen. Antigenitätsverluste lassen sich vermeiden, wenn man die Ausstriche mit Parafilm wasser- und luftdicht abschließt und bei —30 °C lagert.

11.2.5. Gefrieraustauschverfahren

Dieses Verfahren ist praktisch geräteunabhängig und seinem Wesen nach eine sehr schonende chemische Fixierung, die infolge der tiefen Temperaturen (etwa um —80 °C) sehr langsam verläuft. Zur Trocknung und Fixierung sind allerdings Medien erforderlich, die selbst bei niedrigen Temperaturen die Antigenität beeinträchtigen können. Zur Gewebetrocknung verwendet man Austauschflüssigkeiten, z. B. Ethanol, Aceton, Methanol mit Aceton kombiniert, osmiertes Aceton, osmiertes $HgCl_2$-Aceton oder Rossman-Gemisch, die sorgfältig mit dem nachzuweisenden Antigen abgestimmt und getestet werden müssen. Auf Grund der guten Erfahrungen in der Antigenerhaltung (s. S. 119) bietet sich Aceton in der Immunhistochemie für eine Gewebesubstitution an.

11.2.6. Vibratomtechnik

Die von Smith (1970) entwickelte Vibratomtechnik ermöglicht die Schnittherstellung von fixierten, ungefrorenen Gewebestücken, die mit Hilfe einer speziellen Klebemasse (Polyneu M 120, Loctite Corporation) am Objekttisch befestigt sind.

Mit dem halbautomatischen Vibratom, das nach dem Prinzip einer vibrierenden sägenden Rasierklinge arbeitet, lassen sich morphologisch einwandfreie Schnitte von 20—200 μm Dicke herstellen. Die Schnittqualität ist dabei von der gleichmäßigen, nicht zu schwachen Fixation der Objekte abhängig. Weiche, schwach- und unfixierte Gewebe werden schneidbar, wenn man sie zwischen Holundermark einlagert.

Vibratomschnitte werden vor der immuncytochemischen Reaktion entweder sorgfältig auf Objektträger aufgezogen oder in kleinen Gefäßen mit kalter Pufferlösung gesammelt und anschließend frei flottierend weiterbehandelt.

Die Vibratomtechnik besitzt 2 wesentliche Vorteile:

— Vibratomschnitte zeigen keine Verschiebungen zellulärer Komponenten, da der bei Kryostatschnitten übliche Auftaueffekt wegfällt;
— dickere Vibratomschnitte ermöglichen die plastische Darstellung größerer Gewebebezirke.

Ein Nachteil dieser Technik, der sich besonders bei dickeren Vibratomschnitten auswirkt, ist auf die geringere Penetration der Antikörper in diese Schnitte zurückzuführen. Neuere Untersuchungen bestätigen diesen Befund (s. S. 139). Dringen die Antikörper nicht oder nur unzureichend in den Schnitt ein, so ist die auf Seite 140 angeführte Schnittvorbehandlung zur Steigerung der Antikörperpenetration notwendig. Als zweite Möglichkeit zur Verbesserung der Penetration bietet sich rasches Einfrieren der Objekte von 3 mm^3 Größe in flüssigem Stickstoff und anschließendes Auftauen dieser Blöcke durch Einstellen in 0,1 M Phosphatpuffer bei 25 °C an (Priestley und Cuello 1983). Die aufgetauten Objekte können mit dem Vibratom 40 μm dick geschnitten werden.

11.2.7. Kunstharzeinbettung

Für die Immunelektronenmikroskopie haben sich als Einbettungsmedien Epon 812, Araldit 6005 und Durkupan bewährt. Epoxide reagieren mit Amino-, Imidazol-, Sulfhydryl-, Carboxyl- und Phosphatgruppen (Millonig und Marinozzi 1968).

Die Entwässerung kann — entsprechend den bekannten elektronenmikroskopischen Techniken (s. Geyer 1972) — mit Ethanol oder Aceton erfolgen (s. S. 133).

Aus der Sicht der Immunelektronenmikroskopie sind in Verbindung mit der traditionellen Kunstharzeinbettung folgende 3 Probleme hervorzuheben (Kellenberger et al. 1980; Carlemalm et al. 1982):

— die Beeinträchtigung der Schwermetallkontrastierung (besonders die Natur dieser Kontrastierung) für die Transmissionselektronenmikroskopie;
— durch organische Lösungsmittel verursachte Denaturierungen;
— die Hitzedenaturierung während der Polymerisation.

Einbettung in wasserlöslichen Medien, Niedrig-Temperatur-Einbettung

Die oben aufgeführten Probleme der Kunstharzeinbettung lassen sich durch die Verwendung

— wasserlöslicher Einbettungsmedien,
— der Niedrig-Temperatur-Einbettung und
— der Gefrierultramikrotomie

je nach der Zielsetzung der Untersuchung weitgehend eliminieren. Günstige Einbettungseigenschaften besitzen nichtpolares Vestopal (Sjöstrand und Kretzer 1975), Methacrylderivate, besonders Glykolmethacrylat (2-Hydroxyethylmethacrylat; Leduc und Bernhard 1976; Spaur und Moriarty 1977; Bendayan und Ørstavik 1982; Abb. 43) und Lowicryl K4M (Kellenberger et al. 1980, Übersicht).

Die Glykolmethacrylat-Einbettungstechnik nach Spaur und Moriarty (1977)

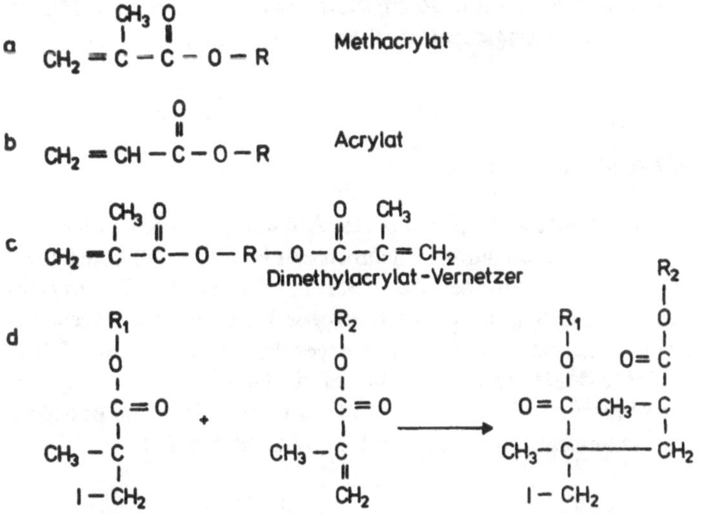

Abb. 43. Schematisierte Formeln der Monomere und Reaktionswege der Poymerisation bei Methacrylaten. a und b zeigen die Stellung der Seitengruppe im Monomer. Bei c ist R eine Dialkoholbrücken zwischen den beiden Methacrylatgruppen. Bei d wurde ein Methacrylat-Monomer mit einem Initiator (I) aktiviert unter Bildung eines ungepaarten Elektrons am C 2. Dieses Radikal greift ein anderes Monomer an, um das Wachstum einer polymeren Kette einzuleiten (Carlemalm et al. 1982).

Abb. 44. Triethylenglykoldimethacrylat, optimaler Vernetzer für die Lowicryl-K4M-Einbettung.

führt zu einer guten Schnittstabilität und Konsistenz der Gewebeblöcke. Die dadurch bedingte Erhöhung der Schnittqualität bildet die Grundlage für die gute Erhaltung der Gewebestruktur.

Lowicryl K4M erlaubt eine Infiltration und Behandlung bei Temperaturen bis zu —35 °C. Neben der Wasserverträglichkeit besitzt das Medium die Eigenschaft, schnell und einheitlich einzudringen. Es polymerisiert durch UV-Bestrahlung von 360 nm Wellenlänge bei einer Entfernung von 30—40 cm über Nacht bei —30 bis —35 °C (Abb. 44). Eine Nachpolymerisation von mehreren Tagen bis zu 2 Wochen bei Zimmertemperatur ist für die Konsistenz der Gewebeblöcke von Vorteil (s. S. 134) Lowicryl K4M wurde in der Immunhistochemie besonders in Verbindung mit der Protein-A-Goldmethode (s. S. 173) bereits erfolgreich angewendet (Roth et al. 1980, 1981; Bendayan und Shore 1982; Bendayan und Ørstavik 1982).

Nach Untersuchungen von Newmann und Jasani (1984) hat sich das aromatisch vernetzte Acryl LR White (London Resin Company, P. O. Box 34, Basingstoke, Hants., U. K.) als Einbettungsmedium ebenfalls bewährt.

11.2.8. Gefrierultramikrotomie

Die Gefrierultramikrotomie erzielt durch rasches Abkühlen des Objektes eine Gewebekonsistenz, die es erlaubt, ultradünne Schnitte mit Hilfe speziell konstruierter Ultramikrotome (z. B. Ultrotom der Fa. LKB-Produkter AB Stockholm) anzufertigen. Ultradünne Schnitte guter Qualität erfordern eine optimale Gewebevorbehandlung und eine Beherrschung des zugehörigen Instrumentariums (Übersicht bei Tokuyasu 1980). Beides erfordert eine relativ lange Einarbeitungszeit. Sehr gute Reaktionsergebnisse wurden mit Ferritin (Tokuyasu 1980) und kolloidalen Goldkomplexen als Immunmarker (Slot und Geuze 1983) erzielt.

11.3. Methodenanhang

Kryostattechnik für die lichtmikroskopische Histochemie (modifiziert von Hökfelt et al. 1975, nach Larsson 1981)

1. Perfusions- und anschließend Immersionsfixation in 4% Paraformaldehyd in 0,1 M Natriumphosphatpuffer, pH 7,3; Fixationsdauer: Perfusion 10—15 min; Immersion: je nach Größe des Objektes 1—24 h bei 4 °C.
2. Überführung der immersionsfixierten Objekte in eine Lösung von 20% Sucrose in 0,1 Natriumphosphatpuffer, pH 7,3. Die Gewebestücke verbleiben so lange in der Sucroselösung, bis sie auf den Boden des Gefäßes gesunken sind (am günstigsten über Nacht).

3. Die kryogeschützten Proben werden mit Kohlensäureschnee eingefroren und zum Schneiden in den Kryostaten gebracht. Ein Auftauen der Objekte ist dabei unbedingt zu vermeiden. Eine bessere Strukturerhaltung wird erreicht, wenn man die Gewebestücke in schmelzendem Freon 22 einfriert und danach in flüssigen Stickstoff überführt. Zur Anpassung an die Kryostattemperatur ist es günstig, die auf dem Objekthalter befestigten Objekte vor dem Schneiden 30 min im Kryostaten zu belassen.
4. Kryostatschnitte von 4—20 µm Dicke werden auf mit Glycerin-Gelatine beschichtete Objektträger gebracht und an der Luft getrocknet, 30 min.
5. Durchführung der immunhistochemischen Reaktion.

Alternativen:

a) Kryostatschnitte werden vom Kryostatmesser direkt in Phosphat- oder Tris-gepufferte Kochsalzlösung (PBS/TBS) enthaltende Gefäße gebracht und danach frei flottierend weiterbehandelt.

b) 1. Objekte werden nach Perfusions- und Immersionsfixation in 20% Gelatine eingebettet (Ansatz der Gelatine mit 0,1 M Natriumphosphatpuffer, pH 7,5).
2. Wegschneiden der überflüssigen Gelatine, Nachfixierung im Immersionsfixans, 2 bis mehrere h bei 4 °C.
3. Eingebettete Objekte über Nacht bei 4 °C in eine Spülflüssigkeit (z. B. 5% Sucrose in 0,1 M Natriumphosphatpuffer, pH 7,3) überführen.
4. Anfertigung von Kryostatschnitten
5. Schnitte in der unter 3. angegebenen Spüllösung behandeln.
6. Spülen mit 0,05 M Tris-HCl-Puffer, pH 7,6 oder in einer anderen, für den jeweiligen immunhistochemischen Nachweis günstigen Lösung, 2 h bei 4 °C.
7. Immunhistochemischer Nachweis (indirekte Immunfluoreszenz, PAP-Technik s. S. 166) mit frei flottierenden Schnitten.

Schnittgefriertrocknungstechnik
(Mason und Woolston 1982)

1. Native Gewebestücke mit Kohlensäureschnee oder Isopentan (vorgekühlt mit flüssiger Luft oder flüssigem Stickstoff) einfrieren.
2. Kryostatschnitte von 15—20 µm Dicke auf Deckgläser aufkleben und trocknen:
   a) in luftdichter Küvette über Phosphorpentoxid bei —20 °C (am günstigsten im Kryostat) eine Woche trocknen oder
   b) Schnitttrocknung in der Vakuumkammer eines Gefriertrockners, 4—18 h.
3. Fixation der getrockneten Schnitte mit kaltem Aceton, 10 min.
4. Trocknen der Schnitte an der Luft. (Schnitte können nach Lufttrocknung längere Zeit bei —20 °C aufbewahrt werden. Sie werden dabei am besten in Aluminiumfolie eingepackt).
5. Durchführung der immunhistochemischen Reaktion. Vor Beginn der Reaktion ist es vorteilhaft, endogene Enzyme (Peroxidase, gegebenenfalls alkalische Phosphatase) zu blockieren.

Vibratomschnitt-Technik an fixiertem, nichtgefrorenem Gewebe
(in Anlehnung an Joseph et al. 1981)

1. Fixation (s. Tab. 114) von kleinen Gewebestücken bei 4 °C, über Nacht.
2. Vibratomschnitte, 20—100 µm dick, werden im Tris/Phosphatpuffer, pH 7,6, gesammelt, auf mit Eiweißglycerin beschichtete Objektträger aufgezogen oder frei flottierend weiterbehandelt.
3. Durchführung der immuncytochemischen Reaktion (z. B. indirekte Immunfluoreszenztechnik, s. S. 152, unmarkierte Antikörper-Enzym (PAP)-Technik, s. S. 166).

Bemerkungen: Durch Zusatz von Triton X—100 in einer Konzentration von 0,05 bis 0,5% zu den Antikörpern, gegebenenfalls auch zu den Spülpuffern, läßt sich die Antikörperpermeation verbessern. In verschiedenen Fällen ist es erforderlich, vor Beginn der immuncytochemischen Reaktion eine Andauung mit Pronase (Finley et al. 1978), Trypsin (Curran und Gregory 1978) oder Pepsin (Reading 1977) vorzunehmen.

Nach allgemeiner Feststellung liefern frei flottierend behandelte Schnitte bessere Ergebnisse.

Polyethylen (PEG)-Einbettungsmethode

Mazurkiewicz und Nakane 1972)

Fixation: Zamboni-Gemisch, 8 h bei 4 °C; waschen in PBS über Nacht. Ein anderes, für licht- und elektronenoptische Zwecke geeignetes Fixierungsmittel kann ebenfalls benutzt werden (s. Tab. 16). Für die einzelnen Verfahren wurde PEGA 1000 der Firma Fluka (Basel) als besonders geeignet befunden.

1. Verfahren

a) Fixiertes und in PBS gewaschenes Gewebe wird in einer aufsteigenden Ethanolreihe (5 Schritte, 30—100 % Ethanol) entwässert, je 1 h.

b) Übertragen des Gewebes in 2 Chargen PEG 100% bei 39—40 °C im Vakuum (am besten Vakuumschrank benutzen), je 1 h.

c) Einbettung in frischem PEG und Härtung im Kühlschrank bei 5 °C.

2. Verfahren

a) Gewebe wird in PEG-Lösungen im Vakuum bei 39—40 °C in folgender Weise entwässert:

PEG/H_2O	1:2	1 h
PEG/H_2O	1:1	1 h
PEG/H_2O	3:1	1 h
PEG	100%	2mal je 1 h

b) Gewebeeinbettung in frischem, 100%igem PEG, Härtung bei 5 °C im Kühlschrank.
Schnittherstellung und Aufziehen der Schnitte von PEG-eingebettetem Material
Von PEG-eingebettetem Material werden 5—10 µm dicke Schnitte angefertigt. Diese können auf zweierlei Weise aufgezogen werden.

1. Variante

a) Schnitte läßt man auf einer 5 %igen Glycerinlösung schwimmen, mindestens 1 h.

b) Übertragen der Schnitte auf einer Drahtschlinge (oder einem entsprechend präparierten Glasstab) auf mit Eiweißglycerin beschichtete Objektträger; Absaugen überschüssiger Flüssigkeit mit Filterpapier.

c) Trocknen der Schnitte auf einer Wärmeplatte bei 40 °C, 30 min.

d) Durchführung der immunhistochemischen Reaktion, nachdem die Schnitte vorher mit PBS/TBS behandelt wurden.

2. Variante

a) Schnitte werden auf einer 0,1 %igen Gelatinelösung gestreckt und sofort mit Hilfe einer Drahtschlinge auf gereinigte Objektträger gebracht.

b) Schnitttrocknung auf einer Wärmeplatte bei 40 °C.

c) Schnitte werden nun in 1 %ige Gelatinelösung eingetaucht und anschließend getrocknet; (in diesem Zustand können sie aufbewahrt werden).

d) Behandlung mit 0,1% Trypsin (Difco 1:250) in PBS, 1 min bei Raumtemperatur. Auf diese Weise kann die Gelatine teilweise entfernt werden.

e) Unterbrechung der Trypsineinwirkung durch Behandlung der Schnitte mit Schaf-Normalserum, 5 min.

f) Waschen in PBS und Durchführung der immunhistochemischen Reaktion.

Weiterbehandlung von Schnitten für elektronenmikroskopische Untersuchungen:

Die für elektronenmikroskopische Untersuchungen vorgesehenen Schnitte werden nach der immunhistochemischen Reaktion in PBS gewaschen und danach zur lichtmikroskopischen Analyse in 90% Glycerin in PBS-Lösung eingedeckt; anschließend entfernt man das Deckgläschen vom Objektträger, wäscht die Schnitte in PBS und behandelt sie folgendermaßen weiter:

a) Nachfixation mit 1% OsO_4-Veronal-Acetatpuffer (pH 7,4), 30 min.

b) OsO_4-Lösung absaugen und Schnitte in der Ethanolreihe entwässern:

50% Ethanol	5 min
70% Ethanol	10 min
95% Ethanol	15 min
100% Ethanol	15 min (2mal)

c) Einbettung der Objekte in Epon oder Epon-Araldit, indem eine mit diesem Kunstharz gefüllte Gelatinekapsel über die Gewebeschnitte gestülpt wird.

d) Polymerisation bei 60 °C, 24—48 h.

e) Entfernung des gehärteten Blocks vom Objektträger entweder durch vollständige Immersion in flüssigem Stickstoff oder durch Immersion in einem Trockeneis-Ethanol-Bad mit anschließender Immersion in kochendem Wasser. Noch nicht gelöste Blöcke werden mit einer Rasierklinge entfernt.

f) Präparation des gewünschten Gebietes unter dem binokularen Mikroskop.

g) Anfertigung von Ultradünnschnitten.

Bemerkungen: Die Anwendung der PEG-Technik ermöglicht eine präzise Korrelation licht- und elektronenmikroskopischer Untersuchungen am gleichen Schnitt.

Das Aufziehen der Schnitte ist offenbar vom untersuchten Gewebe abhängig. Streckung auf Glycerin eignete sich nach Mazurkiewicz und Nakane (1972) am besten für Hypophysengewebe, da hier der Quellungseffekt besonders gering war. Nierengewebe quoll dagegen auf Glycerin mehr als auf Gelatine. Ein Vorteil der Glycerin-Methode besteht aber darin, daß keine Trypsinandauung notwendig ist. Allerdings haften mit Gelatine durchtränkte Gewebeschnitte besser auf dem Objektträger. Hinzu kommt, daß eine kurze Trypsinbehandlung die ultrastrukturelle Integrität der Zellen und die Gewebeantigenität nicht beeinflußt.

Niedrig-Temperatur-Einbettungstechnik mit Lowicryl K4M
(Carlemalm et al. 1980; Kellenberger et al. 1980)

1. Fixation (Perfusion/Immersion) kleiner Gewebestücke mit 1% Glutaraldehyd in 0,1 M Phosphatpuffer, pH 7,2—7,4, 2 h bei Zimmertemperatur.
(Fixation mit 2—4% Paraformaldehyd in 0,1 M Phosphatpuffer, pH 7,3, ist ebenfalls möglich)
2. Waschen in Phosphatpuffer, der 0,5 M NH_4Cl enthält, 4 h.
3. Waschen im Phosphatpuffer über Nacht bei 4 °C.

Entwässerung und Infiltration

1. Entwässerung in Methanol, Dimethylformamid oder Ethanol mit Wasser über folgende Stufen:

Methanol/Dimethylformamid	
50% mit Wasser	10—15 min 0 °C
80% mit Wasser	30—60 min —18/—30 °C
90% mit Wasser	30—60 min —18/—30 °C
Ethanol	
30% mit Wasser	30 min 0 °C
50% mit Wasser	60 min —20 °C
70% mit Wasser	60 min —35 °C
90% mit Wasser	120 min —35 °C

2. Behandlung mit Lowicryl K4M in folgenden Stufen bei —30 °/—35 °C: 100% Lowicryl K4M gelöst 1:1
mit 90% Methanol, Dimethylformamid oder Ethanol 30—60 min, 100% Lowicryl K4M gelöst 2:1
mit 90% Methanol, Dimethylformamid oder Ethanol, 60 min
100% Lowicryl K4M, 2mal 60 min
100% Lowicryl K4M über Nacht

Polymerisation
Die Polymerisation erfolgt mit Lowicryl K4M und einem Zusatz von 0,6% Benzoinmethylester (v/v) als Initiator durch ultraviolette Bestrahlung mit einer Fluoreszenzlampe (z. B. mit einer Philips TLAD 15W/05 oder einem Äquivalent) bei der Wellenlänge 360 nm und —30 bis —50 °C über Nacht.

Zur weiteren Verbesserung der Schnitteigenschaften werden die Blöcke einer UV-Bestrahlung von 2—3 Tagen bei Zimmertemperatur ausgesetzt. Schnittfähige Präparate erhält man in weniger als 12 Stunden

Die polymerisierten Blöcke werden bei Zimmertemperatur aufbewahrt. Dünnschnitte von 600—800 Å lassen sich mit Glas- oder Diamantmessern anfertigen.

Bemerkungen: Anstelle von Methanol, Dimethylformamid oder Ethanol kann Ethylenglykol folgender Stufen zur Entwässerung verwendet werden:
50% 15—20 min 0 °C
80% 60 min —18 oder —30 °C
Die anschließende Behandlung mit Lowicryl K4M wird bei —30 °C folgendermaßen vorgenommen:
1 T. Ethylenglykol 80% in Wasser, 2 T. Lowicryl K4M (v/v) 60 min
100% Lowicryl K4M 2mal 60 min
100% Lowicryl K4M über Nacht
Danach Polymerisation mit Lowicryl K4M wie oben beschrieben.

Bemerkungen: Zur Verbesserung der Gewebefiltration wird empfohlen, Lowicryl unmittelbar vor Gebrauch sorgfältig mit Hilfe einer Vakuumpumpe zu entgasen (Fryer und Wells 1983). Die gleichen Autoren stellten außerdem fest, daß sich die Qualität der Lowicryleinbettung durch eine Nachpolymerisation von 2—3 Wochen bei Tageslicht im Anschluß an die UV-Bestrahlung weiter verbessern läßt. Die Qualitätsverbesserung kann durch eigene Untersuchung bestätigt werden.

12. Methoden der Immunhistochemie (Übersicht)

Die Antigendarstellung kann direkt und indirekt erfolgen. Dementsprechend unterscheidet man direkte und indirekte Methoden (Abb. 45). Wird zwischen dem 1. Antikörper (1. Schicht) und dem Antikörper der 3. Schicht ein nichtkonjugierter Brückenantikörper eingelagert, so spricht man von einer Brückentechnik, die als Einfach-Brücken- oder als Doppel-Brückentechnik angewendet werden kann (Abb. 46). Die Doppel-Brückentechnik schließt eine Wiederholung der 2. Schicht (gewöhnlich Ziege-anti-Kaninchen-IgG) ein. Eine Art Brückentechnik ist auch

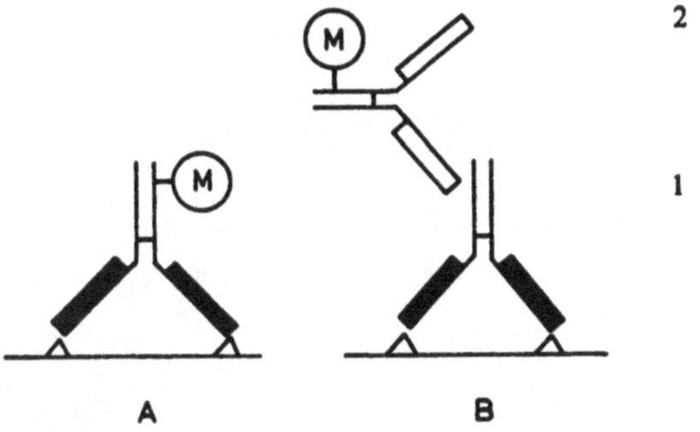

Abb. 45. A direkter, B indirekter Antigennachweis. 1 erster Antikörper, 2 zweiter Antikörper, M Markermolekül.

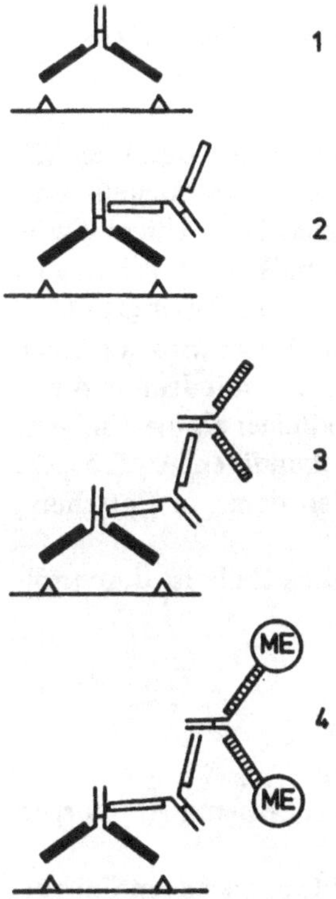

Abb. 46. Schematische Darstellung der Immunglobulin-Enzym-Brückentechnik. 1—3 Antikörperfolge, 4 Inkubation mit dem Markerenzym (ME), das histochemisch nachgewiesen wird.

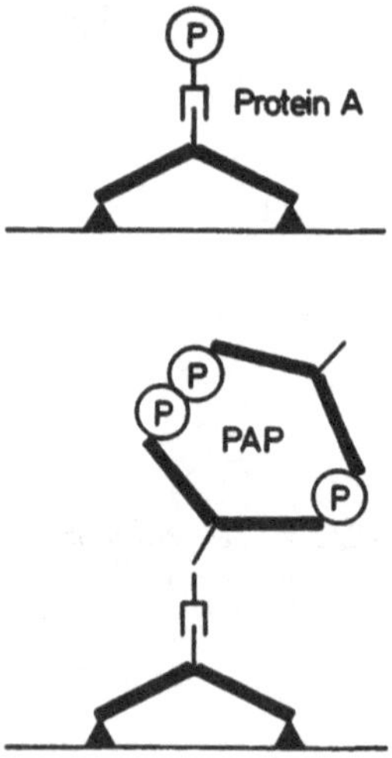

Abb. 47. Schematische Darstellung indirekter Immunperoxidase-Techniken (hier PAP-Technik) mit Protein A als zweitem Antikörper.

die PAP-Methode, bei der auf den nichtkonjugierten Brücken-Antikörper (2. Schicht) als 3. Schicht der lösliche PAP-Komplex (s. S. 165) folgt. Anstelle von Anti-IgG (s. Abb. 54D) kann Protein A von Staphylococcus als 2. Schicht eingesetzt werden (Abb. 47). Bei der markierten Antigen-Technik wird gereinigtes Antigen als 2. Schicht auf den im Überschuß verabfolgten 1. Antikörper gebracht. Auf Grund der Identität der zwei Bindungsstellen des Antikörpers wird von einer Bindungsstelle das Antigen im Schnitt erfaßt, während die zweite mit dem markierten Antigen reagiert. Die indirekten Methoden sind empfindlicher als die direkten, da der primäre Antikörper von bis zu 7 anti-IgG des sekundären Antikörpers gebunden werden kann (Multiplikationseffekt). Sie werden daher in Forschung und Praxis häufiger angewendet.

Die Darstellung von mehr als einem Antigen in derselben Zelle ist durch folgende Methoden möglich (Vandesande 1983, Überblick):

- Direkte Immunfluoreszenzmethode
- Sequenz-Immunfluoreszenz
- Peroxidase-markierte Antikörper-Methode
- Simultane Immunperoxidase-Immunfluoreszenzfärbung
- Unmarkierte Antikörper-Methode mit Eluierung der 1. Sequenz Antikörper und Peroxidase
- Unmarkierte Antikörper-Methode ohne Eluierung der 1. Sequenz Antikörper und Peroxidase
- Doppel-Immunenzymmarkierung

Die Methode mit Peroxidase-markierten Antikörpern kann zur Darstellung mehrerer Antigene im gleichen Schnitt (Vielfachfärbung) in zwei Varianten angewendet werden. Bei der ersten Variante bleibt das gefärbte Reaktionsprodukt erhalten, so daß eine Doppel- oder Dreifachfärbung an seiner unterschiedlichen Färbung (braun-blau; braun-blau-rot) erkennbar wird. Die zweite Variante ist ebenfalls eine Sequenzfärbung. Die einzelnen Sequenzen werden dabei — nachdem das Reaktionsprodukt der Sequenzen photographiert wurde — jeweils mit angesäuerter Kaliumpermanganatlösung entfernt (Einzelheiten S. 189).

12.1. Verfahren zur Verbesserung der immunhistochemischen Farbreaktion

Das Ergebnis einer immuncytochemischen Reaktion läßt sich durch eine Reihe von Maßnahmen in gewissem Umfang verbessern. Dazu gehören:
— Verlängerung der Inkubationszeit
— Wiederholung der Antikörperschichten
— Reduktion der Hintergrundfärbung
— Verbesserung der Antikörperpenetration
— Enzymandauung
— Waschprozeß

Die Inkubationszeit des 1. Antikörpers ist ein Faktor, der das Ergebnis einer immuncytochemischen Reaktion wesentlich beeinflussen kann. Bei der Ermittlung der optimalen Inkubationszeit ist zu berücksichtigen, daß zwischen Inkubationszeit, Antikörperverdünnung und nichtspezifischer Hintergrundfärbung folgende Wechselbeziehungen bestehen:
— längere Inkubationszeit — höhere Antikörperverdünnung,
— höhere Antikörperverdünnung — geringere Hintergrundfärbung,
— geringere Hintergrundfärbung — größerer Kontrast zur spezifischen Färbung.

Bei gleichzeitiger Behandlung mehrerer Schnitte ist die Zeitdifferenz zwischen dem ersten und dem letzten Schnitt zu beachten. Die Schnittbehandlung sollte immer so gestaffelt sein, daß identische Inkubationsbedingungen vorliegen.

Die Antikörperbindung wird ferner durch die Inkubationstemperatur beeinflußt. Hohe Temperaturen führen zu Antikörperdenaturierungen. Niedrige Temperaturen sind bei Berücksichtigung der Beziehung Antikörperverdünnung — Inkubationszeit geeignet.

Für die Routineuntersuchungen genügen in der Regel Inkubationszeiten von 20 bis 60 min. Eine schwache Färbung nach 20 min Inkubation bei Zimmertemperatur kann durch eine sich anschließende 20 min-Inkubation bei 37 °C mit der gleichen 1. Antikörperlösung intensiviert werden. Bei Antikörperverdünnungen von 1:1000 und darüber hat sich eine 30 bis 60 min-Inkubation bei Zimmertemperatur und danach eine Weiterbehandlung bei 4 °C (im Kühlschrank) über Nacht und bei leichter Bewegung der Objekte bewährt.

12.1.1. Wiederholung der Antikörperschichten

Die Wiederholung von Antikörperschichten mit Hilfe der Doppel-PAP- und der Doppel-Brückentechnik hat die Intensivierung der Färbung zum Ziel. Dadurch können geringere Antikörperkonzentrationen nachgewiesen werden. Beide Methoden sind 5-Schrittverfahren (Abb. 48). Im Falle der Doppel-Brücken-Technik wird anstelle der Peroxidase-anti-Peroxidase (PAP) Anti-Peroxidase und Peroxidase in getrennten Schichten verwendet (Vacca 1982, Lit. für Doppel-PAP-Technik; Ordronneau und Petrusz 1980, Ordronneau et al. 1981, Ordronneau 1982, Lit. für Doppel-Brücken-Technik).

12.1.2. Reduktion der Hintergrundfärbung

Als nichtspezifische Hintergrundfärbung sind alle positiven Färbungen anzusehen, die nicht als Ergebnis der Antigen-Antikörper-Bindung zustandekommen. Ein in Präparaten häufig anzutreffendes Beispiel dafür ist die nichtspezifische Adsorption des 1. Antikörpers an hochgeladene Bindegewebselemente, insbesondere an Kollagen. Zur Verhinderung dieser nichtspezifischen Färbung wird die Gewebeprobe vor Anwendung des 1. Antikörpers mit Präimmunserum von der Tierspezies behandelt, von der der 2. Antikörper stammt. Über weitere Maßnahmen zur Reduktion der nichtspezifischen Hintergrundfärbung s. S. 107. Ergänzend sei hinzugefügt, daß Zusatz von 0,2-1% Triton X-100 zu den Spülpuffern durch Verbesserung der Antikörperpenetration besonders bei Ausstrichen, Kulturen und Kryostatschnitten die Hintergrundfärbung reduzieren kann. Auch Tris-Puffer anstelle von PBS ist günstig zur Eindämmung der Hintergrundfärbung.

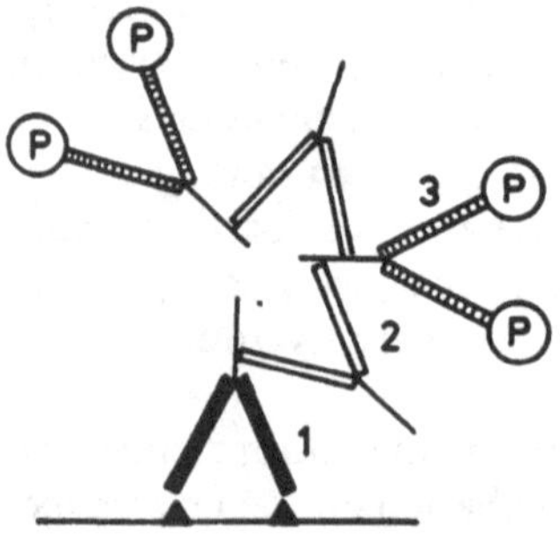

Abb. 48. Schematisierte Darstellung der Doppelbrückenmethode. 1 erster Antikörper, 2 zweiter Antikörper, 3 Anti-Peroxidase, P Peroxidase.

12.1.3. Verbesserung der Antikörperpentration

Die Durchdringung der Zellmembranen und der Zellmatrix ist eine wichtige Voraussetzung für das Gelingen einer intrazellulären Antigen-Antikörperreaktion. Die Verbesserung der Antikörperpenetration ist daher ein wichtiger Schritt auf dem Wege zur Optimierung einer immunhistochemischen Reaktion.

Bei dünnen Gewebeschnitten (Paraffin- und Gefrierschnitte, bei Ultradünnschnitten und beim Nachweis von Zelloberflächenantigenen ist der Zugang von Antikörpern praktisch problemlos, besonders, wenn die Inkubationszeit mit dem ersten Antiserum ensprechend lang ist. In dickere Gewebeschnitte (Vibratom- und Kryostatschnitte), Einzelzellen, Ausstriche und Kulturzellen können Antikörper nur nach mechanischer oder chemischer Vorbehandlung ausreichend eindringen. Dazu gehören: Frieren-Tauen, Lösungsmittel, Detergenzien und mechanische Durchschneidung: Unter den Detergenzien ist Triton X-100 als mildes und einfaches Mittel zur Verbesserung der Membranpermeabilität bekannt. Indem es in Antiseren und Spüllösungen mit einer Konzentration von 0,1—1% (s. S. 169) enthalten ist, trägt es zur Verbesserung der Antikörperpenetration bei. Bei bestimmten Antigenen, z. B. bei membrangebundenen Enzymen wie Dopamin-β-hydroxylase und Tyrosinhydroxylase ist eine erfolgreiche immuncytochemische Farbreaktion von einer Behandlung mit Triton X-100 (0,25%, 15 min) vor der immuncytochemischen Reaktion abhängig (PICKEL 1981). Die Penetration kann ferner durch Erhöhung der Ionenstärke der Reagens-Pufferlösung gesteigert werden. Unter den chemischen Agenzien erhält man zufriedenstellende Resultate mit Saponin (BOHN 1978; WILLINGHAM et al. 1978), das in niedriger Konzentration einem geeigneten Fixationsgemisch, z. B. einem Glutaraldehyd-Paraformaldehyd-Gemisch (BOHN 1978), zugesetzt oder im Anschluß an die Fixation verwendet wird (WILLINGHAM 1980).

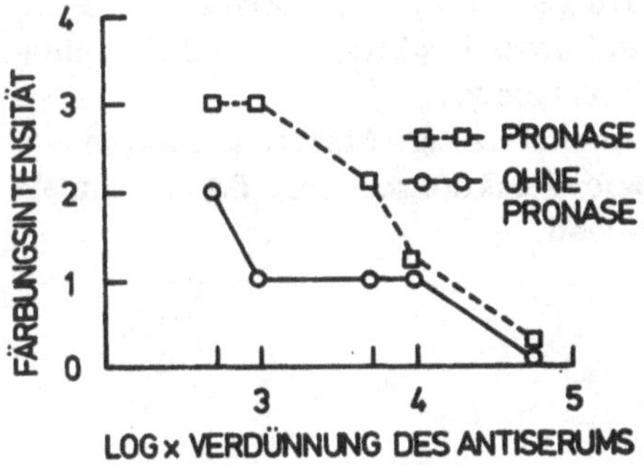

Abb. 49. Einfluß einer Pronase-Schnittvorbehandlung auf den Ausfall einer immunhistochemischen Antigennachweisreaktion (nach FINLEY et al. 1978)

Eine Erhöhung der Penetration läßt sich außerdem durch proteolytische Verdauung, u. a. durch Vorbehandlung mit Pronase (FINLEY et al. 1978), Trypsin (CURRAN und GREGORY 1978) und Pepsin (READING 1977) an Paraffin- und Gegefrierschnitten erreichen (s. S. 139, Abb. 49).

12.1.4. Enzymverdauung

Neben dem Einfluß auf die Penetration (s. vorangehenden Abschnitt) können Proteasen offenbar durch Fixation (z. B. mit Formaldehyd) verursachte Proteinvernetzungen aufheben und so mehr Antigenorte für die Antikörper zugänglich machen. Ein zweiter Aspekt der Proteaseverdauung ist die Demaskierung von Gewebeantigenen, die zum Schutz gegenüber den Einbettungsmedien vor der Gewebeeinbettung mit Carbobenzoxychlorid maskiert worden sind (TAKAMIYA et al. 1978).

12.1.5. Waschprozeß

Schnitte von Formalin-fixiertem, in Paraffin eingebettetem Material sollten vor der immuncytochemischen Färbung gründlich gewaschen werden (s. S. 116). Durch die Waschprozedur werden fixationsbedingte Vernetzungen aufgehoben, und mehr Antigen wird für die Antikörper zugänglich.

13. Immunhistochemische Techniken

Alle immunhistochemischen Techniken verfolgen ein Ziel: die ortsrichtige Sichtbarmachung einer spezifischen Antigen-Antikörper-Reaktion für die licht-, fluoreszenz- oder elektronenmikroskopische Untersuchung.

Um dieses Ziel zu erreichen, müssen verschiedenartige Markersubstanzen eingesetzt werden, die sich in ein gut erkennbares Reaktionsendprodukt umwandeln lassen. Die wichtigsten Markersubstanzen sind:
— Fluoreszenzmarker,
— Enzyme,
— Schwer- und Edelmetalle,
— Hämocyanin,
— Partikeln von quervernetztem Latex,
— radioaktive Verbindungen,
— Viruspartikel.

Bei isolierten Viren und Zellorganellen ist es möglich, eine spezifische Bindung des Antikörpers auch ohne Markierung durch Negativkontrastierung der gebildeten Aggregate sichtbar zu machen (WAGNER 1980). Die Wahl des geeigneten Markers ist weitgehend von der jeweils vorliegenden Antigenstruktur abhängig. Für intrazelluläre Antigene, z. B. für Hormone, eignen sich besonders Marker mit einer diffusen Kontrastgebung. Oberflächenantigene lassen sich dagegen durch gut abgrenzbare partikuläre Marker, z. B. durch Ferritin oder kolloidales Gold, besser darstellen.

13.1. Immunfluoreszenz

Die Immunfluoreszenz ist in Verbindung mit Fluoreszenzfarbstoffen, die an Antikörper gekoppelt werden, die älteste immunhistochemische Nachweismethode. Sie wurde von COONS (1941) zunächst als direkte, später als indirekte Methode in die Immunhistochemie eingeführt. In den letzten Jahren hat sich der indirekte Immunfluoreszenznachweis immer mehr durchgesetzt.

Im folgenden werden die wesentlichen Grundlagen der heute angewendeten Immunfluoreszenztechniken beschrieben. Weiterführende Informationen können den umfassenderen Darstellungen von v. MAYERSBACH (1956, 1966), JENTZSCH (1960), WAGNER (1967), NAIRN (1976), STORCH (1979, 1986) sowie DORN und BERNSTEIN (1983) entnommen werden.

13.1.1. Fluoreszenzfarbstoffe

Die Immunfluoreszenz-Techniken benötigen zur Sichtbarmachung einer Antigen-Antikörper-Reaktion geeignete Fluoreszenzfarbstoffe, die durch eine chemische Konjugation an den ersten oder zweiten Antikörper gekoppelt werden. Tab. 18 enthält eine Übersicht der gebräuchlichen Fluoreszenzfarbstoffe, von denen besonders Fluoreszeinisothiocyanat (FITC) und Tetramethylrhodaminisothiocyanat (TRITC oder TMRITC) eingesetzt werden. Da beide Fluoreszenzfarbstoffe eine unterschiedliche Fluoreszenz (FITC Grün-Gelbfluoreszenz, TRITC Rotfluoreszenz) liefern, können sie zur Doppelimmunfluoreszenz und zur Mehrfachfluorochromierung herangezogen werden.

Eine Grundbedingung für die erfolgreiche Anwendung von Fluoreszenzfarbstoffen ist ihr Reinheitsgrad, der nicht unter 80 % liegen darf. Eine Überprüfung des Reinheitsgrades ist mit Hilfe der Dünnschichtchromatographie möglich.

Eine wichtige Voraussetzung für die Verwendung von Fluoreszenzfarbstoffen über einen längeren Zeitraum ist ihre sachgemäße Aufbewahrung. Sie muß bei Kälte, unter Luftabschluß und trocken erfolgen. Für FITC genügt eine Temperatur von 4 °C, während TRITC bei —20 °C aufbewahrt werden muß.

Tabelle 18. Auswahl von Fluoreszenzfarbstoffen, die zur Markierung von Antikörpern geeignet sind

Fluoreszenzfarbstoff	Anregungsmaximum (nm)	Fluoreszenzfarbe	erste Anwender
Fluoresceinisothiocyanat (FITC)	490	grün	RIGGS et al. 1958
Tetramethylrhodamin-isothiocyanat (TRITC)	max1 510 max2 545	orangerot	HIRAMOTO 1958
Lissamin-Rhodamin-B-200-Sulfonylchlorid RB 200 SC	560	rot (lagerungs-instabil)	CHADWICK et al. 1958
1-Dimethylami-nonaphthalin-5-sulfonylchlorid (DANSC)	max1 250 max2 313	gelbgrün	WEBER 1952,
3-Hydroxypyrin-5,8,10-trisul-fonsäurechlorid	max1 235 max2 280 max3 340	breites Emissions-spektrum, kurzwel-liger Bereich	UEHLEKE 1958
4-Acetamido-4'-isothiocyanat stilben-2,2'-di sulfonsäure (SITS)	375	blau	ROTHBARTH et al. 1975
2-Methoxy-2,4-diphenyl-3(2H)-furanon (MDPF)	390	blau	WEIGELE et al. 1973
Monobrombiman	385	blau	FAHEY et al. (1981), MATTHEWS (1982)
Texasrot	596	rot	TITUS et al. (1982)

13.1.2. Markierung von Antikörpern mit Fluoreszenzfarbstoffen

Die sachgerechte Markierung des Antikörpers mit einem geeigneten Fluoreszenzfarbstoff ist eine wesentliche Voraussetzung für die erfolgreiche Anwendung der Immunfluoreszenztechnik. Sie erfolgt in der Regel an endständige/freie Aminogruppen des Lysins. Dabei entstehen Carbamid-, Thiocarbamid- und Sulfonamid-Bindungen. Beim Kopplungsprozeß sind zu beachten:

— Faktoren, welche die Markierung beeinflussen,
— die Wahl eines geeigneten Lösungmittels zur möglichst vollständigen Lösung des Fluoreszenzfarbstoffes.

Die Markierung beeinflussende Faktoren sind: pH-Wert, Temperatur sowie Art und Reinheit des Fluoreszenzfarbstoffes. Ähnliche Bedingungen gelten für das zur Markierung vorgesehene Protein, das beim Markierungsprozeß in reiner Form vorliegen muß.

Zur Lösung des Farbstoffes müssen Lösungsmittel verwendet werden, die keinen denaturierenden Einfluß auf das zu markierende Protein ausüben. Am besten geeignet sind Pufferlösungen, wie Phosphatpuffer. Auf diese Weise wird eine Veränderung der immunologischen Eigenschaften der Antikörper verhindert oder zumindest erheblich eingeschränkt.

Neben den Maßnahmen zur Optimierung des Markierungsprozesses ist die Einstellung eines ausgewogenen Fluorochrom-Protein-Verhältnisses von Bedeutung, da jede Überladung des Proteins mit dem entsprechenden Fluorochrom zur Denaturierung des Antikörpers führen würde. Außerdem können unspezifische Assoziationen des markierten Antikörpers an das Gewebe auftreten. Diese sind in erster Linie durch pH-Verschiebungen bedingt.

Die Proteinbestimmung als Voraussetzung für die Berechnung der Menge des benötigten Fluoreszenzfarbstoffes erfolgt mit biochemischen Methoden (Biuret-Methode, Methode nach Lowry 1951). Als Protein-Standard wird Rinderserumalbumin verwendet. Die optimalen Fluoreszenzfarbstoff:Protein-Verhältnisse können Tab. 19 entnommen werden.

13.1.2.1. Markierung mit Fluoreszeinisothiocyanat (FITC)

Die Markierung mit FITC ist besonders von folgenden Faktoren abhängig (Tab. 19):

- der Proteinkonzentration des zur Markierung vorgesehenen Antiserums, (5 bis 50 mg Protein/ml; Durchschnittswert: 10 mg Protein/ml)
- dem pH-Wert und
- der Inkubationszeit in Abhängigkeit von der Temperatur.

Für die Farbstoffkopplung sind 10 µg FITC/mg Protein ausreichend.

Eine Schnellmarkierung ist bei Raumtemperatur in 30—60 min möglich. Günstiger sind jedoch längere Inkubationen (5—18 h) bei Kühlschranktemperatur. Die Markierungsrate hängt von der Reinheit des Fluoreszenzfarbstoffes ab, die Markierungswirksamkeit ist bei homogenen Immunglobulin-Fraktionen oder bei gereinigten Antikörpern besonders günstig. Die Proteinkonzentration im Konjugat kann photometrisch gegen den verwendeten Puffer gemessen werden. Das Konjugat wird in kleinen Portionen bei —20 °C aufbewahrt. Zur besseren Haltbarkeit kann man es mit Natriumazid (0,1 %) oder Merthiolat (0,01 %) versetzen.

TRITC setzt sich aus den Isomeren J und R zusammen, deren Trennung noch nicht in gewünschtem Umfange gelungen ist. Kommerziell ist es in kristalliner und amorpher Form zu erhalten. Kristallines TRITC löst sich in Dimethylforma-

Tabelle 19. Angaben zur Markierung von Antikörperproteinen mit Fluoreszenzfarbstoffen

Farbstoff	Proteinkonzentration	Pufferlösung des Proteins	pH-Wert	Farbstoffmenge/ Protein
FITC	10 mg/ml	0,15 M Na_2HPO_4 2 H_2O	9,5	10 µg/ml
TRITC	5 mg/ml	0,2 M $NaHCO_3$, 0,1 M Na_2CO_3	9,3	10 µg/ml
Texasrot	1—2 mg/ml	0,02 M Tris, 0,15 M NaCl	9,0	20 µg/ml
2-Methoxy-2,4-diphenyl-3(2 H)-furanon (MDPF)	20 mg/ml	0,1 M Borat, 0,15 M NaCl	9,5	15 µg/ml
4-Acetamido-4'-isothiocyanat stilben-2,2'-disulfonsäure (SITS)	10 mg/ml	0,15 M $Na_2HPO_4 \cdot$ 2 H_2O	9,5	20 µg/ml

mid, Aceton, 0,1 M Na_2CO_3 und Dimethylformamid. Infolge seines höheren Reinheitsgrades wird es der amorphen, in Wasser weitgehend löslichen Form vorgezogen.

Zur Markierung ist eine Farbstoffmenge von 10 bis 40 µg/mg Protein erforderlich. Zu beachten ist, daß die Proteinkonzentration niedriger sein muß als beim FITC (ca. 5 mg/ml).

Die Kopplung des Farbstoffes an IgG ist mit verschiedenen Verfahren, u. a. mit dem von GODING (1976), möglich.

13.1.3. Reinigung der Konjugate

Die im Anschluß an die Konjugation erforderliche Reinigung des Konjugats von überschüssigem Fluorochrom kann durch
— Dialyse gegen Phosphatpuffer (PBS),
— Gelfiltration mit Hilfe quervernetzter Dextrane,
— Ionenaustauschchromatographie an DEAE-Zellulose, DEAE-Sephadex oder Trägerelektrophorese
erfolgen.

Gröbere Aggregate können bereits durch Zentrifugation beseitigt werden. Die heute noch vielfach genutzte Dialyse erfordert große Mengen von Dialyseflüssigkeit (Hinweise darüber bei WEIGELE et al. 1973). Besser geeignet ist die säulenchromatographische Reinigung mit Sephadex G25 (über das Verfahren siehe Methodenanhang S. 151).

13.1.4. Charakterisierung markierter Antiseren

Eine spezifische Markierung mit Fluoreszenzfarbstoffen ist besonders von zwei Faktoren abhängig:
— vom Reinheitsgrad der verwendeten Antikörperpopulation,
— vom Verhältnis Farbstoff/Protein.

Die Bestimmung des Farbstoff-Protein-Verhältnisses kann für FITC-Konjugate nach dem Verfahren von Hebert et al. (1972) durchgeführt werden. (Einzelheiten neben der Originalarbeit bei Storch 1979, 1986). Dazu sind folgende Schritte erforderlich:
— Bestimmung der Proteinkonzentration,
— Bestimmung des proteingebundenen FITC,
— Errechnung des Fluorochrom-Protein-Verhältnisses.

Die Proteinkonzentration kann nach dem Biuret-Verfahren durch photometrische Messungen bei 560 nm bestimmt werden (Einzelheiten bei Storch 1979). Als Referenzstandard ist Rinderserumalbumin geeignet.

Die FITC-Konzentration wird durch Messung der optischen Dichte in 0,1 N Natronlauge bestimmt.

Das Fluorochrom-Protein-Verhältnis kann als
µg FITC/mg Protein oder als
molares Fluorochrom-Protein-Verhältnis angegeben werden.

Bei optimaler Markierung von Antikörpern mit Fluorochromen wird eine nichtspezifische Fluoreszenz weitgehend vermieden. Folgende Faktoren können diese verursachen:
— freies Fluorochrom, das mit Gewebeproteinen unspezifisch reagieren kann,
— Überladung mit Fluorochrom,
— Gegenwart markierter unspezifischer Proteine in der Antikörperfraktion (Spezifitätskontrollen s. Tab. 20).

Tabelle 20. Spezifitätskontrolle für die indirekte Immunfluoreszenz (nach Goldman 1968)

homologer Ak	Kochsalzlösung	homologer Ak	keine Färbung
homologer Ak	heterologes Ag	homologer Ak	keine Färbung
homologer Ak	homologes Ag	heterologer Ak	keine Färbung
homologer Ak oder kein Ak	homologes Ag	homologer Ak	keine Färbung
homologer Ak	homologes Ag	homologer markierter plus unmarkierter Ak	keine Färbung
homologer Ak	homologes Ag	homologer Ak	Färbung

Ag = Antigen
Ak = Antikörper

13.1.5. Immunfluoreszenzmikroskopische Methoden

Seit Begründung der Immunfluoreszenz durch COONS et al. (1942) sowie COONS und KAPLAN (1950) wurde eine Reihe von Methoden eingeführt. Neben den direkten sind besonders indirekte Methoden bedeutungsvoll. Bei den direkten Methoden ist der Fluoreszenzfarbstoff an den ersten Antikörper gekoppelt. Die Verfahren sind zwar spezifisch, aber wenig empfindlich. Die indirekten Methoden sind auf Grund von Mehrschichtenreaktionen (Multiplikationseffekt, s. S. 136) wesentlich empfindlicher (Abb. 50, 51). Sie können als Zwei- oder Mehrstufen-Technik angewendet werden. Daneben gewinnen die Doppelimmunfluoreszenz und die Mehrfachfluorochromierung zunehmend an Bedeutung. Voraussetzung für die simultane Doppelimmunfluoreszenz und die Mehrfachfluorochromierung ist der Einsatz von Antikörpern, die mit Fluorochromen unterschiedlicher Fluoreszenz (z. B. FITC = Grünfluoreszenz, TRITC = Rotfluoreszenz, Biman = Blaufluoreszenz)

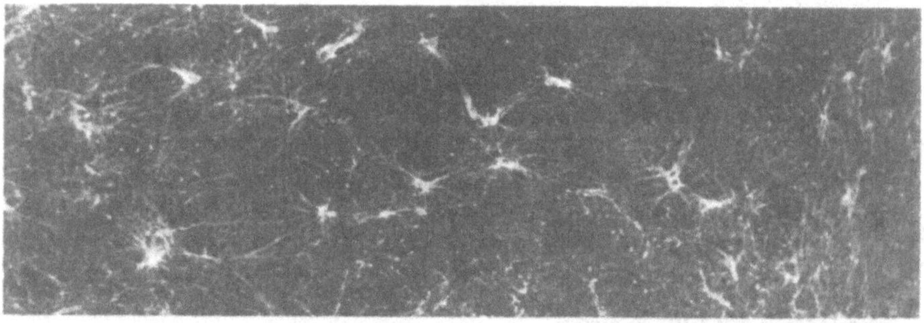

Abb. 50. Immunfluoreszenznachweis mit Anti-saures Gliafibrilläres Protein und FITC-markiertem Anti-Kaninchen-IgG. Reaktion in Astrozyten des Cerebellums der Ratte. Kryostatschnitt, 30 sec nachfixiert in Ethanol bei 4 °C X 135. (Mikrogramm: Dr. M. BRÜCKNER, Leipzig).

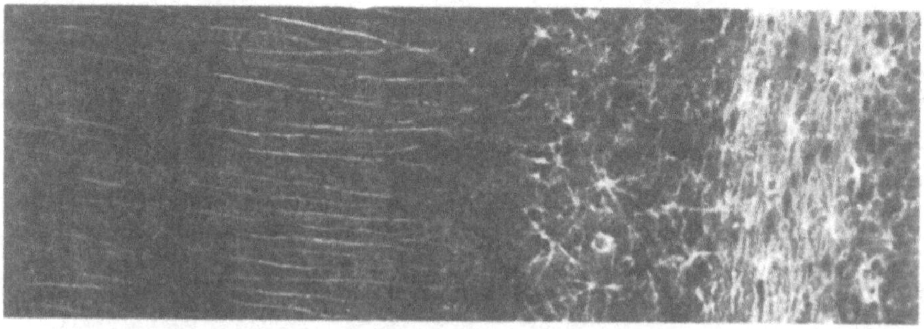

Abb. 51. Fluoreszenznachweis wie bei Abb. 50. Präzise Darstellung faserartiger Strukturen. X135. (Mikrogramm: Dr. M. BRÜCKNER, Leipzig).

markiert sind. Weitere Verfahren, bei denen Fluorochrome eingesetzt werden können: Sequentielle Technik, Hapten-Sandwich-Technik, Hybrid-Antigen-Technik, Avidin/Streptavidin-Biotin-Technik, Komplement-Methoden, markiertes Protein A, markierte Lektine, markierte Bakterien, künstliche Substrattechniken, Immunfluoreszenzkombinationen (u. a. mit anderen Mikroskopierverfahren und Methoden). Zur Technik der indirekten Immunfluoreszenz s. S. 152.

13.1.6. Gerätetechnik zur Durchführung der Immunfluoreszenz

Zur praktischen Durchführung von Immunfluoreszenzuntersuchungen sind Mikroskope erforderlich, die mit geeigneten Lichtquellen und Filtern ausgerüstet sind. In modernen Fluoreszenz- und Universalmikroskopen werden diese Voraussetzungen durch optimale Anpassung aller Bauteile an die Absorptions- und Emissionsspektren der Fluorochrome erfüllt.

13.1.6.1. Physikalische Grundlagen der Fluoreszenzmikroskopie

Als Fluoreszenz bezeichnet man die Eigenschaft verschiedener Substanzen, während der Dauer einer Anregung Licht zu emittieren. Das emittierte Licht hat dabei eine größere Wellenlänge als das anregende (STOKES'sche Regel). Unter dem Begriff Autofluoreszenz werden alle Fluoreszenzerscheinungen zusammengefaßt, die nicht durch Behandlung mit Konjugaten zustande gekommen sind. Nähere Ausführungen bei DE LERMA (1958), v. MAYERSBACH (1966), STORCH 1979, 1986, PEARSE (1980), DORN und BERNSTEIN (1983).

13.1.6.2. Anregungslichtquellen und Filtersysteme

Ein Fluoreszenzmikroskop ist erst funktionsfähig, wenn es mit Anregungslichtquellen und Filtersystemen ausgestattet ist. Durch diese beiden Systeme unterscheidet es sich vom Lichtmikroskop. Anregungslichtquellen haben die Aufgabe, die Objekte zur Fluoreszenz anzuregen und dabei eine hohe Strahlungsintensität im Absorptionsmaximum des jeweiligen Fluorochroms zu entwickeln. Gegenüber früher üblichen Kohlenbogenlampen haben sich die Quecksilber-Höchstdrucklampen durchgesetzt. Zur Zeit werden die Typen HBO 50 und HBO 200 am meisten verwendet. Außerdem können auch Halogen- und Xenonlampen eingesetzt werden.

Zur optimalen Anregung der Fluoreszenz sind Filtersysteme erforderlich. Man unterscheidet Primär- und Sekundärfilter. Zu den Primärfiltern gehören die Er-

Tabelle 21. Filter für FITC- und TRITC-Fluoreszenz (nach STORCH 1979)

Fluorochrom	Erregerfilter	Teilerspiegel	Sperrfilter
FITC	LP 450, KP 490, KP 500 oder BP 470—495 BG 12, BG 23, KP 490 und evtl. GG 5	 TS 500—510	LP 520 oder BP 520—560 OG 4
TRITC	LP 515, KP 560 oder BP 515—550	TS 580	LP 590

Erläuterungen:
KP = Kurzpaßfilter
LP = Langpaßfilter
BP = Bandpaßfilter
G = Glasfilter
TS = Teilerspiegel

reger- (Anregungs-, Exzitations-) Filter. Die Sekundärfilter, die neben den Erregerfiltern für Immunfluoreszenzuntersuchungen unbedingt erforderlich sind, umfassen die Sperrfiltersysteme (Tab. 21 u. 22). Zur Abstimmung der Fluoreszenzintensität können ergänzend Dämpfungs- und Kompensationsfilter eingesetzt werden. Erregerfilter haben neben der optimalen Anregung der Fluoreszenz die Aufgabe, nicht benötigtes Licht kürzerer bzw. auch längerer Wellenlänge, zurückzuhalten. Die im Strahlengang hinter dem Objekt liegenden Sperrfilter sondern unerwünschtes Fluoreszenzlicht (nicht in Fluoreszenzstrahlung umgesetzte Anregungsstrahlung) und kurzwelligeres Erregerlicht aus. Sie schützen somit das Auge vor den schädigenden kurzwelligen Strahlen. Moderne Fluoreszenz- und Universalmikroskope sind mit den notwendigen Filtersystemen ausgestattet, die in entsprechenden Halterungen eingesetzt werden können. Für die FITC- und TRITC-Fluoreszenz sind als Anregungsfilter und Sperrfilter die in Tab. 20 aufgeführten Filtertypen geeignet.

Das Schema eines Strahlenganges im Durchlicht- und Auflichtverfahren ist in der folgenden Abb. 52 dargestellt. In Forschung und Praxis hat sich die Auflichtfluoreszenz immer mehr durchgesetzt. Als Objektive sind besonders Apochromate, aber auch Planapochromate geeignet. Von den Okularen sind wegen der relativ lichtschwachen Fluoreszenzerscheinungen Typen mit niedriger Vergrößerungsstufe vorzuziehen. Zu beachten ist, daß eine hohe Anregungsintensität unter zwei Bedingungen erreicht werden kann durch

— hohe Durchlässigkeit im Bereich der Anregungsstrahlung,
— Kondensoren mit hoher Apertur.

Tabelle 22. Filterblocks zu den Fluoreszenz-Auflichtilluminatoren Leitz Plocemopak (Ernst Leitz Wetzlar GmbH, BRD)

Filterblock*	Anregungsbereich	Anregungsfilter	Teilerspiegel	Sperrfilter	Filtertyp	
					Anregung	Sperrung
A	Ultraviolett	BP 340—380	RKP 400	LP 430	G	F
A_2	Ultraviolett	BP 270—380	RKP 380	BP 410—580	G	F
B_2	UV + Violett	BP 340—410	RKP 455	LP 470	G	F
D	UV + Violett	BP 355—425	RKP 455	LP 460	IKP	F
E_3	Blau	BP 436/7	RKP 475	LP 490	IBP	F
G	UV + Violett + Blau	BP 350—460	RKP 510	LP 515	G	F
H_2	Violett + Blau	BP 390—490	RKP 510	LP 515	IKP	F
I_2	Blau	BP 450—490	RKP 510	LP 515	IKP	F
K_2	Blau	BP 470—490	RKP 510	LP 515	IKP	F
L_2	Blau	BP 450—490	RKP 510	BP 525/20	IKP	IBP
L2.1	Blau	BP 450—500	RKP 510	BP 515—560	IKP	IBP
M2	Grün	BP 546/14	RKP 580	LP 580	IBP	F
N2	Grün	BP 530—560	RKP 580	LP 580	IKP	F
N2.1	Grün	BP 515—560	RKP 580	LP 580	IKP	F

BP = Bandpaßfilter F = Folienfilter (Kombination) G = Farbglasfilter (Kombination) IBP = Hochleistungs-Interferenzbandfilter IKP = Hochleistungs-Interferenzkurzpaßfilter LP = Langpaßfilter RKP = Reflexions-Kurzpaßfilter

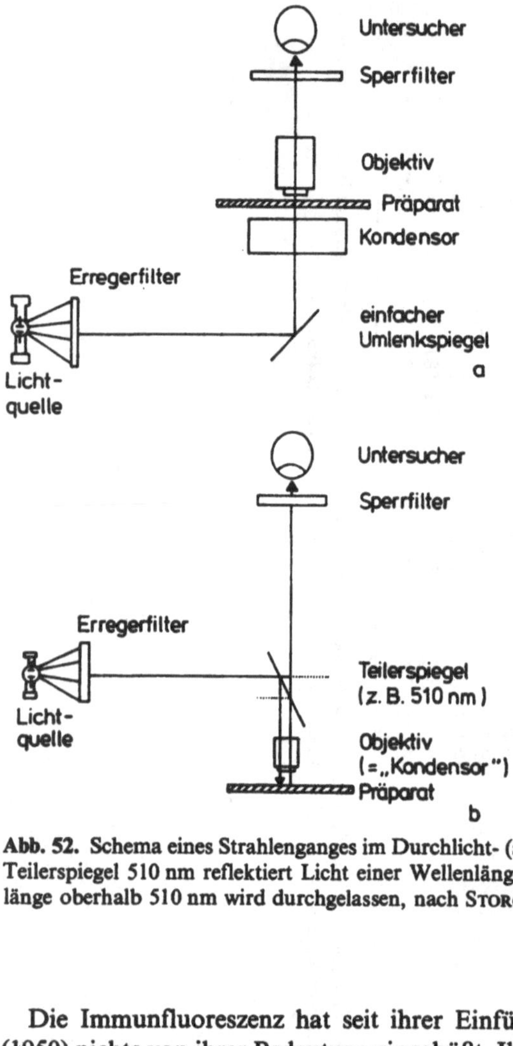

Abb. 52. Schema eines Strahlenganges im Durchlicht- (a) und Auflichtmikroskop (b). (FITC, der Teilerspiegel 510 nm reflektiert Licht einer Wellenlänge kleiner als 510 nm, Licht einer Wellenlänge oberhalb 510 nm wird durchgelassen, nach STORCH 1979).

Die Immunfluoreszenz hat seit ihrer Einführung durch COONS und KAPLAN (1950) nichts von ihrer Bedeutung eingebüßt. Ihre Anwendungsmöglichkeiten umfassen heute verschiedene Gebiete in Routine und Forschung. Zunehmende Bedeutung gewinnen neben Doppel- und Mehrfach-Immunfluoreszenzmethoden Kombinationen der Immunfluoreszenz mit anderen Verfahren (s. S. 188). Beachtliche Fortschritte wurden in den letzten Jahren in der quantitativen Immunfluoreszenz mit Hilfe der fluoreszenzmikroskopischen Zytophotometrie und anderer Techniken erzielt (Übersichten bei SCHAUENSTEIN und WICK 1980, HAAIJMAN 1983, LUPPA 1986b, STERNBERGER 1986).

13.1.7. Methodenanhang

Markierung von Immunglobulinen mit FITC

(GANI et al. 1980)

1. Die Proteinkonzentration wird mit 0,15 M $Na_2HPO_4 \cdot 2H_2O$ auf 10 mg/ml gebracht.
2. Einstellung des pH-Wertes mit 0,1 M Na_3PO_4 auf exakt 9,5.
3. FITC (ca. 1 mg/ml) unmittelbar vor der Kopplung in 0,15 M $Na_2HPO_4 \cdot 2\,H_2O$ lösen.
4. FITC-Lösung (ca. 10 µg FITC/mg Protein) innerhalb von 5 min unter Rühren der Proteinlösung zugeben.
5. Einstellen des pH-Wertes auf 9,5.
6. Kopplung bei Kontrolle des pH-Wertes (eventuell nachjustieren!) unter ständigem Rühren bei Raumtemperatur im Dunkeln nach 2 1/2 h oder im Kühlschrank nach 15—18 h beenden.

Markierung von Immunglobulinen mit TRITC

(GODING 1976)

1. Dialyse des zu markierenden Immunglobulins (z. B. 10 ml mit ca. 6 mg IgG/ml) über Nacht gegen Karbonatpuffer, pH 9,3 (17,3 g $NaHCO_3$, 8,6 g Na_2CO_3 in 1 Liter dest. Wasser).
2. Kristallines TRITC in Dimethylsulfoxid (DMSO) lösen (1 mg TRITC/ml DMSO).
3. Farbstofflösung (10 µg/mg IgG, 0,6 mg TRITC auf 60 mg Gesamtprotein) unter ständigem Rühren innerhalb von 10 min der IgG-Lösung zugeben. pH-Wert-Kontrolle, gegebenenfalls auf pH 9,3 nachjustieren.
4. Fortsetzen der Kopplung unter ständigem Rühren im Dunkeln bei Raumtemperatur bis zu 2 1/2 h.

Bemerkungen: Im Anschluß an die Markierung ist eine Reinigung der Konjugate erforderlich.

Reinigung der Konjugate durch Fraktionierung an DEAE-Sephadex A-50

(nach GODING 1976 und STORCH 1979)

Durch die nachfolgend beschriebene Ionenaustauschchromatographie werden Fraktionen mit annährend gleichem Farbstoff/Protein-Verhältnis gewonnen.

Durchführung

1. Vorbereitung des DEAE-Sephadex-Gels für die Fraktionierung
— 15 g kommerzielles DEAE-Sephadex (enthält Chlorid-Ionen) werden zum Ionenaustausch einen Tag in 1 Liter 0,5 M Kalium-Phosphatpuffer, pH 8,0, gequollen.
— Das gequollene Gel (ca. 300 ml) wird mit 2 Liter 0,01 M Kaliumphosphatpuffer, pH 8,0, über einem Büchner-Trichter gewaschen und im gleichen Puffer mit 0,002 %igem Chlorhexidin 1 Tag reäquilibriert. Das nunmehr gebrauchsfertige Gel kann bei Zimmertemperatur aufbewahrt werden.
2. Durchführung der Fraktionierung
— Die Fraktionierungssäule (Chromatographierohr oder 50-ml-Plaste-Spritze mit zentralem Ansatz und eingebautem Nylonnetz) wird mit DEAE-Sephadex gefüllt.
— Elution mit einem linearen 0,01 bis 1,0 M Salzgradienten mit Hilfe eines Gradientenmixers. Das Ausflußreservoir enthält 100 ml 0,01 M Phosphat, pH 8,0, das Endreservoir das gleiche Volumen desselben Puffers mit 5,8 ml NaCl.
— Sammlung von 5 ml Fraktionen.
— Messung der optischen Dichte
für FITC bei 280 und 495 nm
für TRITC bei 515 und 550 nm.

Geeignete IgG-Fraktionen können nach der Testung gepoolt und gegebenenfalls konzentriert werden (Vakuumdialyse gegen PBS).

Direkte Immunfluoreszenz-Technik („Einstufen-Technik")
Fixation und Gewebebehandlung siehe Seite 112. Entparaffinierte Paraffinschnitte, Kryostat- oder Vibratomschnitte über Aqua bidest. in phosphat- oder trisgepufferte Kochsalzlösung (PBS/TBS) bringen.
(Herstellung: PBS s. S. 69, TBS s. S. 67).

1. Schnitte in PBS/TBS behandeln, 3mal 10 min bei Raumtemperatur bzw. 3mal 30 min bei 4 °C.
2. PBS/TBS vom Schnitt ablaufen lassen, Reste um den Schnitt herum mit Filterpapier absaugen.
3. Auftropfen des markierten Antikörpers.
4. Inkubation in einer feuchten Kammer (siehe Seite 167), 30—60 min bei Raumtemperatur, mehrere Stunden bei 4 °C.
5. Waschen mit PBS/TBS, 3mal 10 min.
6. Schnitte mit gepuffertem Glycerin (pH 8,6), Entellan, Fluormont (Gurr Ltd., London/England oder Piaflex VEB Chemisches Kombinat Piesteriz) eindecken. In gepuffertem Glyzerin eingeschlossene Präparate gegebenenfalls mit Paraffin oder Nagellack umranden. (Gepuffertes Glyzerin: 3,7 g $NaHCO_3$ und 0,6 g wasserfreies Na_2CO_3 in dest. Wasser lösen und auf 100 ml auffüllen. Lagerung in geschlossener Flasche!).
   Anwendung: 1 Teil Puffer, 9 Teile Glyzerin.
7. Untersuchung im Fluoreszenzmikroskop.

Bemerkungen: Durch Inkubation freiflottierender Schnitte bei leichter Bewegung des markierten Antikörpers mit einer Schüttelapparatur bei niedriger Gangart kann die Antigen-Antikörper-Reaktion optimiert werden. Dieses Vorgehen erfordert mehr Antikörper. Nach 6. kann eine Gegenfärbung mit einem nichtfluoreszierenden Farbstoff (z. B. mit Evans blue) angeschlossen werden. In der Regel führt jedoch Gegenfärbung zu einer Beeinträchtigung der Fluoreszenz (u. a. zu einer Abschwächung). Infolge der relativen Instabilität der Fluoreszenz muß die Untersuchung im Fluoreszenzmikroskop unmittelbar nach dem Eindecken der Schnitte erfolgen. Eine Lagerung der Präparate im Kühlschrank ist nur beschränkt möglich. In gepuffertem Glyzerin eingedeckte und luftdicht (s. o.) abgeschlossene Präparate können dagegen bei —20 °C jahrelang aufbewahrt werden.

Indirekte Immunfluoreszenz-Technik

1. Gewebe- und Schnittbehandlung wie bei der direkten Technik.
2. Auftropfen des 1. Antikörpers (unmarkiert) auf den Schnitt.
3. Inkubation wie bei 4. der direkten Technik.
4. Waschen mit PBS/TBS, 3mal 10 min.
5. Inkubation mit dem fluorochrommarkierten 2. Antikörper (gerichtet gegen den Spender des 1. Antikörpers), 15—30 min bei Raumtemperatur, 1 bis mehrere h bei 4 °C.
6. Waschen mit PBS/TBS, 3mal 10 min.
7. Eindecken, Untersuchung im Fluoreszenzmikroskop.

Bei der direkten und indirekten Technik muß die optimale Verdünnung des Antikörpers ausgetestet werden (siehe dazu Seite 107).

Kontrollen: Eine positive Immunfluoreszenzreaktion zeichnet sich durch folgende Charakteristika aus:

— das nachzuweisende Antigen ist durch eine strukturgebundene Fluoreszenz in der typischen Farbe präzis lokalisiert,
— die Umgebung des fluoreszierenden Reaktionsproduktes erscheint dunkel und zeigt somit keine Autofluoreszenz oder auf Diffusionsartefakten beruhende Fluoreszenzerscheinungen.

Der indirekte Immunfluoreszenz-Nachweis erfordert folgende Spezifitätskontrollen:
- Schnittinkubation nur mit Puffer (PBS oder TBS) zur Feststellung von Autofluoreszenz,
- Inkubation nur mit dem Konjugat zum Erkennen von unspezifischen Färbungen,
- Inkubation mit Normalserum bei niedriger Verdünnung zum Feststellen unspezifischer Proteinbindungen,
- Behandlung mit einem Referenz- oder Standardserum, das positiv reagieren muß.

13.2. Immunenzymtechniken

Diese Techniken verwenden als Marker Enzyme, die durch chemische Konjugation an die Antikörper gekoppelt werden. Die nach der Reaktion mit dem Antigen entstandenen Antigen-Antikörper-Komplexe werden anschließend durch die histochemische Darstellung des Enzyms sichtbar gemacht (s. S. 110). Man kann jedoch auch die Antigennatur des Markerenzyms zur Antikörperdarstellung nutzen. Auf diese Weise entstandene Enzym-anti-Enzym-Antikörperkomplexe können ebenfalls zur Antigenlokalisation verwendet werden.

Nach umfangreichen Untersuchungen (NAKANE und PIERCE 1966; AVRAMEAS und URIEL 1966; STERNBERGER 1979; BOORSMA 1983; Übersichten) werden zur Antikörpermarkierung die bereits auf S. 110 angeführten Enzyme herangezogen.

Peroxidase hat sich als Nachweismolekül aus folgenden Gründen bisher am besten bewährt:
- Es ist histochemisch leicht nachweisbar und steht kommerziell in reiner Form zur Verfügung.
- Die Kopplung an das Immunglobulin verringert seine Aktivität nicht stark.
- Es ist bei neutralem pH und bei Raumtemperatur weitgehend stabil.

Ein gewisser Nachteil für den Peroxidasenachweis ist das Auftreten endogener Peroxidase. Da diese aber nur in bestimmten Zelltypen (z. B. in den Follikelepithelzellen der Schilddrüse, Epithelzellen des Genitaltraktes, Leukozytengranula, Erythrozyten, Mastzellen, in der Mamma und in Speicheldrüsen) gehäuft auftritt, läßt sie sich in vielen Fällen bereits durch die morphologische Analyse des Gewebeschnittes ausschalten. Zuverlässiger ist jedoch ihre Hemmung durch Vorbehandlung der Schnitte mit 0,5% Wasserstoffperoxid in Methanol (STREEFKERK 1972), 0,1% Phenylhydrazin, pH 7,0 (STRAUS 1979, 1980) oder mit 0,074% HCl in Ethanol (WEIR et al. 1974). Zu beachten ist, daß durch diese Vorbehandlung die Reaktivität verschiedener Antigene modifiziert oder sogar zerstört werden kann. Kontrollen sind daher erforderlich! Über den histochemischen Nachweis der Peroxidase s. S. 112).

13.2.1. Enzymkonjugationstechniken

Diese Techniken verfolgen das Ziel, Markerenzyme optimal, d. h. bei Erhaltung der Enzym- und Antikörperaktivität, an das Immunglobulin (IgG) zu konjugieren. Dafür stehen folgende Kopplungsreagenzien zur Verfügung:

4,4'-Difluor-3,3'-dinitro-diphenylsulfon (FNPS)	NAKANE und PIERCE (1966)
1-Cyclohexyl-3-(2-morpholinoethyl)-carbodiimid	AVRAMEAS und URIEL (1966)
trimeres Cyanurchlorid	AVRAMEAS und LESPINATS (1967)
Carbodiimide	CLYNE et al. (1973)
Toluoldiisocyanat	CLYNE et al. (1973)
Glutaraldehyd	AVRAMEAS (1969); AVRAMEAS und TERNYNCK (1971)
Natriumperiodat	NAKANE und KAWAOI (1974); WILSON und NAKANE (1978)
p-Benzochinon	TERNYNCK und AVRAMEAS (1976, 1977)
N-Succinimidyl-3-(2-pyridyldithio)-propionat	CARLSSON et al. (1978)

Die Qualität der Peroxidase-Konjugate hängt von 3 Faktoren ab: von der angewandten Kopplungsprozedur, der Wahl des bifunktionellen Vernetzers und der Reinheit der Immunglobulinfraktion (BOORSMA 1983, Überblick).

Die Enzymkonjugation kann im Ein- und Zweischritt-Verfahren erfolgen, wobei auf Grund allgemeiner Erfahrung die Zweischritt-Verfahren den Einschritt-Techniken überlegen sind. Von den in der Übersicht angeführten Kopplungsreagenzien haben sich Glutaraldehyd im Zweischritt-Verfahren und Natriumperiodat am besten bewährt. Sie werden daher auch am häufigsten angewendet.

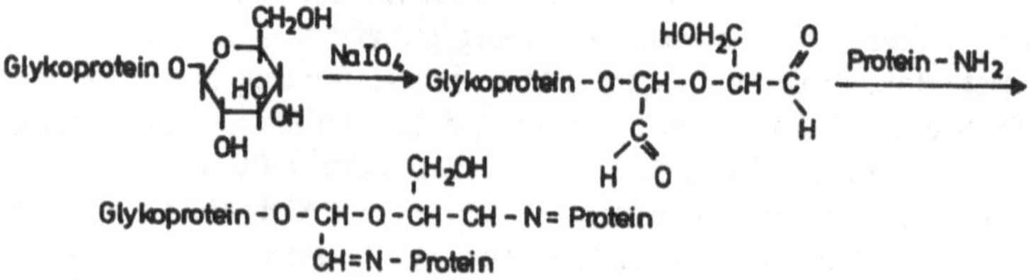

Abb. 53. Reaktionsablauf bei der Kopplung von Enzym und Immunglobulin mit Natriumperiodat.

Die Periodat-Methode (Abb. 53) ist der Zweischritt-Konjugation mit Glutaraldehyd in drei Punkten überlegen:

1. Nahezu die gesamte verwendete Peroxidase wird im Konjugat gebunden, so daß nur eine kleine Menge ungebundener Peroxidase verlorengeht.
2. Der Anteil von ungebundenem IgG ist gering.
3. Die Enzymaktivität wird im Peroxidase-Konjugat nur geringfügig reduziert.

Eine genaue Beschreibung beider Techniken ist bei Boorsma (1983) zu finden.

13.2.2. Immunperoxidase-Techniken

Bei diesen Techniken kann man zwei Gruppen von Methoden unterscheiden:

a) Methoden, bei denen die Peroxidase mit Kopplungsreagenzien an den Antikörper konjugiert wird (s. S. 154);
b) Methoden, die das Markierungsenzym ohne chemische Bindung an den Antikörper verwenden,

Die folgende Übersicht zeigt die Entwicklung der Immunperoxidase-Techniken in chronologischer Reihenfolge (Abb. 54; s. Vandesande, 1983 b, Übersicht).

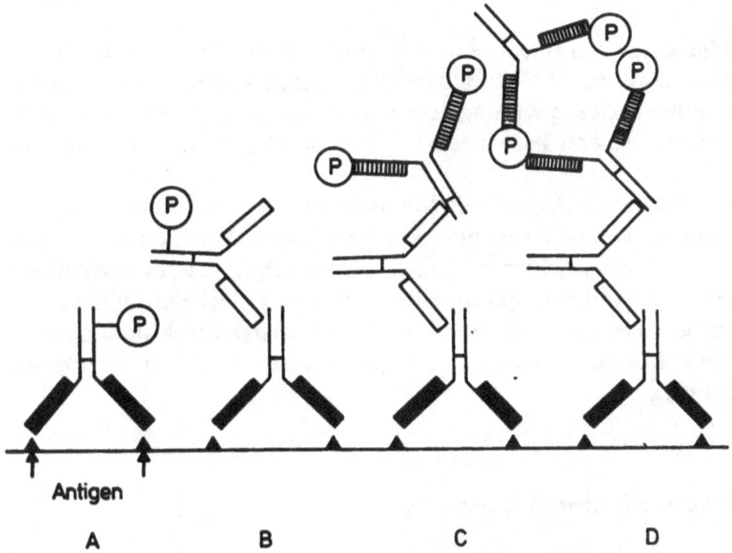

Abb. 54. Vergleichende schematische Darstellung der Immunperoxidase-Techniken. A Direkte Immunperoxidase-Technik, B Indirekte Immunperoxidase-Technik, C Immunglobulin-Enzym-Brückentechnik, Peroxidase-Antiperoxidase (PAP)-Technik.

Technik	**Autoren**
Direkte Immunperoxidase-Technik	Nakane und Pierce 1966, 1967
Indirekte Immunperoxidase-Technik	
Immunglobulin-Enzym-Brückentechnik (4-Schritt-Antikörper-Technik mit Antikörpern gegen Peroxidase und anschließender Inkubation mit Peroxidase)	Mason et al. 1969; Sternberger und Cuculis 1969
Unmarkierte Antikörper-Peroxidase-anti-Peroxidase (PAP)-Methode	Sternberger et al. 1970

13.2.2.1. Direkte und indirekte Immunperoxidase-Technik

Bei der heute nur selten angewendeten direkten Immunperoxidase-Technik wird die Peroxidase an den 1. Antikörper gekoppelt. Das nachzuweisende Antigen reagiert dann direkt mit dem gekoppelten Antikörper.

Die indirekte Immunperoxidase-Technik setzt neben dem 1. Antikörper einen mit Peroxidase konjugierten 2. Antikörper ein, der gegen den 1. Antikörper gerichtet ist. Die histochemisch dargestellte Peroxidase weist schließlich die Antigenlokalisation nach.

Auf der Grundlage der von Nakane und Kawaoi (1974), Molin et al. (1978) sowie Wilson und Nakane (1978) entwickelten Enzymkonjugationsverfahren kann mit den Immunperoxidase-Konjugaten ein Wirkungsgrad erzielt werden, der mit dem der Peroxidase-anti-Peroxidase-(PAP)-Komplexe (s. S. 159) vergleichbar ist (Burns 1982).

Ein Vorteil der markierten Antikörper-Methode ist die Verwendungsmöglichkeit kleinerer Fragmente von IgG wie Fab'- oder Fab-Fragmenten. Auf diese Weise läßt sich die Penetration des markierten Antikörpers erhöhen, u. a. in Verbindung mit der immunelektronenmikroskopischen Pre-embedding-Technik (Osamura et al. 1981). Dadurch ist es möglich, Substanzen in subzellulären Strukturen, z. B. in den Mitochondrien, mit der direkten Immunperoxidase-Technik nachzuweisen (Osamura et. al. 1981).

13.2.2.2. Immunglobulin-Enzym-Brückentechnik

Die von Mason et al. (1969) sowie Sternberger und Cuculis (1969) unabhängig voneinander entwickelte Technik gehört zu den „unmarkierten" Antikörpermethoden. Sie gliedert sich in folgende Schritte (Tab. 23):

Tabelle 23. Schematische Darstellung der Enzymbrücken-Technik (Unmarkierte Antikörper-Enzym-Originalmethode)

1 Inkubation mit einem spezifischen Antiserum von Spezies A, gerichtet gegen das Gewebeantigen in hoher Verdünnung. Dadurch wird gewährleistet, daß der Antikörper mit beiden Antigenbindungsstellen reagiert.
2 Inkubation mit einem Antiserum, erzeugt in Spezies B gegen das IgG von Spezies A (2. Antikörper). Durch Anwendung dieses Antikörpers in geringer Verdünnung (im Überschuß) bleibt eine Antigenbindungsstelle nach Reaktion mit dem 1. Antikörper frei.
3 Inkubation mit einem Antiserum von Spezies A gegen Peroxidase (3. Antikörper). Die freie Bindungsstelle des 2. Antikörpers bindet die Anti-Peroxidase-Antikörper.
4 Inkubation mit Peroxidase, die mit den freien Bindungsstellen der Anti-Peroxidase-Antikörper reagiert.
5 Inkubation mit dem DAB-Reagens.

Zur histochemischen Darstellung der Peroxidase wird abschließend mit H_2O_2 und DAB oder einem anderen geeigneten Reagens (s. S. 112) inkubiert (Abb. 55).

Ein optimales Reaktionsergebnis der Technik ist besonders von zwei Bedingungen abhängig:
— der Verwendung eines gereinigten Anti-Peroxidase-Antikörpers;
— vom Vorhandensein des Antikörpers der Schicht 2 (Brückenantikörper) im Überschuß.

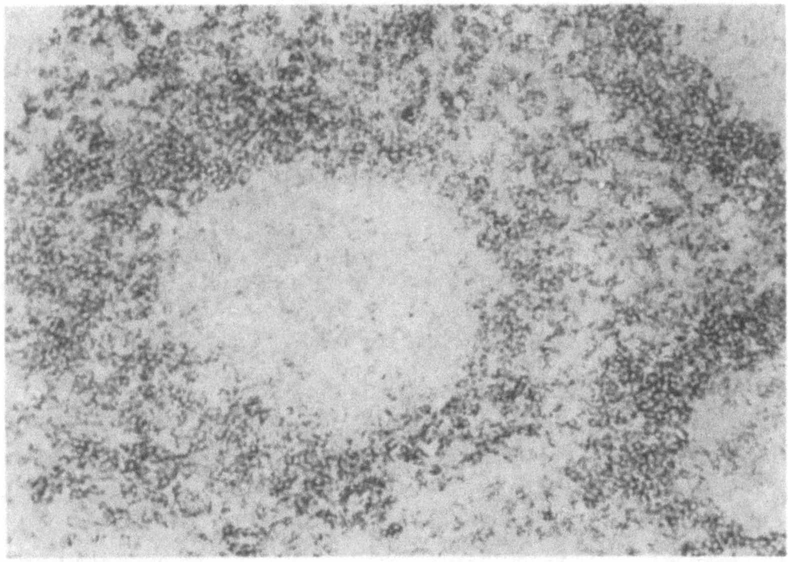

Abb. 55. Darstellung von B-Lymphozyten in der menschlichen Tonsille mit dem monoklonalen Antikörper BL-Ig/L1 (Dr. Fiebig, Leipzig) gegen Zellmembranantigen. Paraformaldehydfixation, 6 µm Kryostatschnitt, Enzymbrücken-Technik. X 230.

Durch den Brückenantikörperüberschuß wird gewährleistet, daß nur eine der Bindungsstellen mit dem 1. Antikörper (Schicht 1) reagiert, während sich die zweite Bindungsstelle mit der Anti-Peroxidase (Schicht 3) verbinden kann.

Bei der Durchführung der Methode ist folgendes zu bedenken: Anti-Peroxidase besitzt nur eine relativ geringe Affinität zur Peroxidase. Nach der Inkubation mit Peroxidase (Schritt 4 der Reaktion) kann es daher beim Waschen der Präparate vor der DAB-Reaktion zu relativ hohen Antikörperverlusten kommen (bis zu 75%!). Außerdem ist damit zu rechnen, daß im Anti-Peroxidase-Antiserum (Schritt 3) neben spezifischer Anti-Peroxidase auch Globuline ohne Anti-Peroxidase-Aktivität vorkommen können. Diese sind in der Lage, mit den Brückenantikörpern. (2. Schicht) gleiche Bindungen einzugehen wie die spezifische Anti-Peroxidase. Diese Mängel entfallen, wenn hochaffine monoklonale Antikörper gegen Peroxidase verwendet werden.

Unter optimalen Bedingungen ist die Enzym-Brücken-Technik eine empfindliche Methode (Petrusz et al. 1975), die auch in Verbindung mit monoklonalen Antikörpern gut eingesetzt werden kann (s. S. 157).

13.2.2.3. Unmarkierte Antikörper-Peroxidase-anti-Peroxidase (PAP)-Methode

Die PAP-Methode benutzt anstelle des relativ instabilen Reaktionsproduktes des Anti-Peroxidase-Antikörpers mit der Peroxidase einen löslichen Peroxidase-Anti-Peroxidase(PAP)-Komplex (Sternberger 1970, 1974). Der pentagonale PAP-

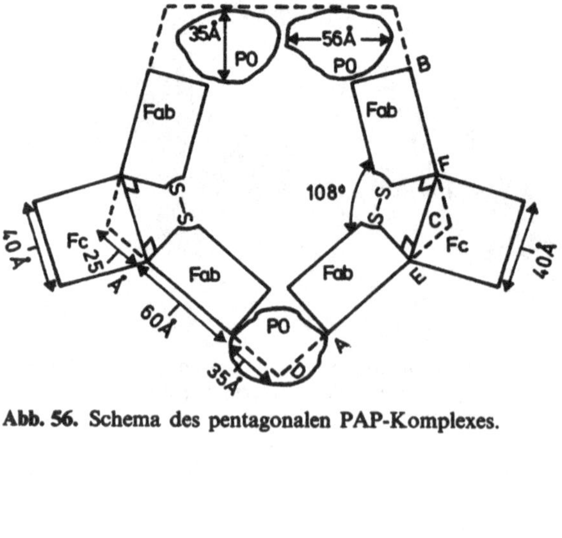

Abb. 56. Schema des pentagonalen PAP-Komplexes.

Komplex (Molekulargewicht 400000—429000) setzt sich aus drei Molekülen Peroxidase von hoher, enzymatischer Aktivität und zwei Anti-Peroxidase-Antikörper-Molekülen zusammen (Abb. 56). Die charakteristische fünfeckige Anordnung der PAP-Komplexe bewirkt eine relativ feste Bindung zwischen Peroxidase und Antikörpermolekülen. Inkubation mit dem PAP-Komplex führt daher kaum zu Verlusten von gebundener Peroxidase. Dies hat eine erhebliche Steigerung der Nachweisempfindlichkeit der PAP-Technik zur Folge, die das 100—1000fache der Immunfluoreszenz (s. S. 141) betragen kann (STERNBERGER 1974).

Das Präparationsverfahren für PAP-Komplexe nach STERNBERGER (STERNBERGER et al. 1970, s. S. 165) besteht aus drei Hauptschritten:

a) der Immunpräzipitation von Anti-Peroxidase mit Peroxidase;
b) der Wiederauflösung des Präzipitats bei saurem pH mit einem Überschuß von Peroxidase;
c) der Entfernung ungebundener Peroxidase durch Fällung mit Ammoniumsulfat.

Bei der Modifikation der PAP-Präparation von MASON und SAMMONS (1978) wurden ungebundene Immunglobuline und Peroxidasen von den löslichen PAP-Komplexen durch Gelfiltration getrennt. Nach den Vorschriften (s. S. 165) präparierte PAP-Komplexe sind gereinigt. Reaktionen mit unspezifisch reagierenden Brücken-Antikörpern werden weitgehend vermieden. Weitere unspezifische Reaktionen, z. B. direkter Gewebekontakt des 1. Antikörpers und des PAP-Komplexes, lassen sich durch Schnittvorbehandlung mit Normalserum (s. S. 109) und/oder durch Zusatz von 0,25 bis 2% Serumalbumin zu den verdünnten Antiseren und Wasch- und Pufferlösungen einschränken oder beseitigen.

Durch Verwendung des löslichen PAP-Komplexes konzentriert sich der Antigennachweis mit Hilfe der unmarkierten Antikörper-Peroxidase-anti-Peroxidase (PAP-Methode, Abb. 54D) auf folgende 3 Reaktionsschritte:

a) Schnittinkubation mit Antiserum (1. Antikörper) aus Spezies A;
b) Inkubation mit Antiserum aus Spezies B (2. Antikörper, Brückenantikörper) gegen das IgG von Spezies A;
c) Inkubation mit dem löslichen PAP-Komplex (Anti-Peroxidase aus Spezies A).

Nach Schritt c) folgt die Visualisierung der Reaktion durch den histochemischen Nachweis der im PAP-Komplex verankerten Peroxidase mit der DAB-Methode oder einem anderen Verfahren (s. S. 112, Abb. 57).

Für eine erfolgreiche PAP-Reaktion gilt als Regel: Alle Peroxidasemedien müssen unmittelbar vor der Reaktion frisch angesetzt werden!

Neben der lichtoptischen Darstellung hat sich die unmarkierte Antikörper-Peroxidase-anti-Peroxidase (PAP)-Methode für die Antigendarstellung im ultra-

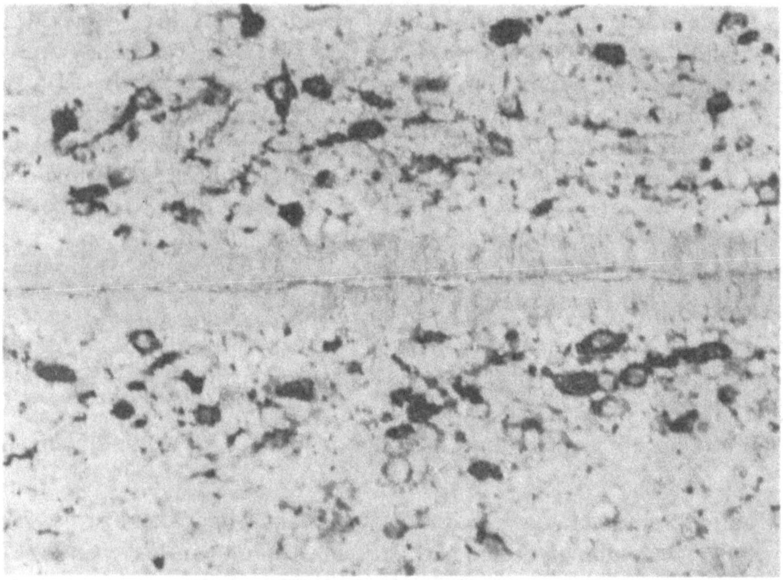

Abb. 57. 5-µm-Frontal-Paraffinschnitt durch die Wand des dritten Ventrikels der Ratte. Reaktion in Neuronen und Fortsätzen. Bouin-Fixation, PAP-Methode. Anti-Somatostatin (Dr. DUBOIS, Nouzilly). X 360.

strukturellen Bereich als zweckmäßig erwiesen. In Verbindung damit haben sich zwei Techniken entwickelt:
— die Voreinbettungsfärbung (Pre-embedding-staining)
  und die
— Nacheinbettungsfärbung (Post-embedding-staining)

13.2.2.4. Voreinbettungsfärbung (Pre-embedding-staining)

Bei der Voreinbettungsfärbung (Abb. 58) wird die immuncytochemische Reaktion am Gewebeschnitt vor der Einbettung durchgeführt (Tab. 24). Ein wesentlicher Vorteil dieser Technik ist die Möglichkeit, immuncytochemisch gefärbte Regionen durch lichtmikroskopische Kontrolle zur Einbettung für die Elektronenmikroskopie auszuwählen (STERNBERGER 1980). Weitere Vorteile sind (VAN LEEUWEN 1980):
— die Nachweisbarkeit einiger Antigene, z. B. Katecholamine synthetisierende Enzyme, die mit der Nacheinbettungsfärbung nicht darstellbar sind (PICKEL et al. 1975, 1976; JOH et al. 1975),

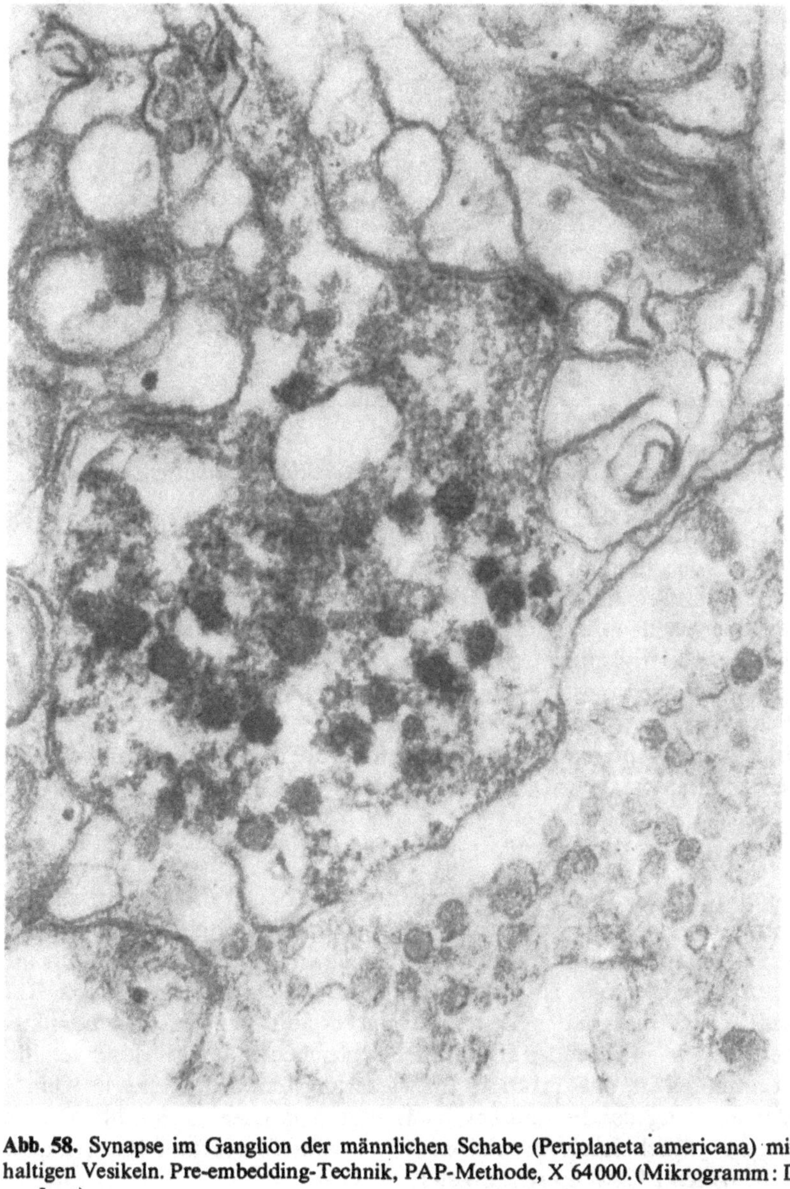

Abb. 58. Synapse im Ganglion der männlichen Schabe (Periplaneta americana) mit proctolinhaltigen Vesikeln. Pre-embedding-Technik, PAP-Methode, X 64000. (Mikrogramm: Dr. AGRICOLA, Jena).

Tabelle 24. Immunhistochemische Färbungstechniken

Voreinbettungsfärbung (Pre-embedding staining)	Nacheinbettungsfärbung (Post-embedding staining)	Färbung ohne Einbettung
Gewebefixation	Gewebefixation	Gewebefixation/ohne Fixation
Anfertigung von Dick- oder Dünnschnitten Immunfärbung LM- Untersuchung oder Kunstharzeinbettung Anfertigung von Dünnschnitten EM-Untersuchung	Paraffin- oder Kunstharzeinbettung Anfertigung von Dick- oder Dünnschnitten Immunfärbung LM/EM-Untersuchung	Kryostat-, Vibratom- oder Kryoultradünnschnitte Immunfärbung

LM Lichtmikroskop EM Elektronenmikroskop

— die Möglichkeit der Kombination von Licht- und Elektronenmikroskopie (Chan Palay und Palay 1977),
— die gute Darstellung von Membranen durch Osmiumtetroxid-Nachfixation im Anschluß an das immuncytochemische Verfahren.

Ein Nachteil der Technik ist die erschwerte Antikörperpenetration durch die relativ dicken Kryostat- oder Vibratomschnitte. Über Möglichkeiten zur Überwindung dieser Schwierigkeiten s. S. 139.

Da bei der Voreinbettungsfärbung häufig ein deutlicher Penetrationsgradient auftritt, ist es schwer zu entscheiden, ob Veränderungen in der Färbungsintensität auf unterschiedlichen Antigen-Konzentrationen beruhen oder auf unzureichende Penetration der Immunreagenzien zurückzuführen sind (Sternberger 1980).

13.2.2.5. Nacheinbettungsfärbung (Post-embedding staining)

In der Lichtmikroskopie wird die Nacheinbettungsfärbung (Tab. 24) generell eingesetzt (Abb. 59). Unter den Bedingungen des Ultradünnschnittes bestehen im Gegensatz zur Voreinbettungsfärbung keine Penetrationsprobleme. Daher sind alle Antigenorte für die Antikörper zugänglich. Außerdem können gefärbte Regionen gezielt für die Elektronenmikroskopie ausgewählt und verschiedene Inkubationen an aufeinanderfolgenden Schnitten des gleichen Materials durchgeführt werden. Zu beachten ist, daß Fixation, Entwässerung und Einbettung in Kunstharz zur Verringerung der Immunreaktivität führen können (s. S. 128). Dieser Nachteil läßt sich jedoch durch Anwendung der Niedrig-Temperatur-Einbettungsmethode mit Lowicryl K4M einschränken (s. S. 129).

In Kunstharz eingebettete Ultradünnschnitte müssen gewöhnlich vor der immuncytochemischen Reaktion zur Entfernung des Einbettungsmittels vorbehandelt werden (s. S. 125, Tab. 17).

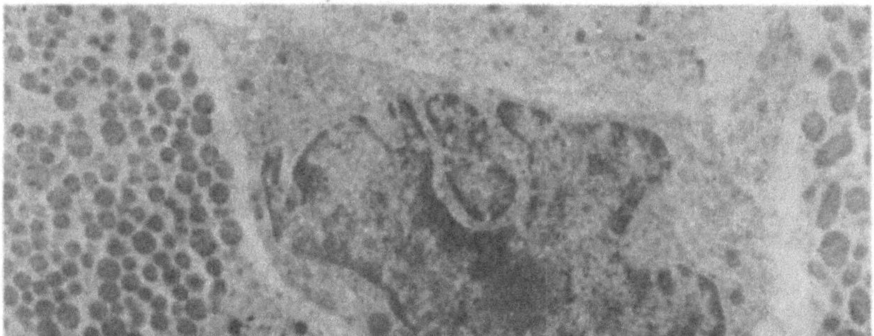

Abb. 59. Hypophyse von Rana temporaria, immuncytochemische Darstellung von ACTH. Postembedding-Technik, PAP-Methode, X12500. (Mikrogramm: Dr. DOERR-SCHOTT, Strasbourg).

13.2.3. Modifikationen der Immunperoxidase-Techniken

In den letzten Jahren entwickelte Modifikationen bzw. Verfeinerungen der Immunperoxidase-Techniken lassen sich wie folgt zusammenstellen:

Methode	**Literatur**	**Bemerkungen**
PAP-Methode für die Elektronenmikroskopie	MORIARTY 1973	Nacheinbettungsfärbungsmethode mit zwei Veränderungen: Vorbehandlung mit Normalserum; stark verdünnter 1. Antikörper, verlängerte Inkubationszeit bei Kühlschranktemperatur

Immunglobulin-Enzym-Brückenmethode	PETRUSZ et al. 1978	Behandlung mit Normal-Schafserum (NSS); Verdünnung aller Antiseren mit PBS/NSS; sehr hohe Verdünnung des 1. Antikörpers bei verlängerter Inkubationszeit; Optimierung der histochemischen Nachweisreaktion mit DAB und H_2O_2
Doppel-PAP	VACCA et al 1975; VACCA 1982	5-Schrittverfahren zur Visualisierung geringerer Antigenmengen durch Wiederholung der 1. PAP-Reaktion mit dem 2. Antikörper (Schritt 4) und danach PAP (Schritt 5); Abb. 60
Doppel-Brücken-Technik	ORDRONNEAU und PETRUSZ 1980	5-Schrittverfahren mit Anti-Peroxidase und Peroxidase in getrennten Schichten; stärkere Antigenfärbung im Vergleich zur Ein-Brücken-Technik

Neben der Peroxidase wurden besonders Alkalische Phosphatase und Glukoseoxidase als Markerenzyme bei Immunenzymtechniken erfolgreich eingesetzt.

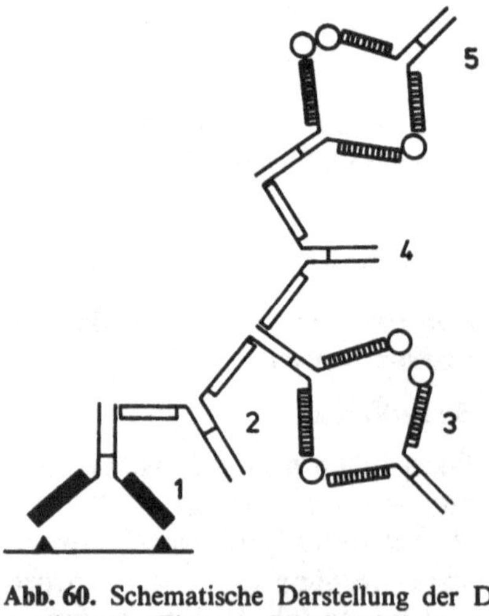

Abb. 60. Schematische Darstellung der Doppel-PAP-Technik. 1 erster Antikörper, 2 zweiter Antikörper (Ziege-o. Schaf-anti-Kaninchen-Antiserum), 3 Peroxidase-anti-Peroxidase (PAP, Kaninchen), 1. Folge, 4 zweiter Antikörper, 5 PAP, 2. Folge.

Alkalische Phosphatase diente u. a. als Partnerenzym der Peroxidase bei der lichtmikroskopisch-immunhistochemischen Doppelfärbung (MASON und WOOLSTON 1982; MALIK und DAYMON 1982; MASON et al. 1983).

Glukoseoxidase wurde in Glukoseoxidase-anti-Glukoseoxidation-Komplexen, plexen, die mit PAS-Komplexen vergleichbar sind, mit ähnlichem Erfolg angewendet wie die PAP-Methode (CLARK et al. 1982).

13.2.4. Methodenanhang

Zweischritt-Konjugation von Peroxidase mit Immunglobulin
(AVRAMEAS und TERNYNCK 1971)

1. In 0,5 ml 0,1 M Phosphatpuffer, pH 6,8, werden 25 mg hochgereinigter Peroxidase aufgelöst.
2. Tropfenweiser Zusatz von 0,5 ml 2% wäßrigem Glutaraldehyd; Lösung bei Raumtemperatur stehenlassen, 18 h.
3. Trennung der aktivierten Peroxidase von freiem Glutaraldehyd durch Gelfiltration an einer Sephadex-G-25(fein)-Säule, äquilibriert mit 0,9 % NaCl-Lösung.
4. Die aktivierte Peroxidase (braun) enthaltende Fraktion wird auf 1 ml konzentriert.
5. 1 ml aktivierte Peroxidase und 0,3—0,5 ml 0,5 M Natriumcarbonatpuffer, pH 9,0, mischt man mit 2,5 ml Antikörper in einer Konzentration von 5 mg/ml oder mit 1 ml Fab-Fragmenten (2,5 mg/ml) und inkubiert bei 4 °C, 24 h.
6. Noch freie Aldehydgruppen werden durch Dialyse gegen 0,1 M Ethanolamin-HCL, pH 7,4, 24 h bei 4 °C blockiert.

Bemerkungen: Nach Schritt 6 können nichtgekoppelte Antikörper und Peroxidase u. a. durch Gelchromatographie entfernt werden. Als Ergebnis der schonenden Zweischritt-Konjugation werden Peroxidase-Konjugate mit hoher biologischer Aktivität gebildet.

Periodat-Methode zur Konjugation von Peroxidase an Immunglobulin
(BOORSMA 1982, modifiziert nach WILSON und NAKANE 1978)

1. 4 mg Peroxidase werden in 1 ml dest. Wasser aufgelöst.
2. 0,2 ml frisch hergestellte 0,1 M Natriumperiodat-Lösung hinzufügen; Lösung 20 min bei Zimmertemperatur rühren (Farbwechsel von Braun zu Grün).
3. Lösung gegen 1 mM Natriumacetat-Puffer, pH 4,4, bei 4 °C dialysieren, 20 h.
4. pH-Wert der Peroxidaselösung auf 9,5 durch Hinzufügen von 20 µl 0,2 M Natriumcarbonat-Puffer, pH 9,5, einstellen.
5. Unmittelbar danach 8 mg Antikörper in 1 ml 0,01 M Natriumcarbonat-Puffer; pH 9,5, zusetzen. Reaktionsgemisch bei Raumtemperatur rühren, 2 h.
6. 0,1 ml frisch hergestellte Natriumborhydrid-Lösung (4 mg/ml dest. Wasser) hinzugeben; Gemisch bei 4 °C stehenlassen, 2 h.
7. Peroxidasekonjugat durch Chromatographie (z. B. an Ultrogel oder Sephycryl) reinigen oder gegen PBS dialysieren.

Bemerkungen: Der Wirkungsgrad der Kopplung der Periodat-Methode liegt bei 95% (BOORSMA und STREEFKERK 1979).

Herstellung von löslichem PAP-Komplex
(STERNBERGER 1979)

1. In ein 250 ml-Zentrifugengefäß werden 6 ml einer 4% Lösung von Peroxidase eingefüllt Herstellung der Peroxidaselösung: 128 mg lyophylisierte Peroxidase (RZ = 3,0) wird in 32 ml

physiologischer Kochsalzlösung gelöst. Diese Lösung ist vor Gebrauch stets frisch anzusetzen

2. Zur Peroxidaselösung setzt man 40 ml Anti-Peroxidase (über die Testung des Serums s. S. 17) hinzu, mischt beide Komponenten und läßt das Gemisch anschließend bei Raumtemperatur stehen, 1 h.
3. Zentrifugation des Gemisches bei 2000 rpm, 20 min bei 1—5 °C.
4. Entfernung des Überstandes durch Absaugen.
5. Präzipitat in einem kleinen Volumen von kalter physiologischer Kochsalzlösung resuspendieren (z. B. durch wiederholtes Aufsaugen des Präzipitates in eine 10-ml-Pipette) und mit ca. 200 ml physiologischer Kochsalzlösung durch Zentrifugation waschen.
6. Waschprozedur insgesamt dreimal durchführen.
7. Präzipitat gründlich in 24 ml der 0,4% Peroxidaselösung resuspendieren.
8. Präzipitat unter leichtem Rühren bei Raumtemperatur auf pH 2,3 bringen. Zu diesem Zweck gibt man zunächst 2 Tropfen 1,0 N HCl hinzu und danach 0,1 und 0,01 N HCl für die feinere Einstellung.
9. Anschließend sofort mit NaOH (1,0; 0,1; 0,01 N) auf pH 7,4 neutralisieren.
10. Hinzusetzen von 2,4 ml einer Lösung folgender Zusammensetzung: 0,08 N Natriumacetat und 0,15 N Ammoniumacetat. Abkühlen der Lösung im Eisbad.
11. Zentrifugieren bei 17500 rpm und 1 °C, 8—10 min. Alle nachfolgenden Schritte werden in einem Kühlschrank oder Kühlraum bei 0—5 °C durchgeführt.
12. Unter Rühren langsam zum Überstand (von Schritt 11) das gleiche Volumen einer bei 0—5 °C gesättigten Lösung von Ammoniumsulfat hinzufügen; Rühren 25 min fortsetzen.
13. Zentrifugieren bei 17500 rpm (ca. 15000 xg) und 0 °C, 15 min.
14. Präzipitat in halbgesättigter Ammoniumsulfatlösung waschen, einmal.
15. Präzipitat in 24 ml dest. Wasser lösen und vor Licht geschützt bei dreimaligem Wechsel gegen 15 l Natriumammoniumacetat, 0,9% NaCl dialysieren: (13,5 l 0,9% NaCl, 1,5 l dest. Wasser, 75 ml 1,5 N Natriumacetat, 75 ml 3 N Ammoniumacetatlösung).
16. Präzipitat entfernen durch Zentrifugieren bei 17500 rpm (ca. 15000 g), 15 min.
17. 0,1-ml-Portionen des Überstandes in dicht verschließbare, im Eisbad stehende Glasstöpsel-Fläschchen übertragen; Fläschchen danach in Trockeneis-Aceton einfrieren und bei —20 °C im Dunkeln (Tiefkühltruhe) aufbewahren. PAP kann man außerdem lyophylisieren und in verschlossenen (am besten zugeschmolzenen) Ampullen aufbeahren.
    Eine einmal aufgetaute Probe teilt man in kleine Mengen von je 25—100 µl auf, füllt sie in dicht verschließbare kleine Kapseln, friert diese erneut bei —70 °C rasch ein und bewahrt sie bei —20 °C auf. Direktes Übertragen in eine Kühlbox bei —20 °C hat keinen Aktivitätsverlust zur Folge. Die Proben sind in diesem Zustand ohne nachweisbaren Aktivitätsverlust ca. 3 Jahre haltbar. Den Inhalt einer Kapsel verdünnt man für ein einzelnes Experiment. Ein zur Aufbewahrung für einige Tage oder zum Versand bestimmter flüssiger PAP erhält einen Zusatz von Natriumazid (—0,1—0,015 M).

Der Peroxidase- und Anti-Peroxidasegehalt des präparierten Peroxidase-anti-Peroxidase (PAP)-Komplexes wird durch Absorption von 1:10 verdünnten Proben bei 400 und 280 nm bestimmt. Peroxidase(PO)-Gehalt von PAP pro ml = $OD_{400} \cdot 0{,}413 \cdot 10$ mg Anti-PO-Gehalt von PAP

$$\text{pro ml} = \left[(OD_{280} \text{ von PAP}) - \frac{(OD_{400} \text{ von PAP}) \cdot (OD_{280} \text{ von PO})}{(OD_{400} \text{ von PO})}\right] \cdot 0{,}620 \cdot 10 \text{ mg}$$

Bemerkungen: hinsichtlich kritischer Punkte der PAP-Präparation s. S. 159.

Unmarkierte Antikörper-Peroxidase-Anti-Peroxidase (PAP-Methode) für die Lichtmikroskopie
(Sternberger 1974, 1979)

Benötigte Reagenzien:

— trisgepufferte physiologische Kochsalzlösung: 0,01 M Tris-HCl, pH 7,6, in 0,9% NaCl (TBS)

— 1. Antikörper vom Kaninchen, optimal verdünnt mit gepufferter 0,9% NaCl
— Ziege-Anti-Kaninchen IgG (ZAK) 1:20 in gepufferter 0,9% NaCl
— Peroxidase-Anti-Peroxidase (PAP)-Komplex 1:100 bis 1:300 (in Abhängigkeit von der PAP-Konzentration) in gepufferter 0,9% NaCl
— Diaminobenzidintetrahydrochlorid (DAB)-Lösung:
(Herstellung unmittelbar vor Gebrauch!)

5 mg DAB werden in 10 ml 0,05 M Tris-HCl-Puffer gelöst. Nach Filtern der Lösung 30%ige H_2O_2 zu einer Endkonzentration von 0,01% zusetzen (z. B. 100 µl 1% H_2O_2 zu 10 ml DAB-Tris).

Durchführung:

Fixation: s. Tab. 15, S. 114.

Einbettung: Paraffin oder Anfertigung von Kryostatschnitten

1. Paraffinschnitte in Xylol entparaffinieren, 2 × 5 min
2. Schnitte über absteigende Ethanolreihe in dest. Wasser bringen und waschen (Bei dickeren Kryostatschnitten empfiehlt es sich, die Schnitte zur Verbesserung der Antikörperpenetration mit 0,25% Triton X-100 in 0,05 Tris-HCl in 0,9% NaCl, pH 7,3 (TBS) zu behandeln, 15 min)
3. Waschen mit gepufferter 0,9% NaCl
4. Schnitte in der feuchten Kammer im Ziege-Normalserum 1:5 inkubieren, 15 min.
5. Mit gepufferter 0,9% NaCl waschen
6. Schnitte über Nacht bei Zimmertemperatur oder 4 °C in der feuchten Kammer mit optimal verdünntem 1. Antikörper behandeln, ca. 12—16 h.
7. Spülen mit gepufferter 0,9% NaCl durch Aufspritzen mit einer Pipette.
8. Waschen auf einer Schüttelapparatur, 5 min; danach Spülflüssigkeit mit Filterpapier sorgfältig absaugen.
9. Schnitte in der feuchten Kammer mit Ziege-anti-Kaninchen IgG 1:20 inkubieren, 25 min bei Raumtemperatur.
10. Spülen mit gepufferter 0,9% NaCl durch Aufspritzen mit einer Pipette, anschließend Schnitte auf einer Schüttelapparatur waschen, 5 min; Spülflüssigkeit mit Filterpapier absaugen.
11. Mit PAP 1:100 bis 1:300 in der feuchten Kammer inkubieren, 25 min bei Zimmertemperatur.
12. Spülen wie bei 10.
13. Schnitte mit frisch hergestellter DAB-Lösung färben, 3—5 min bei Zimmertemperatur (Anwendung der Schüttelapparatur ermöglicht eine gleichmäßige Verteilung des Reaktionsproduktes).
14. Waschen mit gepufferter 0,9% NaCl.
15. Färbung unter dem Mikroskop kontrollieren. (Gefrierschnitte können nach gründlichem Spülen mit dest. Wasser in Glycerin-Gelatine eingedeckt werden.)
16. Schnitte über aufsteigender Ethanolreihe entwässern, Aufhellen mit Xylol, Eindecken mit Kanadabalsam, Fluormount oder DPX, Bemerkungen: Bei Fixation mit Sublimat ($HgCl_2$) enthaltenden Gemischen müssen die Schnitte zur Entfernung des Sublimats nach Schritt 2 in folgenden Lösungen behandelt werden, je 2 min:

Lugolsche Lösung: 10 mg KJ/ml und 5 mg J_2/ml;
$NaHSO_3$-Lösung: 5 g $NaHSO_3$ in 100 ml H_2O
Danach gründlich mit Wasser waschen und Reaktion mit Schritt 3 fortsetzen.

Einfach-Brücken-Methode für die Lichtmikroskopie
(PETRUSZ et al. 1975)

Benötigte Reagenzien:

— Phosphat-gepufferte physiologische Kochsalzlösung (PBS): NaCl 20,25 g, Na_2HPO_4 3,20 g, $NaH_2PO_4 \cdot 2H_2O$ 0,39 g; dest. Wasser 2500 ml.
— 2% Ziege/Schaf-Normalserum in PBS

— Ziege-Normalserum 1:5 in gepufferter 0,9% NaCl
— 1. Antikörper vom Kaninchen, optimal verdünnt mit PBS
— Kaninchen/Schaf-anti-Peroxidase 1:100 in PBS.
— Peroxidase 0,5 mg/100 ml PBS mit 0,1% Eiweißalbumin
— Gefiltertes DAB, 75 mg/100 ml 0,05 M Tris-Puffer mit 0,002% H_2O_2.

Durchführung:

1. 5 µm dicke Paraffinschnitte über Xylol (2×) und absteigende Ethanolreihe in PBS bringen.
2. Schnitte in einer feuchten Kammer mit 2% Ziege/Schaf-Normalserum und 0,1% Natriumazid in PBS inkubieren, 10 min. Danach Normalserum durch Dekantieren von den Schnitten auf Filterpapier abfließen lassen.
3. Inkubation in einer feuchten Kammer mit dem in PBS optimal verdünnten 1. Antikörper, über Nacht bis 2 Tage bei Kühlschranktemperatur.
4. Schnitte mit PBS waschen, 3 min.
   (Alle nachfolgenden Schritte werden bei Zimmertemperatur durchgeführt.)
5. Inkubation in einer feuchten Kammer mit dem zweiten Antikörper: Ziege/Schaf-anti-Kaninchen-IgG, 1:50—1:100 in PBS, 10 min.
6. Waschen mit PBS, 3 min.
7. Schnitte in der feuchten Kammer mit Kaninchen/Schaf-anti-Peroxidase 1:100 in PBS inkubieren, 10 min.
8. Waschen mit PBS, 3 min.
9. Schnittinkubation in der feuchten Kammer mit PBS, das 0,5 mg Peroxidase/100 ml und 0,1% Eiweißalbumin enthält, 10 min.
10. Waschen mit PBS, 3 min.
11. Inkubation bei langsamer Bewegung im DAB/H_2O_2-Medium, 10—15 min.
12. Waschen mit Tris-Puffer und danach mit PBS, je 2 min.
13. Schnitte mit Osmiumtetroxid-Dämpfen behandelt, 10—15 min.
14. Waschen mit PBS, 5 min.
15. Kerngegenfärbung mit Methylgrün oder mit Toluidinblau.
16. Entwässern über aufsteigende Ethanolreihe, Aufhellen in Xylol, Eindecken in Kanadabalsam, Permount oder DPX.

Spezifitätskontrollen (s. S. 109)

1. Inkubation mit nichtimmunreaktivem Kaninchenserum 1:100 in PBS/NSS
2. Absorption des 1. Antikörpers vor Gebrauch mit zunehmender Menge des zugehörigen Antigens.

Bemerkungen: Fixation Tab. 15. Bei hochtitrigen 1. Antikörper sind sehr hohe Verdünnungen möglich.

p-Phenylendiamin-Pyrocatechol °PPD-PC)-Methode zur Darstellung von Peroxidase
(Hanker et al. 1977)

1. Präparation des Reaktionsgemisches

Das PPD/PC-Reagens setzt sich aus einem Teil PPD und zwei Teilen PC zusammen. Es kann als stabiles Reagens von Polysciences Inc., Warrington, Pa, USA, bezogen werden. Unmittelbar vor Gebrauch löst man 7,5—15 mg des vorgemischten PPD/PC-Reagens in 10 ml 0,1 M Tris-Puffer (pH 7,6) und fügt 0,1 ml 1% H_2O_2-Lösung hinzu.

2. Inkubation

Die Dauer der Inkubationszeit ist von der jeweilig verwendeten immuncytochemischen Reaktion abhängig. Sie beträgt bei der PAP-Methode 10 min, bei der indirekten Immunperoxidase-Technik etwa 30 min

Nach der Peroxidasereaktion wäscht man die Schnitte 3mal mit Wasser, entwässert über eine aufsteigende Ethanolreihe und schließt in Permount oder DPX ein.

Bemerkungen: Ein auswertbares Reaktionsergebnis liegt vor, wenn ein deutlich gefärbtes Reaktionsprodukt bei einem schwach tingierten Hintergrund erkennbar ist. Es empfiehlt sich, die optimale Inkubationszeit durch schrittweise durchgeführte Inkubationen vorzutesten.

Voreinbettungsfärbung mit PAP für die Elektronenmikroskopie
(PICKEL et al. 1975, modifiziert nach VAN NOORDEN und POLAK 1983)
Benötigte Reagenzien:
- 4% Paraformaldehyd, 0,2% Glutaraldehyd in 0,01 M Phosphatpuffer, pH 7,2
- 0,25% Triton X-100 in 0,05 M Tris-HCl in 0,9% NaCl (TBS)
- 0,05 M Tris-HCl in 0,9% NaCl (TBS)
- 30% Ziege-Normalserum in TBS
- 1. Antikörper (Kaninchen), gelöst in TBS mit einem Zusatz von 1% Ziege-Normalserum (etwa zweifache Konzentration der indirekten Methode für die Lichtmikroskopie)
- Ziege-anti-Kaninchen-IgG 1:1000 in TBS
- PAP-Komplex 1:100
- 0,05% DAB (5 mg), 0,01% H_2O_2 (100 µl 1% H_2O_2) in 0,1 M Tris-gepufferter 0,9% NaCl, pH 7,6 (10 ml).
- 1% Osmiumtetroxid (Millonigs Lösung)

Durchführung:
1. Fixierte Gewebeblöcke gründlich mit TBS waschen.
2. Vibratomschnitte (Gefrierschnitte) von 20 µm Dicke anfertigen und diese in kleinen Glasgefäßen sammeln.
3. Inkubieren mit 0,25% Triton X-100 in TBS, 15 min.
4. Schnitte bei Bewegung (Schüttelapparatur) mit TBS waschen, 3 × 20 min.
5. Behandeln mit 30% Ziege-Normalserum in TBS, 30 min.
6. Inkubation mit dem 1. Antikörper, 24 h bei 4 °C.
7. Waschen in TBS, 3 × 20 min.
8. Inkubation mit dem Brückenantikörper, 2 h bei Raumtemperatur.
9. Waschen in TBS, 3 × 20 min.
10. Inkubation mit dem Peroxidase-anti-Peroxidase (PAP)-Komplex, 2 h bei Raumtemperatur.
11. Waschen in TBS, 3 × 20 min.
12. Inkubation mit DAB/H_2O_2, 10 min bei Raumtemperatur.
13. Fixation der Schnitte in 1% Osmiumtetroxid/Millonigs Lösung, 1 h.
14. Gründlich in TBS waschen.
15. Schnitte entwässern und einbetten in Araldit.
16. Ultradünnschnitte von der Oberfläche bis zu einer Tiefe von 1—2 µm anfertigen.

Bemerkungen: Zur Verbesserung der Antikörperpenetration können fixierte Objekte vor dem Schneiden mit dem Vibratom entsprechend den Angaben auf S. 139 behandelt werden. Anstelle von Araldit können Epon 812 oder Durkupan zur Schnitteinbettung verwendet werden. Bei guter Anitkörperpenetration lassen sich Ultradünnschnitte tiefer als 1—2 µm von der Schnittoberfläche aus anfertigen.

Nacheinbettungsfärbung mit PAP für die Elektronenmikroskopie
Benötigte Reagenzien:
- gepuffertes Pikrinsäure-Paraformaldehyd-Gemisch (ZAMBONI und DE MARTINO 1967, 5. Tab.)
- 4% Paraformaldehyd, 0,2% Glutaraldehyd in 0,01 M Phosphatpuffer, pH 7,2
- 5% wäßriges H_2O_2
- Ziege-Normalserum 1:30 in TBS
- Ziege-anti-Kaninchen-IgG, 1:50—1:100 in TBS. Alle übrigen Reagenzien wie bei Voreinbettungsfärbung.

Benötigte Materialien:
300-Maschen-Nickel- oder Goldnetze
(Kupfernetze sind nicht geeignet, da Kupfer mit Osmiumtetroxid reagiert)
Durchführung:
1. Perfusionsfixation, Entwässern des fixierten Gewebes in aufsteigendem Ethanol, Einbettung in Araldit (Epon 812, Durkupan).
2. Anfertigung von Ultradünnschnitten, Montieren der Schnitte auf unbeschichteten Nickel- oder Goldnetzen.
3. Ätzen der Schnitte in 5% wäßrigem H_2O_2, 5 min. (Schnittätzung ist bei Goldtechniken, S. 177, nicht erforderlich)
4. Waschen mit TBS, 5 min bei Raumtemperatur, Trocknen der Schnitte durch Dekantieren der Netze auf Filterpapier.
5. Ziege-Normalserum, 5 min bei Raumtemperatur, danach Schnitte trocknen, nicht waschen!
6. Inkubation mit dem 1. Antikörper in der für die lichtmikroskopische PAP-Methode üblichen Verdünnung, 48 h bei 4 °C, anschließend 1—2 h bei Raumtemperatur.
7. Waschen mit TBS durch sorgfältiges Aufspritzen, Schnitte trocknen.
8. Inkubation mit Ziege-Normalserum, 5 min bei Raumtemperatur, danach Schnitttrocknung durch Dekantieren der Netze auf Filterpapier.
9. Inkubation mit Ziege-anti-Kaninchen-IgG (Brückenantikörper), 1:50—1:100 in TBS, 15 min bei Raumtemperatur.
10. Waschen mit TBS durch sorgfältiges Aufspritzen, Trocknen.
11. Inkubation mit Ziege-Normalserum 1:30 in TBS, 5 min bei Raumtemperatur, Trocknen wie bei 8.
12. Inkubation mit PAP-Komplex, gewöhnliche Verdünnung (1:50—1:300), der 1% Ziege-Normalserum enthält, 20 min bei Raumtemperatur.
13. Waschen mit TBS durch sorgfältiges Aufspritzen, Trocknen.
14. Entwicklung der Peroxidasereaktion mit einer Lösung von 0,05% DAB und 0,01% H_2O_2 in TBS, 3 min bei Zimmertemperatur.
15. Waschen der Netze, Trocknen mit Filterpapier.
16. Behandlung (Schwimmenlassen auf) mit 4% Osmiumtetroxid (oder Millionigs-Lösung), 20 min.
17. Waschen in Wasser, Trocknen.
18. Untersuchung mit dem Elektronenmikroskop.

Bemerkungen: Die Färbung wird durch Schwimmenlassen der Schnitte in Tropfen der Lösung in einer mit Paraffin überschichteten Petrischale durchgeführt. Während der Färbung dürfen die Nickel- oder Goldnetze niemals vollständig trocknen.

13.3. Antikörpermarkierung durch Schwermetalle

Neben Enzymen (s. S. 171) können auch Schwermetallverbindungen und Immunkolloide zur Markierung von Antikörpern verwendet werden. Voraussetzung ist dabei, daß die Markermoleküle einen ausreichenden Kontrast für licht- und elektronenmikroskopische Untersuchungen liefern.

Unter den Schwermetallmarkern hat sich das Ferritin besonders zur Darstellung von Membranoberflächenantigenen als geeignet erwiesen. Uran hat sich dagegen infolge seines geringen Differentialkontrastes zu den umgebenden Strukturen als Antikörpermarker nicht durchsetzen können. Weitere organische Verbindungen

von Schwer- und Edelmetallen, die als Marker eingesetzt wurden, sind in der folgenden Übersicht zusammengestellt (WAGNER 1980):
— Tetraacetoxymercuriacetat (PEPE 1961),
— p-Aminophenylmercuriacetat (KULBERG und AZADOVA 1963),
— 3-Carboxy-4-ferrocenylphenylisothiocyanat (FRANZ 1968),
— Chlormercuriferrocen (YASUDA und YAMAMOTO 1975).

In den letzten Jahren ist kolloidales Gold als Marker immer mehr in den Vordergrund getreten (WAGNER et al. 1976; WAGNER und WAGNER 1977; HORISBERGER 1981; ROTH 1982, 1983a; DE MEY 1983a, 1984).

13.3.1. Immunferritintechnik

Ferritin wurde zur Markierung von Antikörpern durch SINGER (1959) in die Immunhistochemie eingeführt. Das Ferritinmolekül besitzt einen Durchmesser von 12 nm. Seine Elektronenundurchlässigkeit wird durch Eisen verursacht, das 23% des Moleküls ausmacht und in charakteristischen Mizellen angeordnet ist. Wegen der zentralen Lage des Eisens und seiner typischen Struktur ist eine Auflösung in einzelne Moleküle möglich. Für die Erkennung von Ferritinpartikeln sind Vergrößerungen von 10000—15000 erforderlich, während die Immunenzymtechniken (s. S. 153) mit geringeren Vergrößerungen auskommen.

Für die Anwendung als immunhistochemisches Reagens muß Ferritin an die Antikörpermoleküle konjugiert werden.

Zur Konjugation lassen sich folgende Substanzen verwenden:
— m-Xylylen-2,4-diisocyanat (SINGER 1959),
— Toluol-2,4-diisocyanat (SINGER 1959),
— p,p'Difluoro-m,m 'dinitrophenylsulfon (SRIRAM et al. 1963),
— bis-diazotiertes o-Dianisidin (BOREK 1961),
— bis-diazotiertes Benzidin (WILLIAMS und GREGORY 1967),
— Glutaraldehyd (OTTO et al. 1973).

Die Konjugation kann im Ein- und Zweischrittverfahren durchgeführt werden, wobei die Zweischritt-Technik im allgemeinen effektiver und somit vorzuziehen ist.

Von den angeführten Konjugationssubstanzen ist Toluol-2,4-diisocyanat geeignet, weil bei der Konjugation kein Niederschlag entsteht. Auf Grund vergleichender Untersuchungen erwies sich jedoch bis-diazotiertes Benzidin als am meisten effektiv (WILLIAMS und GREGORY 1967).

Ein Problem der Ferritin-Immunglobulin-Konjugate ist das stets vorhandene nichtkonjugierte Immunglobulin. Da nichtkonjugiertes Immunglobulin mit konjugiertem um die Antigenbindungsstellen konkurrieren kann, muß es chromatographisch von diesem getrennt werden.

Die Anwendung dieser Ferritinmarkierungstechnik ist in den letzten Jahren zurückgegangen. Gründe dafür sind u. a.: (TANAKA 1968, PEARSE 1980):
— erheblicher Verlust von Antikörper-Aktivität nach der Konjugation;
— erschwerte Gewebepenetration, bedingt durch die Größe des Ferritin-Antikörper-Konjugates (Mol.-Gew.: 650000 Dalton); keine Penetration in subzelluläre Organellen und Viren;
— nichtspezifische Reaktionen, besonders mit nuklearem Chromatin;
— keine Möglichkeit der Unterscheidung gegenüber natürlichem Ferritin;
— keine Durchführbarkeit der Reaktion an in Kunstharz eingebetteten Schnitten; daher Nacheinbettungsfärbung nicht möglich.

Die mangelnde Antikörperpenetration der Ferritinmoleküle ist bei Anwendung der Gefrierultradünnschnittechnik (S. 130) weniger problematisch. Daher bietet die Ferritinmarkierungstechnik — bei Beachtung der Kriterien für die Reinheit der Konjugate — in Verbindung mit der Gefrierultradünnschnitt-Methode gute Anwendungsmöglichkeiten (TOKOYASU 1980, 1983 — Übersichten). In den letzten Jahren haben die Gold-Techniken die Ferritin-Technik immer mehr abgelöst.

13.3.2. Immungoldkolloid-Methoden

Die Immunkolloid-Methoden wurden durch FAULK und TAYLOR (1971) zur elektronenmikroskopischen Untersuchung von Zelloberflächenantigenen bei *Salmonella* in die Immunhistochemie eingeführt. Grundlage der Methode ist die Bindung des verwendeten Antikörpers an kolloidales Gold.

Der Einsatz von kolloidalem Gold als Marker in der Immunhistochemie beruht in der Hauptsache auf seiner negativen Netto-Ladung, auf der Empfindlichkeit gegenüber starken Elektrolyten und der Neigung zu Additionen. Außerdem sind die Goldpartikeln so gute Kontrastgeber, daß sie selbst in Größenordnungen unter 10 nm im Elektronenmikroskop ausgemacht werden können. Die durch Elektrolyte verursachte Goldpartikelansammlung (Aggregatbildung), die ein großer Nachteil für die Anwendung in der Immunhistochemie sein würde, läßt sich durch Stabilisatoren, wie z. B. Proteine, vermeiden. Proteine können sich als geladene Makromoleküle an der Oberfläche der Goldpartikeln binden und so stabile Komplexe bilden. Der Prozeß der Protein-Gold-Komplexbildung ist somit nicht eine mit der Konjugation von Markern an Antikörper vergleichbare chemische Reaktion, sondern ein physikalischer Vorgang. Für die immunhistochemische Anwendbarkeit ist schließlich von Bedeutung, daß die Oberflächenbindung der Proteine nichtkovalent erfolgt. Das verwendete Protein wird dadurch in seinem nativen Zustand nur geringfügig verändert.

Der Prozeß der Protein-Gold-Komplexbildung ist abhängig
- von der Größe der Goldpartikeln,
- von der Ionenkonzentration des Proteins,
- vom IP des Proteins,
- von der Proteinkonzentration.

Kleine Goldpartikelnansammlungen benötigen zur Komplexbildung mehr Protein als große Goldpartikeln. Die Ionenkonzentration muß dabei so niedrig wie möglich gehalten werden. Das optimale pH für die Proteinbindung (Tab. 25) an Goldpartikeln entspricht ihrem isoelektrischen Punkt. Proteine, die bei niedriger

Tabelle 25. Optimale pH-Werte für die Protein-Komplexbildung mit kolloidalem Gold (nach ROTH 1983a)

Proteine	pH
Immunglobuline (IgG-Fraktionen, affinitätsgereinigte Antikörper, monoklonale Antikörper)	9,0 (7, 6, 8, 2)
F (ab')$_2$	7,2
Protein A	5,9—6,2
Ricinus communis Lektin I	8,0
Ricinus communis Lektin II	8,0
Erdnuß Lektin	6,3
Helix pomatia Lektin	7,4
Sojabohnen Lektin	6,1
Lens culinaris Lektin	6,9
Lotus tetragonolobus Lektin	6,3
Ulex europeus Lektin I	6,3
Bandeirae simplicifolia Lektin	6,2
Mannan von *Candida utilis* oder *Saccharomyces cerevisia*	7,0
Meerrettichperoxidase	7,2—8,0
Ovomucoid	4,8
Ceruloplasmin	7,0
Asialofetuin	6,0—6,5
Galactosyl-Rinderserumalbumin	6,0—6,5
Rinderserumalbumin	5,2—5,5
Peptid-Rinderserumalbumin-Konjugate	4,0—4,5
Insulin-Rinderserumalbumin-Konjugate	5,3
Choleratoxin	6,9
Tetanustoxin	6,9
DNase	6,0
RNase	9,0—9,2
Lipoprotein geringer Dichte	5,5
α_2-Makroglobulin	6,0
Avidin (nichtmodifiziert, Hühnereiweiß)	~10,0—10,6
Avidin (Tetramethylrhodaminisothiocyanat-konjugiert, Hühnereiweiß)	
Avidin (Streptavidin)	6,4—6,6

Salzkonzentration und am pH ihres isoelektrischen Punktes löslich bleiben, sind demnach für die Kopplung an Goldpartikeln besonders geeignet.

Die Stabilisierungsprozedur gliedert sich in folgende Teilschritte:

a) Anfertigung von Verdünnungsserien mit geringen Proteinmengen;
b) Zusatz einer Standardmenge von Goldsol;
c) Reaktion des Proteins mit dem Goldsol;
d) Hinzufügen einer Standardmenge von NaCl zur Destabilisierung des Kolloids;
e) Bestimmung der Proteinmenge, die gerade ausreicht, um das Kolloid gegenüber einem Farbwechsel von Rot nach Blau abzuschirmen.

Die unter d) angegebene Destabilisierungsprozedur erfolgt mit einer 10%igen NaCl-Lösung, die nach raschem Mischen mit der Protein-Gold-Lösung 5 min reagiert. Die anschließende Bestimmung der optischen Dichte (e) wird bei 580 nm durchgeführt (S. 181).

In Verbindung mit der Adsorption von kolloidalem Gold an gereinigte Antikörper, an Protein A oder an Antigene haben sich in den letzten Jahren 3 Techniken entwickelt (Abb. 61):

a) die Antikörper-Gold-Technik	ROMANO et al. 1974; HORISBERGER und ROSSET (1977); GEOGHEGAN und ACKERMANN (1977); GOODMAN et al. (1981); DE MEY et al. (1981 b; 1984, Übersicht)
b) Die Protein-A-Gold-Technik	ROMANO und ROMANO (1977); ROTH et al. 1978; ROTH (1982 a, 1983 a, 1984)
c) Die Gold-markierte Antigen-Nachweis (GLAD)-Methode	LARSSON (1979)

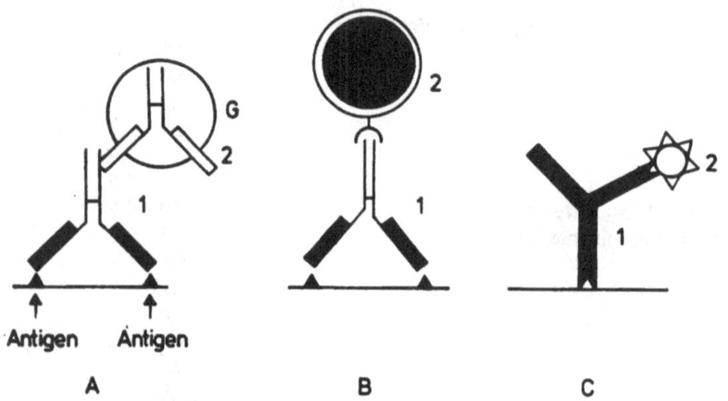

Abb. 61. Vergleichende schematische Darstellung der Goldtechniken. A Antikörper-Gold-Technik (indirekte Methode), 1 erster Antikörper, 2 zweiter Antikörper, G Goldpartikel, B Protein A-Goldtechnik, 1 Antikörper, 2 Protein-A-Goldkomplex, C GLAD-Technik, 1 Antikörper, 2 Antigen-Goldkomplex.

Die Lektin-Gold-Technik wird auf der Seite 200 beschrieben.

Die Immungold-Techniken wurden bisher besonders an Kunstharz-Dünnschnitten durchgeführt (HORISBERGER und VONLANTHEN 1977; HORISBERGER 1979; BENDAYAN und SHORE 1982; DE MEY 1983a, 1983b; ROTH 1982, 1983a, 1984 Übersichten). Es sind demnach typische Nacheinbettungsfärbungen (Post-embedding-staining). Gute Ergebnisse werden aber auch unter den Bedingungen der Rasterelektronenmikroskopie HORISBERGER 1979, 1981) und an Ultradünngefrierschnitten erzielt (SLOT und GEUZE et al. 1981; SLOT und GEUZE 1983).

Für die lichtmikroskopische Darstellung Gold-markierter Antigenorte sind folgende Methoden geeignet:

— Immungold-Silberfärbung	HOLGATE et al. (1983; HACKER et al. 1985)
— Protein-A-Gold-Methode — Protein-A-Silber-Methode	ROTH (1982a), LUCOCQ und ROTH (1985)
— FITC-Protein-A-Gold-Methode	ROTH et al. (1980)

Die Immungold-Silberfärbung beruht auf einer Silberpräzipitationsreaktion der an Antigenen lokalisierten Goldpartikeln. Sie wird an Paraffinschnitten durchgeführt und zeichnet sich durch eine hohe Empfindlichkeit aus (Abb. 62, 73b). Die Protein-A-Gold-(distinkte Rotfärbung) und die Protein-A-Silber-Methode (deutliche Gelbfärbung) können einzeln angewendet werden, erlauben aber auch die Lokalisation von zwei Antigenen im gleichen Paraffinschnitt (Einzelheiten bei ROTH 1982a).

Die FITC-Protein-A-Gold-Methode wurde bisher selten angewendet. Kolloidales Gold kann aus Partikeln gleicher Größe (monodisperse Suspension) und Partikeln mit unterschiedlichem Durchmesser (polydisperse Suspension) hergestellt werden. Seine Herstellung beruht auf einer kontrollierten Reduktion einer wäßri-

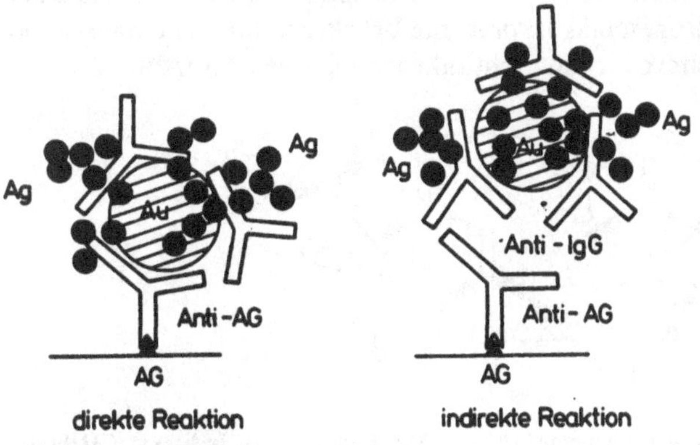

Abb. 62. Schematische Darstellung der direkten (a) und der indirekten (b) immunhistochemischen Gold-Silber-Markierung. (nach LAGEMAN und BUCHHEIM 1985)

gen Lösung von Chlorgoldsäure ($HAuCl_4$) bei Verwendung von folgenden 3 Reagenzien:

phosphorgesättigter Ether	für 3 bis 5-nm-Partikeln
Na_3-Citrat	für 15 bis 150-nm-Partikeln
Natriumascorbat	für 10 bis 15-nm-Partikeln.

Durch Variation des Reduktionsmittels können entsprechende Zwischenwerte in der Größe der Goldteilchen erhalten werden. Mit Natriumcitrat hergestellte Goldteilchen sind für die Licht- und Elektronenmikroskopie geeignet. Goldteilchen der beiden anderen Verfahren wurden bisher nur in der Transmissionselektronenmikroskopie eingesetzt. Anstelle phosphorgesättigten Ethers (explosiv) kann Tanninsäure als Reduktionsmittel für 8 bis 12-nm-Partikeln verwendet werden (MÜHLPFORDT 1982).

13.3.2.1. Antikörper-Gold-Technik

Bei dieser Technik erfolgt die Adsorption von kolloidalem Gold an gereinigte Antikörper in folgenden Teilschritten:
- Präparation des Antikörpers für die Adsorption,
- Bestimmung der optimalen, zur Stabilisierung der Goldpartikeln erforderlichen Proteinkonzentration,
- Präparation des Immunglobulin-Gold-Komplexes,
- Waschen des Komplexes,
- Beseitigung von Aggregaten.

Zur Antigenlokalisation können die direkte und indirekte Methode, die Brückentechnik sowie die kombinierte Brückentechnik angewendet werden (DE MEY 1982, 1983a, 1983b, Übersichten). Die direkte und indirekte Methode sind besonders für die Immunelektronenmikroskopie, die Brückentechnik und die kombinierte indirekte Brückentechnik für die Lichtmikroskopie geeignet (Abb. 63).

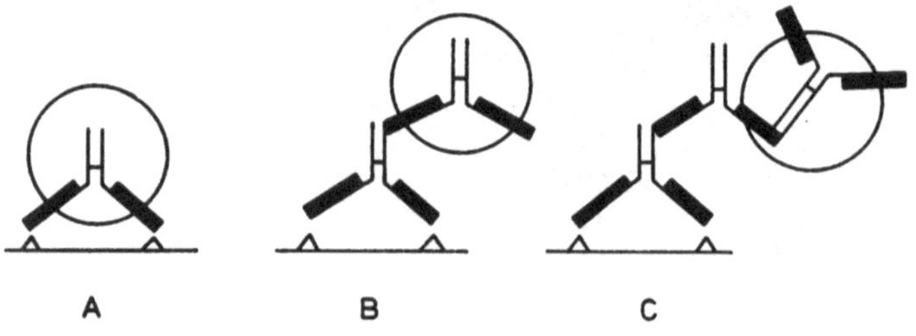

Abb. 63. Antikörper-Gold-Techniken, Schema. A Direkte Methode, B Indirekte Methode, C Brückentechnik. Zur Vereinfachung nur ein Goldpartikel dargestellt. (In Anlehnung an Dr. DE MEY 1983).

13.3.2.2. Protein-A-Gold-Technik

Bei diesem Verfahren wird Protein A durch nichtkovalente elektrostatische Adsorption an Goldpartikeln gebunden, Abb. 61 B). Protein A, das seit einigen Jahren kommerziell erhältlich ist, wird als Zellwandprotein aus *Staphylococcus aureus* gewonnen. Es besteht aus einer Proteinkette mit einem Molekulargewicht von 42000 Dalton. Neben der Bindung an Goldpartikeln reagiert das Protein mit den Fc-Abschnitten von Immunglobulinen annähernd aller Säugetiere. Diese Fähigkeit zur Doppelbindung bedingt den erfolgreichen Einsatz von Protein A bei der Immungold-Reaktion.

Die Protein-A-Gold-Technik hat eine Reihe theoretischer und praktischer Vorteile (Roth et al. 1982):

a) Das Gewebe kann mit Aldehyden routinemäßig fixiert und in Epon oder Lowicryl K4M in Verbindung mit der Niedrig-Temperatur-Einbettungstechnik (S. 133) eingebettet werden.
b) Protein A reagiert annähernd allgemein mit den Fc-Abschnitten von IgG-Molekülen und kann daher zur Sichtbarmachung zahlreicher Antigenorte in verschiedenen Geweben angewendet werden.
c) Die Technik erfordert nur geringe Mengen spezifischer Antiseren.
d) Die Präparation des Protein A-Gold-Komplexes ist ein relativ einfaches Verfahren, das keine besondere Reinigung erfordert.

Die leicht durchführbare Reinigung von Protein-A-Gold-Komplexen besteht im wesentlichen aus zwei Ultrazentrifugationsschritten: Im Falle von 15-nm-Partikeln wird der Komplex zunächst 45 min bei 60000 xg zentrifugiert. Das dabei entstehende Sediment wird, nachdem der Überstand verworfen wurde, in einem geeigneten Puffer (z. B. PBS, pH 7,2) resuspendiert und zur Beseitigung möglicher Aggregate ein zweites Mal zentrifugiert. Das resuspendierte Sediment bildet die bei 4 °C mehrere Monate haltbare dunkelrote Stammlösung. Die dunkelrote Farbe ist dabei kennzeichnend für eine vollständige Stabilisierung des Goldsols mit Protein A. Ein Farbwechsel von Orange-rot zu Blau signalisiert die unvollständige Stabilisierung des kolloidalen Goldes und das Vorkommen von Elektrolyt-induzierter kolloidaler Flockenbildung (Roth 1982).

Die Protein A-Gold-Technik ist ein Nacheinbettungsverfahren, bei dem die Farbreaktion — ohne die vorher übliche Ätzung der Dünnschnitte (S. 125) — auf Nickel- oder Goldnetzen montierter Dünnschnitte in zwei Stufen erfolgt: Zunächst die Inkubation mit optimal verdünntem Antikörper und danach mit dem Protein-A-Gold-Komplex. Im Gegensatz dazu wird die Färbung mit Lektin-Gold-Komplexen als Einstufentechnik durchgeführt.

Die Partikelnatur von Reaktionsprodukten histochemischer Reaktionen bietet generell gute Voraussetzungen für die Quantifizierung der Reaktionsprodukte. Diese Bedingungen sind bei der Protein-A-Gold-Technik gegeben. Besonders bei

Anwendung kleiner (5 nm) Goldpartikeln wird angenommen, daß zwischen den Antigenorten und den partikulären Reaktionsprodukten eine zahlenmäßige Proportionalität vorliegt. So zeigten Untersuchungen an sekretorischen Proteinen des Rattenpankreas eine gute Übereinstimmung zwischen der Zahl der Goldpartikeln als Ergebnis der Markierung mit verschiedenen Enzym-Antiseren und den biochemisch ermittelten Werten (Bendayan et al. 1980).

13.3.2.3. Gold-markierte Antigennachweis — (gold-labelled antigen detection, GLAD-) Technik

Die GLAD-Technik (Larsson 1979) wurde als Alternative zur radiocytochemischen Methode entwickelt. Dadurch sollte einerseits Radio-Iod vermieden, andererseits eine bessere elektronenmikroskopische Antigendarstellung ermöglicht werden.

Die Technik verwendet spezifisches Antigen, das auf den Oberflächen kolloidaler Goldpartikeln adsorbiert wird. Die Reaktion des Gold-markierten Antigens mit dem Antikörper gelingt nur dann, wenn eine der beiden Antigenbindungsstellen des Antikörpers für die Bindung mit dem Gold-markierten Antigen frei ist (Abb. 61c). Diese Bedingung wird erfüllt, wenn man den erforderlichen Antikörper im Überschuß anwendet. Unspezifische Antikörper, die an den Gewebeschnitt gebunden werden, reagieren nicht mit den an Goldpartikeln adsorbierten Antigenen.

Da man unterschiedliche Antigene mit verschieden großen Goldgranula markieren kann, lassen sich multiple Antigenregionen elektronenmikroskopisch darstellen.

Die GLAD-Technik ist unter der Voraussetzung spezifisch, daß sehr reine Antigene verwendet werden. Ein Nachteil dabei ist, daß kleinere Antigene, z. B. Peptide, an Goldgranula nur adsorbiert werden, wenn sie an ein Trägerprotein (z. B. Rinderserumalbumin) gekoppelt sind.

Einzelheiten der GLAD-Methode bei Larsson (1979, 1981).

13.3.3. Methodenanhang

Herstellung von kolloidalem Gold

(In Anlehnung an Roth, 1982a)

a) Monodisperse Suspension von kolloidalem Gold (Ø etwa 15 nm, Frens 1973)

1. 100 ml einer 0,01 %igen wäßrigen Lösung von $HAuCl_4$ (Merck, Darmstadt, BRD) werden in einem silikonisierten Erlenmeyerkolben erhitzt und zum Kochen gebracht.
2. Zu Beginn des Kochens fügt man 4 ml einer 1 %igen wäßrigen Lösung von Na_3-Citrat rasch hinzu und läßt ca. 5 min kochen. (Nach dieser Zeit ist die Reduktion von Goldchlorid vollständig; dies wird durch einen Farbwechsel zu strahlendem Rot angezeigt.)

3. Das pH des Kolloids wird nunmehr durch Hinzufügen von 0,2 M K_2CO_3 auf pH 6,9 eingestellt. (Zur pH-Messung werden 5 ml des Kolloids entnommen, mit 10 Tropfen einer 1 %igen wäßrigen Lösung von Polyethylenglykol (Molekulargewicht 20000; Merck, Darmstadt BRD) gemischt und das pH mit einer pH-Elektrode gemessen.

Bemerkungen: $HAuCl_4$ ist stark hygroskopisch. Die handeslübliche Packungsmenge von 1 g sollte daher in 100 ml dest. Wasser aufgelöst und danach gefiltert werden. Die so erhaltene 1 %ige Stammlösung ist bei Raumtemperatur stabil.

b) Polydisperse Suspension von kolloidalem Gold mit einem Durchmesser zwischen ca. 3 nm und 12 nm (v. Zsigmondy und Thiessen 1925)

1. 2,5 ml einer 6 %igen wäßrigen Lösung von $HAuCl_4$ werden zu 60 ml dest. Wasser in einem silikonisierten Erlenmeyerkolben hinzugefügt.
2. Zu dieser Lösung werden 0,5 ml einer Etherlösung von weißem Phosphor zugesetzt; dabei wird die Lösung leicht bewegt. Zusammensetzung der Etherlösung: Diethylether, 4 Teile; ethergesättigter Phosphor, 1 Teil.
3. Die Lösung wird bei Raumtemperatur geschüttelt, 15 min, danach über offener Flamme erhitzt, bis eine weinrote Farbe erscheint.
4. Einstellung des pH des Kolloids auf 6,9 mit 0,2 M K_2CO_3 (s. 3.).

Bemerkungen: Die zur Herstellung der kolloidalen Suspensionen benutzten Glasgeräte müssen gründlich gereinigt und silikonisiert werden. In jedem Fall ist bidest. Wasser zu verwenden. Die unterschiedlichen Lösungen sollten mit Millipore-Filtersystemen gefiltert werden (0,45 µm Porengröße). Die wäßrige Lösung von $HAuCl_4$ ist bei 4 °C stabil.

c) Monodisperse Suspension von kolloidalem Gold, Partikeldurchmesser ca. 15 nm (Frens 1973)
100 ml 0,01 % Chlorgoldsäure werden bei leichter Bewegung der Lösung mit 4 ml 1 % Na_3-citrat versetzt. Weitere Behandlung siehe Schritt 3 und 4 von b).

d) Monodisperses kolloidales Gold mit Goldteilchen von ca. 3 nm ∅ (v. Zsigmondy 1905; Roth und Binder 1978; Roth et al. 1978)

1. 100 ml 0,01 % Chlorgoldsäure werden mit 0,2 M K_2CO_3 auf pH 7,2 eingestellt und annähernd bis zum Kochen erhitzt.
2. Zur kochenden Lösung fügt man 0,5 ml mit weißem Phosphor gesättigten Diethylether schnell hinzu und kocht so lange, bis die Farbe der Lösung orangerot wird.
3. Einstellen des pH des Kolloids auf pH 6,9 wie bei a) 3.

Herstellung von Protein-A-Gold-Komplexen

Roth 1978, 1982a)

1. 0,5 g Protein A (oder 60 µm Protein A; Pharmacia, Uppsala, Schweden) werden in 0,1 bis 0,2 ml dest. Wasser gelöst und in eine Plastik-Zentrifugenröhre gebracht.
2. Zur Protein-A-Lösung fügt man unter Schütteln zunächst 10 ml kolloidales Gold (hergestellt nach Frens 1973, s. S. 178; das pH des kolloidalen Goldes wird mit 0,1 M Essigsäure auf 6,0 eingestellt) hinzu und anschließend 1 ml einer 1 %igen wäßrigen Lösung von Polyethylenglykol (Molekulargewicht 20000). Lösung 15 min stehen lassen.
3. Zentrifugieren des Gemisches, 1 h bei 4 °C: für 15-nm-∅ Goldpartikeln, entsprechend Frens (1973) bei 60000 xg; für Goldpartikeln zwischen ∅3 und 12 nm, gemäß Thissen (1925) bei 105000 xg
4. Der farblose Überstand wird verworfen und das dunkelrote Sediment mit 15 ml PBS, pH 7,2 (Herstellung S. 178), das 0,2 mg Polyethylenglycol/ml (Mol.-Gew. 20000) enthält, resuspendiert.
5. Die so erhaltene Stammlösung (Haltbarkeit bei 4 °C mehrere Monate) wird in 10—20 facher Verdünnung verwendet.

Protein-A-Gold-Technik
(Roth et al. 1978, 1980)
Benötigte Reagenzien:
— gepufferter Paraform- oder Glutaraldehyd, Glutar-Paraformaldehyd-Gemische (s. Tab. 16, S. 117)
— Epon 812 mit Initiator und Lowicryl-K4M-Kit
— 1 % Ovalbumin-Lösung in PBS, pH 7,4
— Antiserum, optimal in 1 % Ovalbumin-PBS (pH 7,4) oder 1 % Ovalbumin-TBS (pH 7,4) verdünnt.
— PBS
— TBS
— verdünnte Protein-A-Goldlösung (Herstellung S. 179)
— 5 % wäßriges Uranylacetat
— Bleicitrat nach Reynolds (1963)
Durchführung:
1. Fixation: Perfusion und anschließende Immersion in Abhängigkeit von dem zu untersuchenden Antigen.
2. Entwässerung und Einbettung:
   In Puffer gewaschene Gewebestücke werden in aufsteigenden Ethanolstufen entwässert und in Epon 812 oder Lowicryl K4M eingebettet (S. 133).
3. Schnittherstellung und -montage:
   Dünnschnitte von 600—800 µm Dicke werden auf Parlodion- und Kohlenstoff-beschichtete 150-Maschen-Nickel oder Goldgitter gebracht.
4. Immuncytochemische Markierung
   a) Dünnschnitte werden auf Tropfen einer 1 %igen Ovalbuminlösung in PBS, pH 7,4 flottiert, 5 min bei Zimmertemperatur.
   b) Übertragen der Dünnschnitte auf Tropfen des spezifischen Antiserums, 2 h bei Raumtemperatur oder 12—18 h bei 4 °C.
   c) Kurz mit PBS/TBS waschen (durch vorsichtiges Aufspritzen mit einer Spritzflasche, 2×.) Nach dem 2. Waschen Puffer nach Dekantieren auf Filterpapier abfließen lassen.
   d) Schnitte in einer feuchten Kammer auf Tropfen der verdünnten Protein-A-Goldlösung (s. S. 179) bringen, 1 h bei Raumtemperatur.
   e) Waschen in PBS/TBS, 3 × 10 min, abschließend in dest. Wasser waschen, 5 min.
   f) Schnittkontrastierung:
   mit 5 %igem, wäßrigem Uranylacetat, 10 bis 20 min, danach mit Reynold's Bleicitrat, 2—5 min. (Während dieser Prozedur dürfen die Nickel/Gold-Gitter niemals völlig trocken sein.)

Kontrollen:
1. Anwendung von Antigen-adsorbiertem Antiserum.
2. Inkubation mit Protein-A-Goldlösung allein.
3. Inkubation mit nichtmarkiertem Protein A (0,1 mg/ml) zwischen c) und d).
4. Verwendung von verdünntem Normalserum der Tierart, von der das spezifische Antiserum stammt.

Dabei ist die gegenseitige Beeinflussung von IgG-Molekülen und Protein A durch Bindung an den Fc-Abschnitt zu beachten. Solche Bindungen können falschpositive Ergebnisse liefern.

Herstellung monodisperser kolloidaler Goldsole
(De Mey 1983a)
Diese Methode erfordert von organischen Bestandteilen vollkommen freies Wasser und reinste

Glasgeräte. Die Glasgeräte werden dazu mit Wasser sorgfältig ausgekocht, mit Detergenz (Fit) und frisch hergestelltem dest. Wasser gründlich gespült.

1. Herstellen einer 4%igen Stammlösung von Tetrachlorgoldsäure in frischem dest. Wasser.
2. Gesondert 220 ml durch Mikrofilterpapier gefiltertes Wasser in einem Zweihals-Rundkolben mit Rückflußkühler kochen.
3. Unter kräftigem Rühren 0,5 ml 4%ige Tetrachlorgoldsäure zusetzen.
4. Hinzufügen von frisch hergestelltem 1%igem Natriumcitrat (Mengenangabe s. unten), ebenfalls unter kräftigem Rühren.
5. Gemisch mit Rückflußkolben bei ständigem Rühren kochen, 30 min.

— Bei Zugabe der Goldlösung kommt es zum Farbumschlag von Schwarz nach Orangerot;
— bei Aufbewahrung im Kühlschrank (4 °C) ist das Goldsol 14 Tage verwendbar;
— bei 4. hinzuzusetzende Citratmenge:
5 ml für 17 bis 20-nm-Goldpartikeln;
2,3 ml für 40-nm-Goldpartikeln.

Der Goldpartikel-Durchmesser kann von TEM-Bildern bestimmt werden.

Präparation der Immunglobuline für die Adsorption an kolloidales Gold

1. Einstellen der IgG-Konzentration auf 1 mg/ml
2. Protein gegen 2 mM Borax-HCl-Puffer, pH 9,0, dialysieren. (Reiner Antikörper kann unmittelbar in Puffer aufgenommen werden. Affinitätschromatographisch gereinigte Antikörper sind so kurz wie möglich in diesem Puffer niedriger Salzkonzentration aufzubewahren).
3. Unmittelbar vor der Anwendung wird das Protein zur Entfernung der Mikroaggregate bei 100000 xg zentrifugiert, 1 h bei 0 °C.

Für Serumantikörper ist der pH-Wert des Goldsols mit 0,2 N K_2CO_3 vor Gebrauch auf pH 9,0 einzustellen. Den pH-Wert des Goldsols mißt man mit einer Gel-gefüllten Kombinationselektrode. (Dieser Elektrodentyp besitzt den Vorteil einer niedrigen Elektrolytflußrate.

Herstellen einer 1:3- bis 1:5-Verdünnung vom zentrifugierten, dialysierten Antikörper in 2 mM Borax-Puffer, pH 9,0

Lineare Verdünnungsserie:

A Werte der Antikörperlösung
B Wert des Boraxpuffers

A) 100 µl 90 µl 80 µl 70 µl 60 µl 50 µl 40 µl 30 µl
B) 0 µl 10 µl 20 µl 30 µl 40 µl 50 µl 60 µl 70 µl
A) 20 µl 10 µl 0 µl
B) 80 µl 90 µl 100 µl

Zentrifugieren des pH-eingestellte Goldsols zur Aggregatentfernung:

— für 5-nm-Partikeln 4800 xg
— für 20- und 40-nm-Partikeln 250 xg

je 20 min

1. 1 ml des zentrifugierten Goldsols zu jeder Probe der Verdünnungsserie zufügen. (Zur besseren Durmischung Goldsole mit Pipette scharf einspritzen.)
2. Gemische stehenlassen, 2 min, danach 100 µl 10%iges NaCl in H_2O zugeben und zur Unterbrechung der Reaktion nochmals durchmischen. (Ausgefälltes Gold ist nicht gebunden.)
3. Nach ca. 5 min Absorptionsmessung bei 580 nm. Die optimale Antikörpermenge wird dabei durch den Punkt festgelegt, bei dem die Kurve asymptotisch die X-Achse erreicht.

(Die Absorptionsänderung innerhalb der Verdünnungsreihe ist minimal; der visuelle Farbumschlag tritt deutlich hervor, von Orangerot nach Blauviolett: Umschlagpunkt = optimales Konzentrationsverhältnis)

Für 5-nm-Sole ist eine 1:2-Verdünnung von dialysiertem Antikörper geeigneter, da diese Goldpartikeln auf Grund des größeren Oberflächen-Volumen-Verhältnisses von kleineren Partikeln mehr Protein zur Stabilisierung des Kolloids benötigen. pH 9,0 ist optimal für alle Arten von Serumimmunglobulinen.

Herstellung einer Antikörper-Goldprobe

— Präpariere eine 10%ige Rinderserumalbumin-Lösung in dest. Wasser und stelle das pH mit NaOH auf 9,0 ein. Lösung unmittelbar vor Gebrauch mikrofiltern (0,2 µm).
— Rinderserumalbumin-Puffer:
20 mM Tris, 1% Rinderserumalbumin
150 mM NaCl, 20 mM NaN_3, pH 8,2
Einstellen des pH auf das gewünschte Volumen von Goldsol, Zentrifugieren bei niedriger Gangart:
4800 xg für 5-nm-Partikeln, 20 min
250 xg für 15-nm-Partikeln, 20 min
— ungelösten Antikörper bei ständiger, schneller Bewegung des kolloidalen Goldes hinzufügen;
— nach 2 min Rinderserumalbumin-Lösung zu einer Endkonzentration von 1% Rinderserumalbumin zusetzen;
— Zentrifugieren:
60000 × g bei 4 °C für 5-nm-Partikeln, 1 h
15000 × g bei 4 °C für 15 bis 20-nm-Partikeln, 1 h
— Absaugen des Überstehenden; nach vollständiger Resuspension in dem kleinen, verbliebenen Volumen wird das Röhrchen mit 1% Rinderserumalbumin-Puffer auf das Originalvolumen aufgefüllt.
— Antikörper-Gold-Komplexlösung bei 4 °C über Nacht stehenlassen, (dieser Schritt verbessert danach die Resuspension)
— Wiederholen der Zentrifugation.
— Entfernen größerer Aggregate zunächst durch Zentrifugation bei niedriger Gangart (250 xg), danach bei höherer Gangart (4800 xg).
— Nach der dritten Zentrifugation wird der Pool gelöst und resuspendiert zu einem Volumen einer 1:20-Lösung im Puffer mit folgendem OD bei 520 nm
—0,25 für 5-nm-Partikeln
—0,50 für 15-nm-Partikeln
— Aufbewahrung bei 4 °C.
Adsorption monoklonaler Antikörper an koloidales Gold; (jeder monoklonale Antikörper hat einen einheitlichen isoeletrischen Punkt)
— Bestimmung des IP des verwendeten monoklonalen Antikörpers durch Agarose- oder Polyacrylamid-isoelektrische Fokussierung unter nativen Bedingungen.
— Einstellen des pH des Goldsols auf den isoelektrischen Punkt des Antikörpers.
(Bei unbefriedigenden Ergebnissen ist es notwendig, einen Komplex bei unterschiedlichen pH-Werten oberhalb des isoelektrischen Punktes aufzubauen)
— Die Herstellung von monoklonalen Antikörper-Gold-Proben stimmt mit der Prozedur für heterogene Antikörper weitgehend überein.
— Kopplung des Goldsols bei pH x (x niedriger als 9,0) an getestete, minimale Konzentration des monoklonalen Antikörpers (s. S. 181).
— Probe mit 1 N NaOH auf pH 9,0 einstellen.
— Zusetzen von Rinderserumalbumin-Lösung (s. oben).
— Alle weiteren Schritte wie bei Herstellung einer Antikörper-Goldprobe.

Herstellung Gold-markierter sekundärer Antikörper

1. Das Goldsol stellt man mit 0,2 N K_2CO_3 auf pH 9,0 ein.

2. 1,73 mg Affinitäts-gereinigtes Ziege-anti-Kaninchen-IgG fügt man zu 100 ml Goldsol, pH 9,0, hinzu. (Diese Proteinmenge ist für die Stabilisierung des Goldsols ausreichend.)
3. Waschen der stabilisierten Goldpartikeln, 3 × durch abwechselnde Zentrifugation bei durchschnittlich 60,000 g, 30 min bei 4 °C; Resuspension in 1 % Rinderserumalbumin, das 20 mM TBS, pH 8,2, enthält.
4. Die Endpräparationen werden in 1 % Rinderserum, das 20 mM TBS, pH 8,2, enthält, resuspendiert und mit $2 \cdot 10^{-2}$ M NaN_3 zu einem Volumen ergänzt, das bei weiterer Verdünnung (1:20) in Rinderserumalbumin-TBS-Puffer bei 520 nm die optische Dichte von 0,25 erreicht. Im Vergleich dazu beträgt die optische Dichte der unverdünnten Probe 5. Dies entspricht einer 5 ml höheren Konzentration als sie das ursprüngliche Goldsol aufweist. Der 1 % Rinderserumalbumin-Puffer wird als Leerwert verwendet.

Nacheinbettungs-Immungold-Färbung

Benötigte Reagenzien:

— Karnovsky-Gemisch oder anderes Paraformaldehyd-Glutaraldehyd-Gemisch (Herstellung siehe Tab. 16).
— OsO_4
— Veronalpuffer, pH 7,2
— 1 % Uranylacetat
— Bleicitrat
— Propylenoxid, Epon 812
— 10 % H_2O_2
— 5 % Ziege-Normalserum
— optimal verdünnter 1. Antikörper
— Rinderserumalbumin-Puffer (RSA/TBS)
0,1 % Rinderserumalbumin, das 20 mM Tris gepuffertes 0,9 % NaCl (TBS) enthält
— Ziege-anti-Kaninchen-Goldpartikeln

Durchführung:

1. Perfusion mit Karnovsky's Gemisch (s. S. 117) oder mit einem anderen Paraformaldehyd-Glutaraldehyd-Gemisch (s. Tab. 16).
2. Immersionsfixation von 1 bis 2 mm^3-Gewebeproben, 3 h bei Raumtemperatur.
3. Gewebestücke mit gepuffertem OsO_4 (2 % OsO_4 in Veronalpuffer, pH 7,2) behandeln, 1 h bei 4 °C.
4. Mit Wasser waschen.
5. Gewebestücke am Block mit 1 % Uranylacetat färben, 40 min bei 4 °C.
6. Entwässern in der Ethanolreihe und Propylenoxid, Einbettung in Epon 812.
7. Ultradünnschnitte anfertigen und auf 100-Maschen-Goldnetzen montieren.
8. Ultradünnschnitte in dest. Wasser waschen.
9. Schnitte mit 10 % H_2O_2 in dest. Wasser behandeln, 15 min bei Raumtemperatur.
10. Waschen mit dest. Wasser
11. Schnitte mit 5 % Ziege-Normalserum inkubieren, 15 min bei Zimmertemperatur.
12. Mit optimal verdünntem 1. Antikörper (Verdünnung in 0,1 % Rinderserumalbumin, das 20 mM TBS, pH 8,2 enthält), 2—3 h bei Raumtemperatur oder im Kühlschrank über Nacht.
13. In Rinderserumalbumin/TBS waschen.
14. Ultradünnschnitte mit Ziege-anti-Kaninchen-Goldpartikeln, 1:20 verdünnt mit RSA/TBS, pH 8,2 (optische Dichte bei 520 nm = 0,25) inkubieren, 1 h bei Zimmertemperatur.
15. Waschen mit RSA/TBS, 20 min.
16. Mit fließendem Wasser und mit dest. Wasser waschen.
17. Ultradünnschnitte mit Uranylacetat und Bleicitrat kontrastieren und anschließend an der Luft trocknen.
18. Untersuchung mit dem Elektronenmikroskop.

13.4. Hybridantikörpermethode

Die Hybridantikörpermethode, die als direkte oder indirekte Technik angewendet werden kann, wurde von HÄMMERLING (1968) in die Immunhistochemie eingeführt.

Die Methode beruht auf der Spaltung bivalenter Antikörpermoleküle in aktive, identische Hälften, die sich anschließend wieder vereinigen lassen. Aus Fragmenten von 2 Antikörpern unterschiedlicher Spezifität, von denen der eine gegen das nachzuweisende Antigen, der andere gegen ein Markerprotein (gewöhnlich Ferritin oder Peroxidase) gerichtet ist, lassen sich Hybridantikörper herstellen. Die Fragmentbildung erfolgt dabei zunächst durch Abspaltung des Fc-Abschnittes der Antikörpermoleküle. Die auf diese Weise gewonnenen $F(ab')_2$-Fragmente beider Antikörperspezifitäten werden anschließend durch milde Reduktion von Disulfidbrücken in Fab'-Fragmente gespalten. Diese werden danach durch Reoxidation zu Hybridantikörpern zusammengefügt (LAGEMAN 1980; hier Einzelheiten des Verfahrens). Dabei kommt es jedoch auch zu unerwünschten Rekombinationsvarianten, die aus dem Hybridantikörperserum entfernt werden müssen. Durch das Vorhandensein nichthybridisierter Antikörper wird die Empfindlichkeit der Methode eingeschränkt. Ein besonderer Nachteil des Verfahrens ist der hohe Zeitaufwand, der für die Präparation von Hybridantikörpern erforderlich ist. Besonders aus diesem Grunde wurde die Hybridantikörpermethode, die bei Anwendung eines partikulären Marktes (z. B. Ferritin, s. S. 171) zur Darstellung von Zellmembranantigenen geeignet ist, durch die Goldmarkierungstechniken (s. S. 172) in den Hintergrund gedrängt.

13.5. Avidin-Biotin-Methoden

Avidin und Biotin wurden von GUESDON et al. (1979) als Reagenzien in die Immunhistochemie eingeführt. Avidin ist ein Glykoprotein mit einem Mol.-Gewicht von etwa 66000 Dalton. Es ist aus 4 annähernd identischen Untereinheiten aufgebaut; ein Avidinmolekül kann dementsprechend 4 Biotinmoleküle binden. Diese Bindung ist durch eine sehr hohe Affinität von Avidin (Dissoziationskonstante 10^{-5} M für Biotin) gekennzeichnet.

Das kommerziell erhältliche Avidin wird aus Vogel- oder Amphibieneiern gewonnen. In Biotin-Avidin-Systemen hat es zwei Nachteile:

— Es besitzt einen isoelektrischen Punkt von etwa 10 und ist bei neutralem pH stark positiv geladen. Auf Grund dieser positiven Ladung kann es negativ geladene Moleküle (z. B. Nukleinsäuren, Phospholipide) binden. In Präparaten können sich daher z. B. Zellkern und Zellmembranen unspezifisch färben;

— als Glykoprotein kann Avidin mit seiner Kohlenhydrat-Komponente mit anderen biologisch aktiven Molekülen, u. a. mit Lektinen, reagieren.

Zur Überwindung dieser Nachteile wurde in den letzten Jahren Streptavidin entwickelt, das aus *Streptomyces avidini* isoliert werden konnte. Streptavidin ist ein Protein (Mol.-Gew. 60000 Daltons) mit ebenfalls 4 hochaffinen Bindungsstellen für Biotin. Im Vergleich zum Hühnereiweiß-Avidin besitzt es zwei wesentliche Vorteile:

— Sein isoelektrischer Punkt liegt bei neutralem pH; die Ladungen reaktionsfähiger Gruppen sind daher gering, so daß unspezifische Färbungen praktisch wegfallen.
— Streptavidin ist kein Glykoprotein und besitzt daher keinen Kohlenhydratanteil, von dem unspezifische Bindungen ausgehen können.

Biotin, ein Vitamin (Vitamin H, Coenzym R), ist im Vergleich zu Avidin/Streptavidin ein kleines Molekül mit einem Mol.-Gew. von nur 244. Es kommt besonders in der Leber, Niere, im Pankreas und Eigelb vor und wird an Immunglobulin gebunden, das mehrere Biotinmoleküle aufnehmen kann. Die Bindung — sowohl an Antikörper als auch an Peroxidasemoleküle — erfolgt dabei durch die Aminogruppen.

Auf den Biotin-Avidin/Streptavidin-Antikörper-Wechselwirkungen basierend, entwickelten Guesdon et al. (1979; Avidin), Hsu et al. (1981; Avidin) und Bonnard et al. (1984; Streptavidin) zwei Varianten der Avidin-Biotin-Methoden:

1. Die Avidin/Streptavidin-Biotin-Brückenmethode (Abb. 64);
2. die Avidin/Streptavidin-Biotin-Peroxidasekomplex-Methode, die sog. ABC-Methode (Abb. 65).

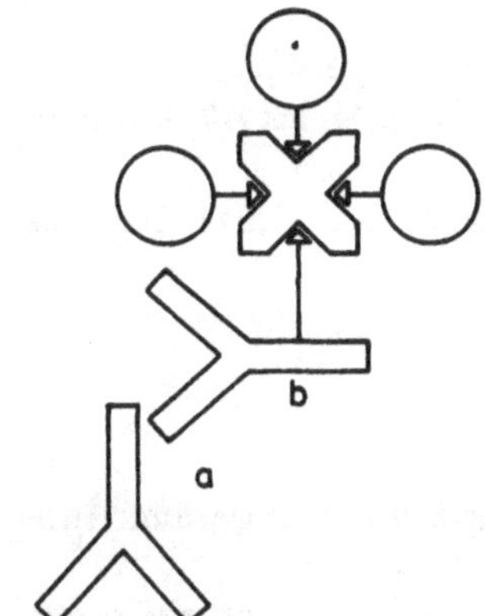

Abb. 64. Avidin-Biotin-Brückentechnik, Schema. a erster Antikörper (Spezies A), b biotynilierter zweiter Antikörper (Spezies B, gerichtet gegen Spezies A).

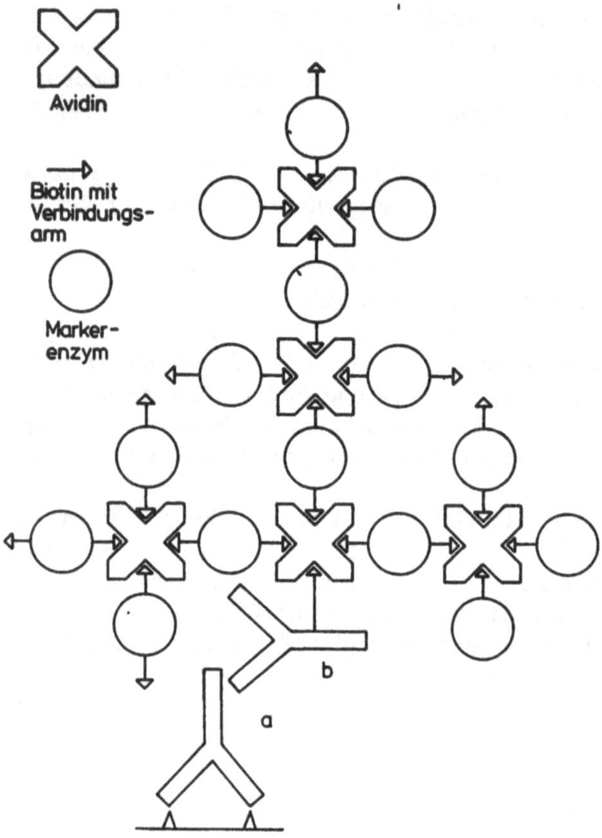

Abb. 65. ABC-Methode, Schema. a erster Antikörper, b zweiter Antikörper mit ABC-Komplex.

Die Avidin/Streptavidin-Biotin-Brückenmethode besteht aus folgenden vier Schritten:

- Inkubation mit dem Biotin-markierten Antikörper,
- Inkubation mit Avidin/Streptavidin,
- Inkubation mit Biotin-markiertem Enzym,
- histochemische Darstellung des Enzyms.

Avidin/Streptavidin bildet dabei eine Brücke zwischen Biotin-markiertem Antikörper und Enzym.

Neben Avidin/Streptavidin und Biotin-markierter Peroxidase kann ein vorgebildeter Avidin/Streptavidin-Biotin-Peroxidasekomplex (ABC-Komplex) verwendet werden. Er bildet die Grundlage für die sog. ABC-Methode.

Tab. 26 enthält einen Vergleich der PAP-, Avidin/Streptavidin-Biotin-Brücken-

Tabelle 26. Vergleich der PAP-, Avidin-Biotin-Brücken- und der Avidin-Biotin-Peroxidase-Komplex (ABC)-Technik

	PAP	Avidin-Biotin-Brücken-technik	Avidin-Biotin-Peroxidase-Komplex-Technik
Schritt 1	primärer Antikörper (Kaninchen-anti-Human-IgG) bei verschiedener Verdünnung	primärer Antikörper (Kaninchen-anti-Human-IgG) bei verschiedener Verdünnung	primärer Antikörper Kaninchen-anti-Human-IgG) bei verschiedener Verdünnung
Schritt 2	Schweine-anti-Kaninchen-IgG (1:50)	biotinyliertes Schweine-anti-Kaninchen-IgG (1:200)	biotinyliertes Schweine-anti-Kaninchen-IgG (1:200)
Schritt 3	PAP-Complex (1:100)	Avidin (5 µg/ml)	ABC-Komplex (10 µg/ml) Avidin und 2,5 µg/ml Biotin-Peroxidase)
Schritt 4	—	biotinylierte Peroxidase (5 µg/ml)	—
Schritt 5	DAB/H_2O_2-Reaktion	DAB/H_2O_2-Reaktion	DAB/H_2O_2-Reaktion

und der ABC-Methode. Beim Vergleich der PAP- mit der ABC-Methode ergeben sich für die ABC-Methode folgende Vorteile (Hsu et al. 1981; Childs 1983):
- größere Empfindlichkeit und kürzere Reaktionszeit;
- geringere Hintergrundfärbung; Einsatz der spezifischen Antiseren bei höherer Verdünnung;
- grobes, punktförmiges Reaktionsprodukt; daher ist Unterscheidung gegenüber osmiophilen Granula und Anwendung einer Schwermetall-Gegenfärbung (Kontrastierung) möglich.

13.6. Doppel- und Mehrfachmarkierungen

Die topographischen Beziehungen zwischen zwei oder mehreren Antigenen in einer Zelle oder in einem Gewebeschnitt lassen sich durch Doppel- oder Mehrfachmarkierungen aufklären. Zu diesem Zweck wurden direkte und indirekte Verfahren der Fluoreszenz-, Licht- und Elektronenmikroskopie entwickelt (Übersichten bei Nakane 1968; 1970 für Peroxidase-markierte Antikörpermethoden; Mason et al. 1983 für immunenzymatische Doppelmarkierung; Roth 1982a für Protein-A-Gold-Doppelmarkierung; Vandesande 1983a, Methodenübersicht mit Ausnahme der Goldtechniken).

13.6.1. Doppelfärbung mit Immunfluoreszenz-Methoden

Zur immunhistochemischen Darstellung von zwei oder mehr Antigenen mit der Immunfluoreszenztechnik können die direkte Fluoreszenzmethode und die Immunfluoreszenz-Sequenzfärbung verwendet werden. Bei der wenig empfindlichen direkten Immunfluoreszenzmethode erfolgt die Doppelfärbung durch zwei unterschiedlich markierte spezifische Antiseren. Die am häufigsten verwendeten Fluorochrome sind Fluoresceinisothiocyanat (FITC; Grünfluoreszenz) und Rhodamin-B-isothiocyanat (RITC; orangerote Fluoreszenz). Zwei Antigene in der gleichen Zelle werden durch Zwischenfarben nachgewiesen.

Die Sequenz-Immunfluoreszenzfärbung weist verschiedene Antigene im Gewebeschnitt durch aufeinanderfolgende Fluorescein-markierte Antikörper nach. Nach Inkubation mit der ersten Immunfluoreszenzsequenz werden die gewünschten Gewebeausschnitte photographiert. Anschließend zerstört man die fluorochromen Gruppen durch ultraviolettes Licht, entfernt den Objektträger vorsichtig in einer Pufferlösung und inkubiert mit dem zweiten Fluorochrom-markierten Antiserum. Von ausgewählten Gewebebezirken werden danach ebenfalls Mikrophotographien angefertigt. Ein Problem der Methode ist die Beseitigung der ersten Immunfluoreszenz-Färbungssequenz durch ultraviolettes Licht. Gewöhnlich genügt eine 10- bis 20-min-Einwirkung eines UV-Lichtstrahles. Längere UV-Behandlung mit zu starken Dosen führt zu photochemischer Schädigung des Gewebes. Hinsichtlich weiterer Einzelheiten über Doppel-Immunfluoreszenzmethoden siehe Storch (1978) sowie Dorn und Bernstein (1981).

13.6.2. Multiple Markierung mit Immunperoxidase-Methoden

Immunperoxidase-Techniken wurden neben den Immungoldverfahren (s. S. 172) am häufigsten zur multiplen Antigenmarkierung herangezogen. Neben der Peroxidase-markierten Antikörpermethode, die von Nakane (1968) zur multiplen Antigendarstellung eingeführt wurde, hat sich die unmarkierte Antikörpermethode (Sternberger) zur Doppelmarkierung bewährt. Bei der unmarkierten Peroxidase-Methode sind zwei Varianten möglich:
— Doppelfärbung mit Elution der ersten Antikörpersequenz,
— Doppelfärbung ohne Elution der ersten Antikörpersequenz.

13.6.2.1. Multiple Markierung mit der Peroxidase-markierten Antikörper-Methode

Bei dieser Markierungsmethode werden die Lokalisationsorte der Antigen-Antikörperreaktion durch die histochemische Darstellung des Enzyms Meerrettichperoxidase nachgewiesen. Die multiple Markierungsprozedur ist von zwei Voraussetzungen abhängig: von der selektiven und vollständigen Eluierung der jeweiligen Antikörpersequenz ohne Beseitigung des Reaktionsproduktes und Denaturierung der nachfolgend zu lokalisierenden Antigene und von der Anwendung von Peroxidasesubstraten mit unterschiedlicher Farbreaktion. NAKANE (1968) verwendete dazu folgende 3 Substrate:

— 3.3'-Diaminobenzidin (freie Base): gelblichbraunes Reaktionsprodukt,
— α-Naphthol mit anschließender Pyroninfärbung: rötlichrosa Reaktionsprodukt,
— 4-Chlor-1-naphthol: grünlichblaues Reaktionsprodukt.

Die Antikörpereluierung erfolgt bei saurem pH vor dem zweiten Färbungsschritt. Mit Ausnahme des gefärbten Reaktionsproduktes zur Identifizierung der Antigenorte müßten dabei theoretisch alle Antikörper entfernt werden. Dieser Idealzustand wird jedoch nur selten erreicht. Bei Antikörpern mit hoher Affinität ist eine selektive und vollständige Antikörpereluierung nach VANDESANDE (1982) nur durch Elektrophorese der Gewebeschnitte bei 20 V/cm in 0,05 M Glycin-HCl-Puffer, pH 2.2, der 30 % Dimethylformamid enthält, möglich. Eine vollständige Antikörpereluierung soll außerdem mit Kaliumpermanganat und Schwefelsäure verschiedener Konzentrationen nach TRAMU et al. (1978) erzielt werden.

Die mit einer Antikörpereluierung verbundenen multiplen Markierungen besitzen den Vorteil, daß bei Darstellung unterschiedlicher Antigene in der gleichen Zelle eine farbliche Unterscheidung möglich ist, während ohne Eluierung schwer zu deutende Mischfarben auftreten können. Bei unvollständiger Antikörpereluierung können bei der zweiten Markierungsfolge unerwünschte Nebenreaktionen auftreten.

Die multiple Markierungsmethode bei Anwendung der indirekten Peroxidasemarkierten Antikörper-Methode (NAKANE 1968) besteht aus folgenden Hauptschritten:

— *1. Färbefolge* (Inkubation mit dem Antiserum gegen Antigen A)
Peroxidasedarstellung mit dem DAB-Reagens
↓
Untersuchung mit dem Lichtmikroskop
↓
Antikörpereluierung in Glycin-HCl-Puffer, pH 2,2
↓
— *3. Färbefolge*
Inkubation mit dem Antiserum gegen Antigen B,
Peroxidasedarstellung mit frisch präparierter
α-Naphthol-H_2O_2-Lösung und in Pyroninlösung
↓
LM-Untersuchung
↓

Antikörpereluierung in Glycin-HCl-Puffer, pH 2,2

↓

— *3. Färbefolge*

Inkubation mit dem Antiserum gegen Antigen C

↓

Peroxidasedarstellung mit 4-Chlor-1-naphthollösung

↓

LM-Untersuchung

↓

Waschen in dest. Wasser und Eindecken in Glycerin-Gelatine

13.6.2.2. Doppelmarkierung mit der PAP-Methode mit Eluierung der ersten Antikörpersequenz

Die Doppelmarkierung nach der PAP-Methode führt zu ähnlichen Ergebnissen wie die Peroxidase-markierte Antikörpermethode. Antikörper und Peroxidase werden nach Darstellung des ersten Antigens eluiert. Anschließend stellt man das zweite Antigen mit einer gegenüber dem ersten Antigen unterschiedlichen Farbreaktion dar. Als Substrat ist für die erste Färbefolge das DAB-Reagens, für die zweite Antigendarstellung 4-Chlor-1-naphthol geeignet.

Die Eluierung des PAP-Komplexes und der Antikörper erfolgt nach VANDESANDE und DIERICHX (1975) und nach VANDESANDE et al. (1977) ohne Schwierigkeiten durch Inkubation des Gewebeschnittes in einem 0,2 M Glycin-Puffer, pH 2,3, der 0,5 M Natriumchlorid enthält. Für Antikörper von hoher Affinität wird eine Elution durch Elektrophorese bei 20 V/cm in 0,05 M Glycinpuffer, pH 2,2, der 30% Dimethylformamid enthält, vorgeschlagen (Abb. 66).

Die Zuverlässigkeit des Elutionsprozesses muß praktisch für jede Doppelfärbung geprüft werden. Unabdingbar ist diese Kontrolle jedoch, wenn ein neues,

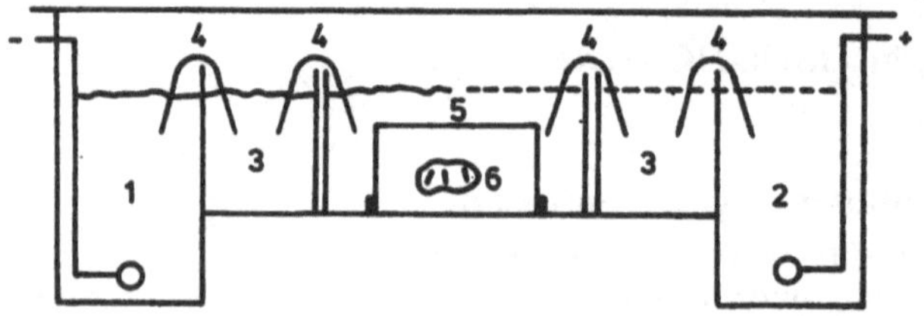

Abb. 66. Elektrophorese-Appatatur zur Antikörpereluierung. 1 Kathodenkammer, 2 Anodenkammer, 3 Pufferkammer, 4 Papierbrücken, 5 Elektrophoresekammer, 6 Gewebepräparat (VANDESANDE 1983a).

noch unbekanntes erstes Antiserum verwendet wird (VANDESANDE 1983a). Außerdem ist es notwendig, den Einfluß der Antikörperelution auf das zu untersuchende Antigen zu prüfen.

Die Zuverlässigkeit der Elution kann durch folgende Kontrollschritte nachgewiesen werden (VANDESANDE 1983a):

- Ausführung der ersten Färbefolge bei Weglassen der DAB-Reaktion,
- Eluierung mit Hilfe der Elektrophoreseprozedur (s. oben),
- zweite Anwendung der ersten Färbefolge bei Weglassen des ersten Antiserums.

Negative Färbung zeigt an, daß die Elution vollständig ist.

Die Doppelmarkierung mit PAP unter Einbeziehung der Elution der ersten Antikörperfolge und des PAP-Komplexes wird von verschiedenen Untersuchern als empfindliche, zuverlässig arbeitende Methode angesehen. Es hat sich gezeigt, daß das Peroxidase-Reaktionsprodukt der ersten Färbefolge (Ergebnis der DAB-Reaktion) während der Eluierung nicht zerstört wird.

13.6.2.3. Doppelmarkierung mit der PAP-Methode ohne Eluierung der ersten Antikörpersequenz und der Peroxidase

Bei Anwendung der PAP-Doppelfärbung ohne Eluierung der ersten Antikörpersequenz sind Farbmischungen zwischen der ersten und zweiten Färbefolge möglich, die sich auf Wechselwirkungen zwischen folgenden Reaktionspartnern zurückführen lassen:

- Ziege-anti-Kaninchen-Antiserum (ZAK) der zweiten Färbefolge mit dem ersten Antikörper der ersten Färbesequenz;
- ZAK der zweiten Sequenz mit dem PAP der ersten Färbefolge;
- erstes Antiserum der zweiten Sequenz mit dem ZAK der ersten Sequenz;
- PAP der zweiten Färbefolge mit dem ZAK der ersten Sequenz;
- PAP der ersten Sequenz mit dem 4-Chlor-1-naphthol der zweiten Färbefolge (katalytische Wechselwirkung).

Auf Grund der angeführten möglichen Wechselwirkungen zwischen den Reagenzien der ersten und zweiten Färbefolge muß mit Farbmischungen anstelle abgegrenzter unterschiedlicher Farbreaktionen gerechnet werden. STERNBERGER und JOSEPH (1979) entwickelten jedoch eine Doppelfärbung, bei der Wechselbeziehungen zwischen den Reagenzien der ersten und zweiten Färbefolge durch folgende methodische Varianten vermieden werden:

- Verwendung einer stärker konzentrierten DAB-Reaktion;
- Anwendung der Brückenantikörper der ersten Färbefolge im Überschuß;
- Verwendung von PAP der ersten Färbefolge im Überschuß.

Im Ergebnis dieser Maßnahmen kommt es offensichtlich zu einer Maskierung der gesamten ersten Färbefolge, so daß Wechselwirkungen mit der zweiten Färbefolge unmöglich oder nur in geringem Umfange möglich sind.

13.6.3. Doppelmarkierung durch Anwendung von zwei Enzymen als Antikörper-Marker

Bei der lichtmikroskopischen Darstellung von zwei unterschiedlichen Antigenen im gleichen Schnitt dienten zunächst Glucoseoxidase und Peroxidase als Markerenzyme. Später wurde anstelle von Glucoseoxidase alkalische Phosphatase als Partnerenzym der Peroxidase eingesetzt (Mason et al. 1982, 1983). Alkalische Phosphatase ist als zweites Markerenzym gut geeignet, weil es preiswert und stabil ist. Eine weitere günstige Eigenschaft ist die starke Färbung mit unterschiedlichen Substraten und damit auch die Auswahlmöglichkeit von verschieden gefärbten Reaktionsprodukten. Bei Anwendung von Naphthol-AS-MX als Substrat und Echtblausalz B als Kupplungssalz erhält man z. B. einen ausgezeichneten Kontrast gegenüber dem Reaktionsprodukt der DAB-Reaktion (Blau gegenüber Braun).

Bei der Doppel-Immunenzymmarkierung können die beiden Immunenzymschichten simultan angewendet werden. Dies setzt jedoch voraus, daß die beiden verwendeten primären Antikörper von verschiedenen Spezies herstammen.

Der Ablauf der Immunenzym-Doppelmarkierung bei Anwendung von zwei unmarkierten Antikörperschichten ist in der nachfolgenden Übersicht zusammengestellt (Abb. 67).

Darstellung des 1. Antigens
- 1. Antikörper vom Kaninchen
- 2. Antikörper: Anti-Kaninchen-Immunglobulin
- Anti-Peroxidase
- Peroxidase
- Histochemischer Nachweis der Peroxidase

Darstellung des 2. Antigens
- 1. Antikörper: monoklonal
- 2. Antikörper: Anti-Maus-Immunglobulin
- monoklonale Anti-Alkalische Phosphatase
- Alkalische Phosphatase
- Enzymnachweis

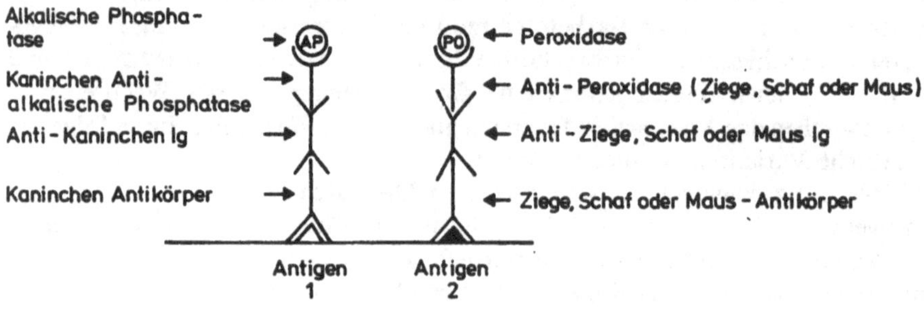

Abb. 67. Doppelmarkierung mit zwei unterschiedlichen Enzymen, Schema (nach Mason und Wooston 1982).

13.6.4. Multiple Markierung mit partikulären Markern

Unter den partikulären Markern besitzt kolloidales Gold die besten Voraussetzungen für Doppel- und Mehrfachmarkierungen, da Goldpartikeln unterschiedlicher Größe im Elektronenmikroskop ohne Schwierigkeiten unterschieden werden können. Goldmarker lassen sich ebenfalls in Verbindung mit Ferritin oder mit Peroxidase verwenden (Roth und Binder 1978). Zur lichtmikroskopischen Darstellung von zwei unterschiedlichen Antigenen ist die Doppelmarkierung mit Protein-A-Gold- und Protein-A-Silber-Komplexen geeignet. Die Reaktion mit dem Protein-A-Gold-Komplex ergibt eine deutliche Rotfärbung, während die Inkubation mit dem Protein-A-Silber-Komplex in einer Goldfärbung resultiert. Mischfarben werden nicht ausgebildet.

Gold-markierte Antikörper- und Protein-A-Methoden können für die Lichtmikroskopie mit Peroxidasemethoden kombiniert werden. Dabei ist es günstig, neben der roten Goldfärbung der Goldmarkierung als Kontrast das blaue Reaktionsendprodukt der 4-Chlor-1-naphthol-Reaktion zum Nachweis der Peroxidase zu verwenden. Die Peroxidasenachweisreaktion muß bei dieser Doppelfärbung an erster Stelle durchgeführt werden, da durch die Antikörpereluierung (s. S. 190) der Antikörper-Goldkomplex entfernt wird (Gu et al. 1981; de Mey 1982; Van Noorden und Polak 1983).

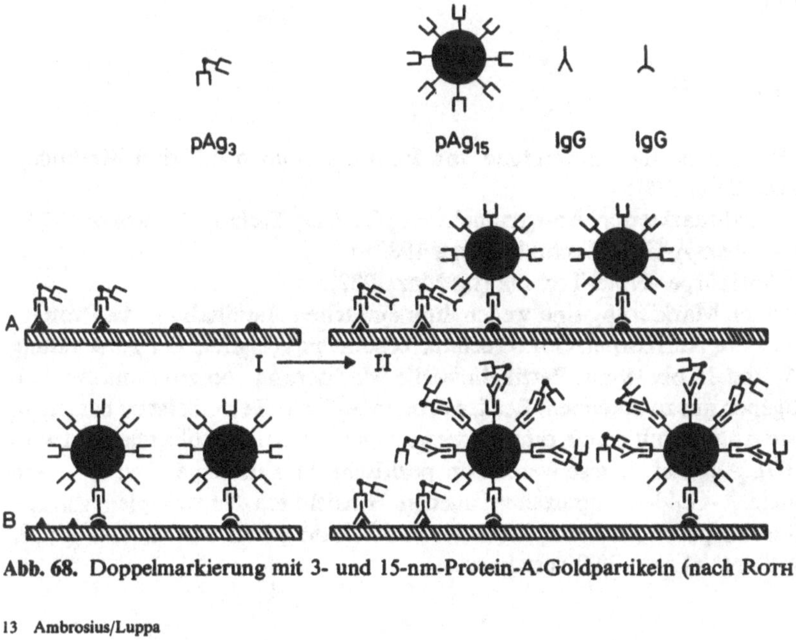

Abb. 68. Doppelmarkierung mit 3- und 15-nm-Protein-A-Goldpartikeln (nach Roth 1982a)

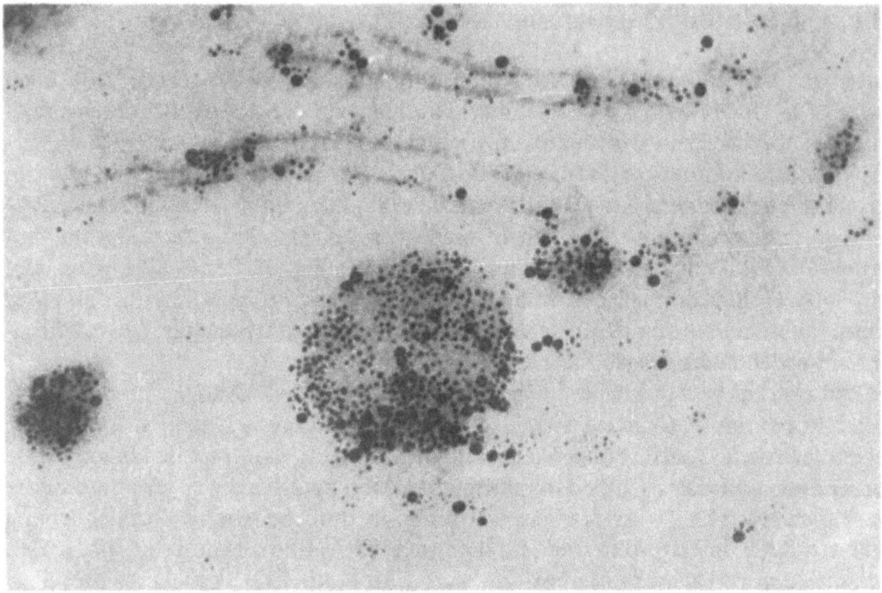

Abb. 69. Doppelmarkierung von Ultradünnschnitten mit der Protein-A-Goldtechnik zum intrazellulären Nachweis der Speicherproteine Vicilin und Legumin. Markierungsfolge: Anti-Vicilin/Protein-A-Gold 6 nm, Anti-Legumin/Protein-A-Gold 16 nm. X 72000. (Mikrogramm: Dr. ZUR NIEDEN, Halle).

Im EM-Bereich ist die Anwendung von Immunkolloiden mit drei Methoden möglich (siehe Seite 174):
- mit der Gold-markierten Antigennachweis (GLAD)-Technik (LARSSON 1979),
- mit der Protein-A-Gold-Technik (ROTH 1982a),
- mit der Antikörper-Gold-Technik (DE MEY 1982).

Zur multiplen Markierung sind wegen ihrer einfachen Handhabung die Protein-A-Gold- und die Antikörper-Gold-Technik besonders geeignet. Bei Anwendung von 3 bis 5- und 15 bis 18-nm-Partikeln ist die Markierung von zwei unterschiedlichen Antigenen gut zu erkennen. Bei der Protein-A-Gold-Technik ist zu beachten, daß das erste Antigen mit dem Komplex der geringeren Partikelgröße markiert wird (Abb. 68, 69). Auf diese Weise werden unspezifische Markierungen zwischen den beiden Protein-A-Gold-Komplexen vermieden. Hinsichtlich der multiplen Markierung mit Antikörper-Gold-Komplexen wird auf die Arbeiten von DE MEY (1982, 1983a) und TAPIA et al. (1983) verwiesen.

13.6.5. Methodenanhang

Doppelfärbung mit Hilfe der PAP-Technik
(VANDESANDE 1982)

a) Lokalisation von Antigen A

Sukzessive Schnittinkubation (entparaffinierte Schnitte, Gefrierschnitte, gespült in TBS/PBS)

1. Schnittbehandlung mit Ziege-Normalserum 1:5, 10 min.
2. Waschen mit TBS/PBS.
3. Inkubation mit gegen Antigen A gerichtetem Serum, 24 h bei 4 °C.
4. Waschen mit TBS/PBS.
5. Inkubation mit Ziege-anti-Kaninchen-IgG 1:20, 20 min.
6. Waschen mit TBS/PBS.
7. Inkubation mit dem PAP-Komplex 1:300, 20 min.
8. Waschen mit TBS/PBS.
9. Farbreaktion mit folgendem DAB-Gemisch:
   125 µg/ml 3,3'-Diaminobenzidintetrahydrochlorid in 0,05 M Tris-HCl-Puffer, pH 7,6, lösen und H_2O_2 (frisch aus 30% H_2O_2 hergestellt) mit einer Endkonzentration von 0,001% hinzugeben. Färbedauer 4 min bei leichter Bewegung.
10. Schnitt 3mal mit dest. Wasser spülen.
    Ergebnis: Gelbbraunes Präzipitat markiert die Lokalisation von Antigen A.

b) Elution

1. Elutionstechnik bei Verwendung von Antikörpern mit hoher Affinität
   Vollständige, selektive Elution der im ersten Färbungsschritt verwendeten Antikörper und Peroxidase durch Elektrophorese bei:
   20 V/cm in 0,05 Glycin/HCl-Puffer, pH 2,2, der 30% Dimethylformamid enthält, 60—120 min.
   Ergebnis: Alle im ersten Färbungsschritt verwendeten Antikörper und die Peroxidase werden auf diese Weise von den Gewebeschnitten entfernt. Das gelbbraune Präzipitat, das die Lokalisation von Antigen A anzeigt, wird dagegen nicht eluiert.
2. Elutionstechnik bei Verwendung von Antikörpern mit geringerer Affinität
   Aufeinanderfolgendes Waschen mit:
   a) 0,2 M Glycin-HCl-Puffer, pH 2,3, der 0,5 M Natriumchlorid enthält.
   b) 10% Dimethylformamid in 0,05 M Tris-HCl-Puffer, pH 7,6.

Kontrollversuche zur Überprüfung der Antikörper- und Peroxidase-Elution:

a) Weglassen von 3,3'-Diaminobenzidintetrahydrochlorid
b) Elution
c) Wiederholung der Färbungsprozedur bei Weglassen entweder von gegen Antigen A gerichtetem Serum
   oder Ziege-anti-Kaninchen-Serum
   oder dem PAP-Komplex
   oder Antiseren und PAP-Komplex

Eine vollständige Elution kann angenommen werden, wenn die angeführten Kontrollschritte in einer nativen Färbung resultieren.

c) Lokalisation von Antigen B

Sukzessive Schnittinkubation in

1. Ziege-Normalserum 1:5, 10 min.
2. Waschen mit TBS/PBS.
3. Inkubation mit gegen Antigen B gerichtetem Serum, 24 h bei 4 °C.
4. Waschen mit TBS/PBS.
5. Inkubation mit Ziege-anti-Kaninchen-IgG 1:20, 20 min.

6. Waschen mit TBS/PBS.
7. Inkubation mit PAP-Komplex 1:300, 20 min.
8. Waschen mit TBS/PBS.
9. Inkubation im 4-Chlor-1-naphthol-Medium, etwa 5 min. Herstellung des Mediums: 100 mg 4-Chlor-1-naphthol werden in 190 ml 0.05 M Tris-HCl-Puffer gelöst und zu 10 ml Ethanol filtriert. Kurz vor Gebrauch werden 0,005% H_2O_2 zugegeben. Während der Färbung wird die Inkubationslösung langsam bewegt.
10. Schnitte 3mal mit dest. Wasser spülen.
11. Montieren der Schnitte in Glycerin-Gelatine. 10 g Gelatine werden in 60 ml dest. Wasser suspendiert, zum Aufweichen 1—2 h stehen gelassen und danach durch Erwärmen gelöst. Zu dieser Lösung 70 ml Glycerin und 0,25 g Phenolkristalle hinzugeben und gut mischen. Das Gemisch wird vor Gebrauch durch Erwärmen flüssig gemacht.

Bemerkungen: Durch die Elution werden bei Lokalisation von Antigen A und B in der gleichen Zelle Mischfarben weitgehend vermieden.

14. Radioimmuncytochemie

Im Gegensatz zu Fluorochromen, Enzymen oder Metallen verwendet man bei dieser Methode Radioisotope als Marker, die an Antikörper oder an Antigene gekoppelt werden können. Unter den Radioisotopen wird das Radioiod am häufigsten angewendet.

Die radioimmuncyctochemische Technik läßt sich licht- und elektronenoptisch einsetzen. Sie bezieht sich auf granuläre Silberkörner als Reaktionsprodukte, die entsprechend der Verfahrensweise in der Autoradiographie gebildet werden und eine quantitative Auswertung ermöglichen (siehe Amlacher 1974; Luppa 1977).

Zur Antigenlokalisation stehen in erster Linie die folgenden drei Verfahren zur Verfügung:
— die Chloramin-T-Methode,
— die Lactoperoxidase-Jodierung,
— die Markierung mit dem Bolton-Hunter-Reagens.

14.1. Chloramin-T-Methode

Diese Methode wird am häufigsten angewendet. Sie beruht auf dem Einbau von Iodatomen in die zu markierende Substanz durch direkte Substitutionen an Tyrosin- und Histidinaminosäureresten (Abb. 70). Bei diesem Prozeß kann es zu erheblichen Konformationsänderungen in Proteinen kommen. Dieser Nachteil wird jedoch durch die einfache Handhabung der Methode aufgewogen. Die Chloramin-T-Methode hat sich als Iodierungsverfahren für Proteine und Peptide bewährt. Einzelheiten der Methode bei Perkins und Koehler (1978).

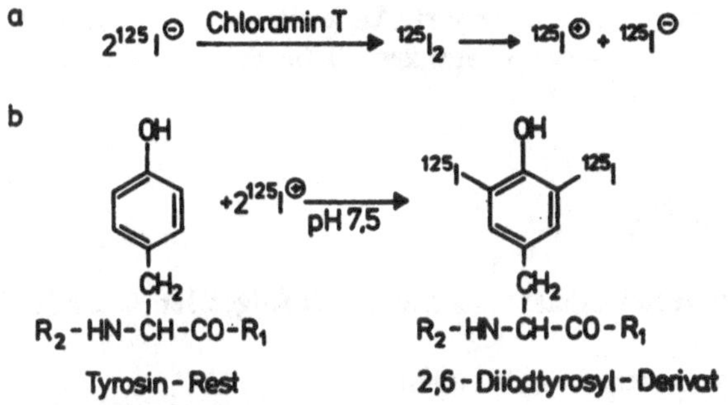

Abb. 70. Chloramin-T-Methode. Oxidation von Iodid-Ionen (a) und anschließende elektrophile Reaktion mit dem Tyrosinring (b).

14.2. Lactoperoxidase-Iodierung

Das Verfahren beruht auf einer enzymatischen Iodierung mit dem Enzym Lactoperoxidase. Der Iodierungsprozeß kann dabei entweder durch direkte Zugabe von Wasserstoffperoxid zum Reaktionsgemisch oder durch kontinuierliche enzymatische Bildung von H_2O_2 während der Reaktion erfolgen. Zur enzymatischen H_2O_2-Bindung ist Glucoseoxidase geeignet, die mit dem Substrat β-D-Glucose zum Reaktionsansatz zugegeben werden kann. Lactoperoxidase hat ein geringeres Oxidationspotential für ^{125}I als Chloramin T. Aus diesem Grunde sind auch die oxidativen Nebenwirkungen der Reaktion entsprechend geringer. Die Lactoperoxidase-Iodierung ist daher für radiocytochemische Untersuchungen zu empfehlen.

14.3. Markierung mit dem BOLTON-HUNTER-Reagens

Das Reagens iodiniertes N-Succinimidyl-3-(4-hydroxyphenyl)propionat (BOLTON und HUNTER 1973, LANGDONE und VAN VUNAKIS 1982, Übersicht) ist ein ^{125}I-markiertes acylierendes Agens. Es wird mit der Chloramin-T-Methode hergestellt und reagiert unter milden Bedingungen spontan primär mit Lysinresten. Bei seiner Anwendung wird der direkte Kontakt des Tracers mit der zu markierenden Substanz vermieden, indem das radioaktive Iod zusert in eine acylierende Substanz eingebaut wird. Nach erfolgtem Kontakt setzt die Konjugatbildung mit einer freien Aminogruppe des zu markierenden Proteins ein. Das schonende Verfahren ist in seiner Handhabung relativ zeitaufwendig.

Das BOLTON-HUNTER-Reagens ist vor allem zur Markierung von Substanzen geeignet, bei denen die zur Konjugatbildung benötigte Aminogruppe nicht zum aktiven Zentrum des zu markierenden Proteins gehört. Außerdem ist es mit diesem Reagens möglich, Proteine und biologische Substanzen zu markieren, die keine Tyrosylreste enthalten.

14.4. Markierung mit $Na^{125}I$

$Na^{125}I$ hat sich als Tracer trotz verschiedener Nachteile aus folgenden Gründen durchgesetzt:
— es besitzt die günstige Halbwertszeit von 60 Tagen,
— es hat eine hohe spezifische Aktivität,
— die Expositionszeit für die Sichtbarmachung des radioaktiven Markers ist relativ gering.

Ein Nachteil ist der große Durchmesser der Silberkörner, der zwischen 100 und 1000 nm liegen kann. Feinere Antigenlokalisationen sind mit diesem Marker daher nicht möglich.

Eine erfolgreiche Markierung mit $Na^{125}I$ ist von der Voraussetzung abhängig, daß in der zu markierenden Substanz ein Tyrosyl- bzw. Histidylrest oder eine freie Aminogruppe vorhanden sind. Liegen diese Gruppen nicht vor, so müssen sie vor der Markierung schonend in das Molekül der zu markierenden Substanz eingeführt werden.

Alle Arbeiten mit ^{125}Iod unterliegen besonderen Vorsichtsmaßnahmen. Sie müssen in jedem Fall unter dem Abzug durchgeführt werden.

15. Lektine

15.1. Eigenschaften der Lektine

Lektine sind Proteine bzw. Glykoproteine nichtimmuner Natur. Sie reagieren mit terminalen Zuckerresten von Oligo- und Polysacchariden wie auch von Glykoproteinen und Mucopolysacchariden. Eine Bindung an nichtterminale Zucker ist ebenfalls möglich. Wegen ihrer Fähigkeit, terminale Zuckerreste spezifisch zu binden, werden Lektine vorwiegend zur Untersuchung der Eigenschaften von Zelloberflächen-Kohlenhydratbestandteilen und zur Markierung von Veränderungen der Kohlenhydratkomponenten des Membranskeletts herangezogen.

In der Literatur wird häufig zwischen Lektinen (= pflanzlichen Eiweißkörpern) und Protektinen (= tierischen Lektinen) unterschieden. Seit Entdeckung der agglutinierenden Eigenschaften der Lektine ist auch der Terminus Agglutinine als Oberbegriff in der Literatur zu finden. Neben pflanzlichen und tierischen Lektinen zählen dazu noch die Virusagglutinine.

Tabelle 27. In der Histochemie häufiger verwendete Lektine

Lektin	Herkunft	**Untereinheiten**	**Zuckerspezifität**	**Molekulargewicht**
Abrus precatorius (Abrin)	Paternostererbse	4	β-D-Gal	134000
Bandeiraea simplicifolia	Bandeiraeasamen	4	α-D-Gal,	114000
Canavalia ensiformis	Schwertbohne	4	α-D-Man α-D-Gle	105000
Dolichos biflorus	Pferdebohne	4	α-D-Gal NAc	135000
Glycine max.	Sojabohne	4	D-Gal NAc, D-Gal	120000
Lens culinaris	Speiselinse	2	α-D-Man, α-D-Gle	49000
Lotus tetragonolobus	Spargelerbse	4	α-L-Fucose	117000
Arachis hypogaea	Erdnuß	4	β-D-Gal	110000
Phaseolus lunatus	Limabohne	4	α-D-Gal NAc	247000
Pisum sativum	Speiseerbse	2	α-D-Man α-D-Gle	53000
Ricinus communis I	Rizinussamen	2	β-D-Gal, D-Gal-NAc	60000
Ricinus communis II	Rizinussamen	4	β-D-Gal	120000
Weizenkeim-Agglutinin	Weizenkeime	2	(D-GlcNAc)n Sialinsäure	35000

Bisher wurden viele hundert Lektine aus Pflanzen- und Tierarten extrahiert und mit Methoden der Proteinfraktionierung oder durch Affinitätschromatographie isoliert. Ihre Molekülgröße zeigt erhebliche Unterschiede, und entsprechend schwankt auch das Molekulargewicht zwischen 26000 und 400000. Die in der zellbiologischen Forschung am häufigsten angewendeten Lektine sind in Tab. 27 zusammengestellt. Auch in ihrer chemischen Zusammensetzung unterscheiden sich die Lektine charakteristisch. So besitzen verschiedene kovalent gebundene Lektine Zucker (Glykoproteine), andere dagegen sind zuckerfrei (z. B. Concanavalin A). Viele aus der Pflanze gewonnenen Lektine enthalten Metalle (s. Luppa 1986c).

15.2. Lektine als Reagenzien in der Histochemie

Der Einsatz von Lektinen als histochemische Reagenzien beruht auf einer Art Lektin-Zucker-Wechselwirkung, wobei das Reaktionsprodukt das Ergebnis einer reversiblen Lektinbindung an die Zuckerreste ist. Die Bildung und Dissoziation von Lektin-Glykoprotein-Komplexen hängt von verschiedenen Faktoren ab, z. B. Temperatur, Ionenstärke, Bindungsaffinität, Bindungskapazität und Avidität sowie Ladungseffekten.

Lektine besitzen keine enzymatische Aktivität, und sie sind auch nicht elektronendicht. Für den Einsatz als histochemische Reagenzien müssen sie daher konjugiert werden, und zwar mit den nachfolgend aufgeführten Markern:

— Fluoreszenzmarker (FITC)	Stoddart und Kiernan 1973
— Peroxidase	Roth und Thoss 1975
— Kohlenhydrat-Eisen-Komplexverbindungen	Franz et al. 1976
— Ferritin	Nicolson und Singer 1971
— Hämocyanin-Moleküle	Smith und Revel 1972
— Peroxidase-Glykoprotein-Konjugate	Fritsch und Wollweber 1975
— Lektin-Goldkomplexe	Horisberger 1980, Roth 1983b
— Avidin-Biotin-Komplexe	Hsu und Raine 1982

Peroxidase wird besonders von Concanavalin A, aber auch von anderen Lektinen (*Lens culinaris*, *Dolichos biflorus*) gebunden und kann zur Markierung der Lektin-Antigenbildung mit der DAB-Reaktion sichtbar gemacht werden (Abb. 71). Die Methode hat sich trotz einiger Nachteile zur Darstellung der Oberflächenregion normaler und transformierter Zellen bewährt (Geyer 1977, Übersicht).

Kolloidales Gold, das eine große Oberfläche besitzt, adsorbiert eine Anzahl von Lektinen vorwiegend durch nichtkovalente Bindungskräfte (Horisberger 1981). Für die histochemische Anwendung ist von Bedeutung, daß die an Goldpartikeln adsorbierten Lektine ihre Zuckerbindungskapazität behalten, obwohl mit geringfügigen Modifikationen während der Bindung zu rechnen ist.
Bei Anwendung von Lektin-Gold-Komplexen bzw. Lektin-Ferritin-Konjugaten ist die Größe der Komplexe/Konjugate zu berücksichtigen. Besonders zu beachten sind dabei sterische Behinderungen, die den Zugang zum Antigen an der Zelloberfläche einschränken können.

Die Spezifität einer Lektinbindungsreaktion muß in jedem Fall durch Kontrollen bestätigt werden. Die Lektinbindung kann durch die in Tab. 27 angegebenen Zucker bei einer Konzentration von 0,1 M spezifisch gehemmt werden. Bei Ausbleiben der Hemmung liegt eine unspezifische Präzipitation vor. In einigen Fällen ist jedoch eine vollständige Hemmung der Bindung (u. a. mit Concanavalin A, *Ricinus communis*, *Abrus precatorius*, *Phaseolus limensis*) selbst bei höherer

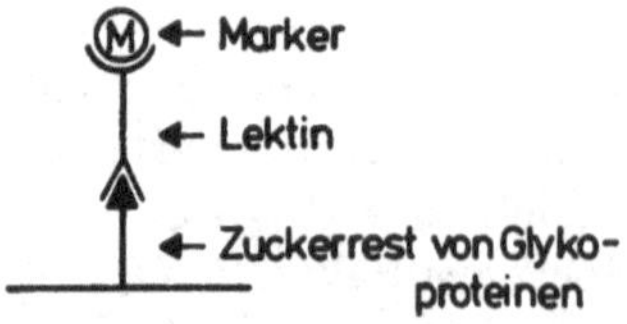

Abb. 71. Lektin, markiert mit einem Fluoreszenz- oder Enzymmarker.

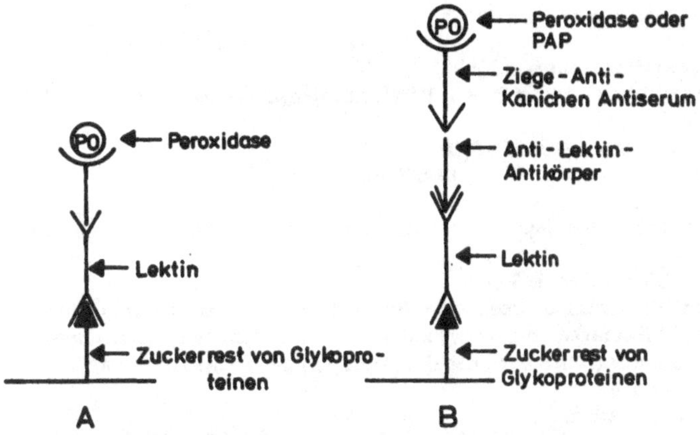

Abb. 72. Direkte Immun-Enzymtechnik (A), Indirekte Immun-Enzymtechnik (B).

Konzentration des jeweiligen Zuckers nicht möglich. Wenig genutzt wurde bisher die Kontrollreaktion durch Abbau der terminalen Zucker mit den entsprechenden Glykosidasen (Watanalte et al. 1981).

Die Bindung von Lektin an Gewebeschnitte kann durch zwei Verfahren erfolgen:

- durch direkte Färbung mit Hilfe der Konjugation des Markers (FITC oder ein Enzym) an das Lektin (Abb. 71) oder
- durch indirekte Färbung mit drei Möglichkeiten: Lokalisation des gebundenen Lektins mit einem direkt gegen das Lektin gerichteten Antikörper (Abb. 72A, B) mit einer Avidin-Biotin-Reaktion oder durch Anwendung markierter Zucker an unbesetzten Bindungsstellen des Lektins.

Über die Durchführung der direkten und indirekten Lektinfärbung siehe Methodenanhang S. 202.

15.3. Anwendungen

Hauptanwendungsgebiet für den Einsatz von Lektinen ist — wie bereits erwähnt — die Untersuchung der Eigenschaften von Zelloberflächen-Kohlenhydratbestandteilen. Auf der zellbiologischen Ebene stehen dabei Fragen zur zellulären Differenzierung (Rose et al. 1980) und Zellreifung (Brabec et al. 1981, Watanalte 1981) im Vordergrund. Die Möglichkeiten der Lektinhistochemie in der Zellpathologie werden u. a. zur Bearbeitung von Problemen der neoplasmatischen Transformation (Cummings 1980, Furmanski et al. 1981, Howard et al. 1981) genutzt.

15.4. Methodenanhang

Direkte Lektinfärbung an Paraffinschnitten

1. Fixation von kleinen Gewebestücken in 2—4% Paraformaldehyd in Phosphatpuffer, pH 7,2
2. Einbettung in Paraffin
3. Anfertigung von 5 µm dicken Paraffinschnitten
4. Schnitte entparaffinieren und in dest. Wasser überführen
5. Gründlich mit TBS/PBS waschen
6. Inkubation mit dem Lektin-Konjugat (Peroxidase-markiertes Lektin, FITC-markiertes Lektin, z. B. 100 µg/ml)
7. Schnitte 3mal in TBS/PBS waschen, je 2 min
8. Untersuchung mit dem Fluoreszenzmikroskop bei Anwendung FITC-markierter Lektine
9. Inkubation mit dem DAB-Reagens bei Verwendung von Peroxidase-markierten Lektinen, 10 min bei Zimmertemperatur (Herstellung des DAB-Reagens siehe Seite 167).
10. Gründlich mit Puffer waschen
11. Schnitte entwässern und eindecken

Bemerkungen: Phosphatgruppen von PBS können mit Schwermetallen Komplexe bilden. Sie können daher die Bindung von Lektinen hemmen, die Metallionen erfordert (z. B. Concanavalin A, Limabohne). Das pH der Lektinlösung sollte um den Neutralpunkt liegen. Saure pH-Werte können zur Lektin-Dissoziation in Untereinheiten führen.

Indirekte Zweischritt-Antikörper-Methoden mit Peroxidase-anti-Peroxidase (PAP) an Paraffinschnitten (Abb. 72 B)

1. 1—5 wie bei der direkten Lektinfärbung.
2. Blockierung endogener Peroxidasen mit 3% H_2O_2 in Methanol, 10 min
3. Inkubation mit dem Lektin (10 µg/ml oder andere Konzentrationen nach Testung), 30 min bei Zimmertemperatur
4. Schnitte 3mal in TBS/PBS waschen, je 2 min
5. Inkubation mit dem ersten Anti-Lektin-Antikörper (vom Kaninchen) 10 µg/ml, 30 min bei Zimmertemperatur
6. Schnitte 3mal in TBS/PBS waschen, je 2 min.
7. Inkubation mit Ziege-anti-Kaninchen-Antiserum 1/50—1/100, 30 min bei Zimmertemperatur.
8. Gründlich mit TBS/PBS waschen.
9. Inkubation mit dem PAP-Komplex, 1/100—1/400, 20 min bei Zimmertemperatur
10. Schnitte gründlich mit TBS/PBS spülen
11. Inkubation mit dem DAB-Reagens (Herstellung s. S. 167), 10 min bei Zimmertemperatur
12. Schnitte gründlich in dest. Wasser waschen, entwässern und eindecken

Bemerkungen: Anstelle von PAP kann kommerzielles FITC- oder Peroxidase-konjugiertes Anti-Kaninchen-IgG verwendet werden

Zur Immunisierung mit Lektinen sind Kaninchen gut geeignet. Zu beachten ist, daß Lektine häufig sehr toxisch sind. Es empfiehlt sich daher, diese Toxizität abzuschwächen.

16. Anwendungsbeispiele immunhistochemischer Methoden

In den letzten 40 Jahren wurden immunhistochemische Techniken zur Klärung zellbiologischer, histobiologischer sowie klinisch- und pathologisch-diagnostischer Fragen herangezogen. Zu diesen Komplexen wird auf folgende Übersichten verwiesen: TAYLOR 1978, BURNS 1978, DE LELLIS et al. 1979, STERNBERGER 1979, 1986; DE PETRIS 1978, LUPPA 1980, 1986d; PILGRIM 1982, BULLOCK und PETRUSZ 1982, 1983, 1985; CUELLO et al. 1983, VAN NOORDEN und POLAK 1983, KUHLMANN 1984, POLAK und VARNDELL 1984, CHILDS 1986. Wichtige Anwendungsgebiete immuncytochemischer Methoden sind die Lokalisation von Zellstrukturen, Hormonen und Enzymen, die verschiedenartigen Anwendungen in der klinischen Immunologie und Pathologie sowie in der Mikrobiologie. In den nachfolgenden Abschnitten werden nur die zell- und histobiologischen Aspekte berücksichtigt.

Zur Lokalisation zellmembranständiger Antigene wurden lichtmikroskopische Verfahren der Immunfluoreszenz und Immunperoxidasetechnik mit Erfolg eingesetzt. Für elektronenmikroskopische Untersuchungen diente vorwiegend Ferritin (DE PETRIS 1978, Übersicht), in letzter Zeit zunehmend Gold als Markermolekül (DE WAELE 1984, Übersicht). Ein charakteristisches Anwendungsbeispiel ist der Einsatz gegen Zellmembranantigene gerichteter poly- und monoklonaler Antikörper zur Kennzeichnung der B- und T-Lymphocyten. Die Erfassung der B-Lymphocyten über ihre zellmembranständigen Immunglobuline wird inzwischen unter Verwendung indirekter Immunfluoreszenz- und Immunperoxidaseverfahren lichtmikroskopisch (ISHII et al. 1975, CURRAN und JONES 1978) und mit Ferritin und Peroxidase elektronenmikroskopisch durchgeführt (DE PETRIS 1977, VAN EWIJK et al. 1980).

Für T-Lymphocyten charakteristische Zellmembranantigene lassen sich am zuverlässigsten mit monoklonalen Antikörpern darstellen (z. B. mit dem monoklonalen Pan-T-Zellantikörper Bl-T_2, KUPPER und FIEBIG 1983; s. Abb. 55). Dabei erwies sich die Enzymbrücken-Technik als ein praktikables und rentables Verfahren.

Von herausragender Bedeutung sind immunhistochemische Methoden zur Lokalisation der Komponenten des Cytoskeletts. Mit Hilfe gegen die einzelnen Komponenten des Cytoskeletts gerichteter Antikörper wurde das System in verschiedenen Zelltypen nachgewiesen (OSBORN et al. 1977, WEBER und OSBORN 1977, JOKUSCH et al. 1979). Für lichtoptische Zwecke hat sich hier die Immunfluoreszenz als die geeignetste Technik erwiesen. In den letzten Jahren hat auf diesem Gebiet die Immungold-Technik an Bedeutung gewonnen. Eindrucksvoll ist die Darstellung des mikrotubulären Systems mit kleinen Goldpartikeln (DE MEY et al. 1981b, HORISBERGER 1981, GOODMAN et al. 1981 Abb. 73a).

Ein weiteres Anwendungsbeispiel ist die Analyse der Oberflächenproteine von Pro- und Eukaryontenribosomen (STÖFFLER 1974, NOLL et al. 1974, WITTMANN 1976, THEISE et al. 1978, NOLL et al. 1980). Mit Hilfe spezifischer Antikörper gegen ribosomale Einzelproteine konnte mittels Immunelektronenmikroskopie die absolute Lage dieser Proteine an der Ribosomenoberfläche bestimmt werden (TISCHENDORF et al. 1974, WITTMANN 1976, NOLL et al. 1980).

Ein für die Gewinnung neuer Erkenntnisse besonders erfolgreiches Gebiet ist

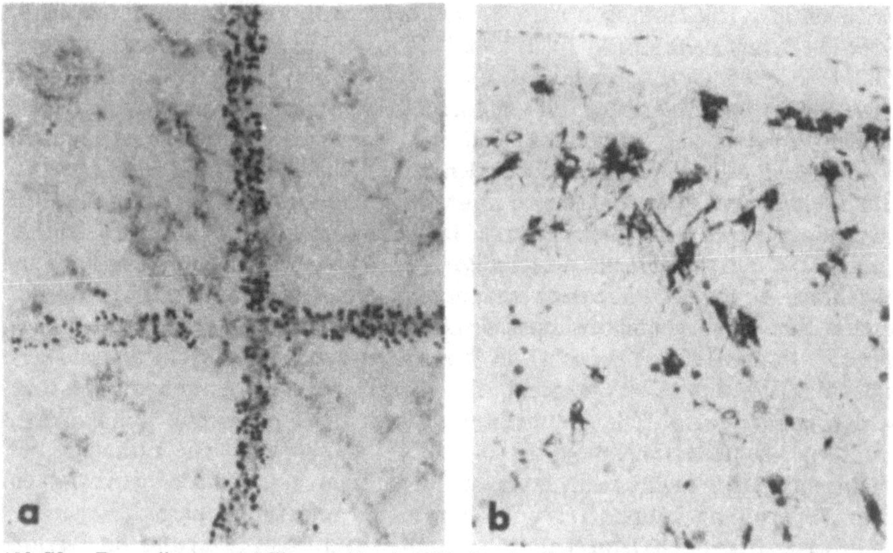

Abb 73a. Darstellung von Mikrotubuli mit Hilfe der Antikörper-Gold-Technik. X 29000. (Mikrogramm: Dr. DE MEY, Beerse).
Abb. 73b. Immungold-Silber-Färbung. Darstellung von Astrozyten im fötalen menschlichen Gehirn mit Anti-saures Gliafibrilläres Protein. 5 µm Paraffinschnitt, Formalinfixation. X 500 (Mikrogramm: Dr. G. W. HACKER, Salzburg)

die Anwendung immuncytochemischer Techniken zur Lokalisation von Hormonen. Im Zentralnervensystem wurden immuncytochemisch bisher mehr als 15 Neuropeptide nachgewiesen, die in Neuronen und in deren Fortsätzen lokalisiert sind (ROBERTS et al. 1981, Abb. 74). Allgemein hat sich in den letzten Jahren die Erkenntnis durchgesetzt, daß neben dem klassischen Hypothalamus-Hypophysen-System ein weitverbreitetes System extrahypothalamischer peptiderger Neurone und Fasern vorkommt, dessen morphologische und funktionelle Erforschung noch nicht abgeschlossen ist (Übersicht: DUBOIS 1980, ROBERTS et al. 1981, GERSCH und RICHTER 1981, ELDE et al. 1982, POLAK und BLOOM 1982, ROBERTS et al. 1982, SWAAB 1982, WAMSLEY 1982, DE MEY 1983, POLAK und VAN NOORDEN 1983, 1986; VAN NOORDEN und POLAK 1985).

In der Hypophyse konzentrierten sich die Untersuchungen auf die Identifizierung und Charakterisierung der einzelnen Zelltypen. Mit dem Methodenspektrum der Immunfluoreszenz- und Immunperoxidasetechnik sowie mit der Avidin-Biotin-Komplex-Technik ist es gelungen, bei Säugetieren (PETRUSZ und ORDRONNEAU 1983) und Nichtsäugern (DOERR-SCHOTT 1980; s. Abb. 59) den mit Färbemethoden klassifizierten Zelltypen der Adenohypophyse die entsprechenden Hormone zuzuordnen (Literatur mit Übersichtscharakter: NAKANE 1970, MORIARTY 1983, BAKER und JAFFE 1975, NAKANE 1975, PETRUSZ et al. 1975, STERNBERGER und PETRALI 1975, BAKER 1977, PELLETIER et al. 1978, STERNBERGER 1979, DUBOIS 1980, OLIVER et al. 1980, LARSSON 1981, GIROD 1983).

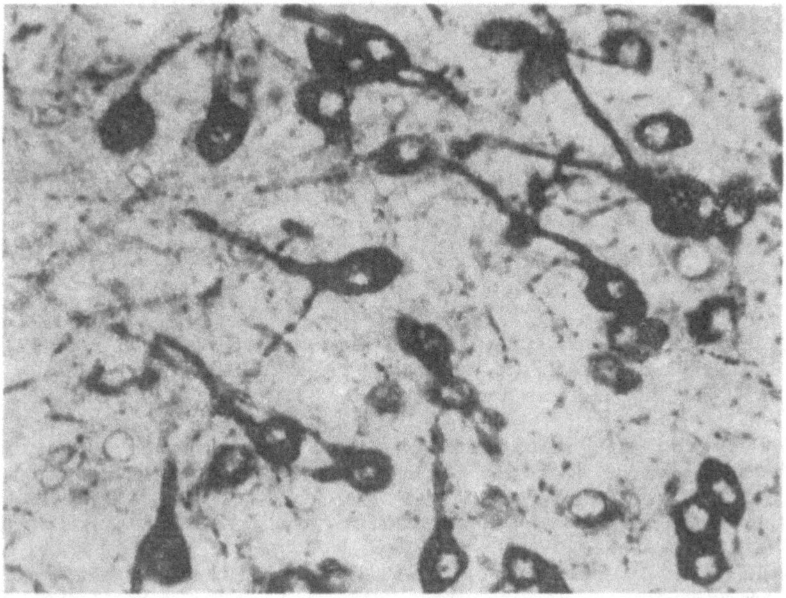

Abb. 74. Somatostatin-positive Reaktion in Neuronen des N. paraventricularis der Wistarratte. Bouin-Fixation, Paraffintechnik, PAP-Methode (Anti-Somatostatin Dr. DUBOIS, Nouzilly). X 380.

In letzter Zeit konnte in der Hypophyse eine Reihe von Substanzen nachgewiesen werden, deren Bedeutung z. Z. noch nicht aufgeklärt ist. Dazu gehören mehrere Neuropeptide, z. B. die thyreotropen und gonadotropen Releasinghormone, außerdem Enkephaline, Substanz P und Neurotensin (PETRUSZ und ORDRONNEAU 1983).

Im Magen-Darmtrakt konnten, nachdem Gastrin als erstes Enterohormon durch MC GUIGAN 1968 nachgewiesen wurde, bisher mehr als 15 weitere Peptidhormone immunhistochemisch lokalisiert werden CREUZFELDT 1970, SOLCIA et al. 1973, GRUBE 1976, BLOOM und POLAK 1978, FURNESS et al. 1980, JESSEN et al. 1980, LARSON 1981, POLAK und BLOOM 1983).

Im Pankreas wurden vier regulatorische Peptide (Insulin, Glucagon, pankreatisches Polypeptid und Somatostatin) nachgewiesen (HEITZ et al. 1976, LARSSON et al. 1976; SOLCIA et al. 1981). Von einem möglichen fünften Hormon steht der Nachweis der Peptidnatur noch aus (POLAK und VAN NOORDEN 1983).

Aktualität gewinnen seit einiger Zeit Untersuchungen zur Antigen-Kolokalisation mit Hilfe verschiedener multipler Markierungen (siehe VARNDELL und POLAK 1984). So konnten z. B. pankreatisches Glukagon und sein unmittelbarer Precursor Glidentin gemeinsam in Granula von A-Zellen des Pankreas dargestellt werden (RAVAZZOLA und ORCI 1980).

17. Literatur

ALBERTIN, A., EKINS, R. (1981): Monoclonal antibodies and developments in immunoassay. — Elsevier/North-Holland Biomed. Press, Amsterdam — New York.

AMBROSIUS, H. (1980): Biochemie der Antikörperbildung. — Acta histochem. Suppl. XXII, 11—18.

— (1982): Zellsignale bei der Regulation der Immunantwort.-Dt. Gesundheitsw. 37, 1048—1053.

— (1984): Antiserumgewinnung aus Tieren. — In: FRIEMEL, H. (Hrsg.), Immunologische Arbeitsmethoden, 3. Aufl. VEB Gustav Fischer Verlag, Jena.

— (1984): Das Problem der Spezifität in der Immunologie.- Wiss. Z. Karl-Marx-Univ. Leipzig, Math.-Nat. R. 33, 595—601,

— ERMISCH, A. (1964): Die Herstellung von Anti-Insulin-Seren in Hühnern. — Klin. Wschr. 42, 645—646.

— LEHMANN, R. (1970): Eine einfache Technik zur Herstellung monospezifischer Antiseren. — Acta biol. med. germ. 25, 513—517.

— RUDOLPH, W. (1978): Grundriß der Immunbiologie. — VEB Gustav Fischer Verlag, Jena.

AMLACHER, E. (1974): Autoradiographie in Histologie und Zytologie. VEB Georg Thieme, Leipzig.

ATASSI, M. Z. (1977): The complete antigenic structure of myoglobin: Approaches and conclusions for antigenic structure of proteins. — In: ATASSI, M. Z., Immunochemistry of proteins, Bd. 2. — Plenum Press, New York, 77—176.

— HABEEB, A. F. S. A. (1977): The antigenic structure of hen egg-white lysozyme: A model for disulfide-containing proteins. — In: ATASSI, M. Z., ed. Bd. 2. — Plenum Press, New York, 177—264.

AVRAMEAS, S. (1969): Coupling of enzymes to proteins with glutaraldehyde. Use of the conjugates for the detection of antigens and antibodies. Immunochemistry 6, 43—52.

— (1982a): Immunocytochemical Methods. In: NICOLINI, C. ed., Cell growth, 51—60. Plenum Publ. Corp., New York.

— (1982b): Qualitative and quantitative immunoenzymatic techniques. In: NICOLINI, C. ed., Cell, growth, 60—68, Plenum Publ. Corp., New York.

—, LESPINATS, G. (1967): Enzymes couplées aux protéins; leur utilisation pour la détection des antigènes et des anticorps. C. R. Acad. Sci. Paris, 265, 1149—1153.

—, TERNYNCK T. (1967): Biologically active water-insoluble protein polymers. I. Their use for isolation of antigens and antibodies. J. Chem. 242, 1651—1659.

— (1969): The cross-linking of proteins with glutaraldehyde and its use for the preparation of immunoadsorbents. Immunochemistry 6, 53—66.

— (1971): Peroxidase labelled antibody on Fab conjugates with enhanced intracellular penetration. Immunochemistry 8, 1175—1178.

—, URIEL, J. (1966): Methode de marquage d'antigenes et d'anticorps avec des enzymes et son application en immunodiffusion. C. R. Acad. Sci. Paris 262, 2543—2545.

BACH, J. F. (1982): Immunology. John Wiley & Sons Ltd., Baffins Lane.
BADE, H., STEGEMANN, H. (1984): Rapid method of extraction of antibodies from hen egg yolk. J. Immun. Meth. **72**, 421—426.
BAKER, B. L. (1977): Cellular composition of the human pituitary pars tuberalis as revealed by — immunocytochemistry. Cell Tissue Res. **192**, 151—163.
—, JAFFE, R. B. (1975): The genesis of cell types in the adenohypophysis of the human fetus as observed with immunocytochemistry. Am. J. Anat. **143**, 137—162.
BALDWIN, H. T., ALLISON, J. P. (1983): Hybridomas and cellular immortality. Plenum Press, New York — London.
BEHN, I. FIEBIG, H. (1984): Herstellung von monoklonalen Antikörpern durch Lymphozytenhybridomtechnik. — Wiss. Z. Karl-Marx-Univ. Leipzig. Math.-Naturwiss. R. **33**, 612—618.
BENDAYAN, M., ØRSTAVIK, T., (1982): Immunocytochemical localization of kallikrein in the rat exocrine pancreas. — J. Histochem. Cytochem. **30**, 58—66.
—, ROTH, J., PERRELET, A., ORCI, L. (1980): Quantitative immunocytochemical localization of pancreatic secretory proteins in subcellular compartments of the rat acinar cell. — J. Histochem. Cytochem. **28**, 149—160.
—, SHORE, F. (1982): Immunocytochemical localization of mitochondrial proteins in the rat hepatocyte. — J. Histochem. Cytochem. **30**, 139—147.
BENJAMIN, D. C., BERZOFSKY, J. A., EAST, I. J., GURD, F. R. N., HANNUM, C., LEACH, S. J., MARGOLIASH, E., MICHAEL, J. G., MILLER, A., PRAGER, E. M., REICHLIN, M., SERCARZ, E. E. SMITH-GILL, S. J., TODD, P. E., WILSON, A. C. (1984): The antigenic structure of proteins: A reappraisal. — Annual Rev. Immunology **2**, 67—101.
BERGMANN, P., FRANZ, H., ZISKA, P., NEBEL, J. (1980): Electron microscopic visualization by the unlabelled Lectin/antiferritin-antibody/ferritin method of lectin receptors on cell surfaces. — Acta histochem., Suppl. XXII, 131—134.
BIGBEE, J. W., KOSEK, J. C., ENG, L. F. (1977): Effects of primary antiserum dilution on staining of "antigen-rich" tissues with the peroxidase-antiperoxidase technique. — J. Histochem. Cytochem. **25**, 443—447.
BLOOM, S. R., POLAK, J. M. (1978): Gut hormone overview. — In: BLOOM, S. R., POLAK, J. M. eds., Gut hormones, 3—19. — Churchill LIVINGSTONE, Edinburgh.
BOHN, W. (1978): A fixation method for improved antibody penetration in electron microscopical immunoperoxidase studies. — J. Histochem. Cytochem. **26**, 293—297.
BOLTON, A. F., HUNTER, W. M. (1973): The labelling of protein to high specific radioactivities by conjugation to a ^{125}I — containing acylating agent. — Biochem. J. **133**, 529—539.
BONNARD, C., PAPERMASTER, D. S., KRAEHENBUHL, J. P. (1984): The streptavidin-biotin bridge technique: Application in light and electron microscope immunocytochemistry. — In: POLAK, J. M., VARNDELL, I. M. eds., Immunolabelling for Electron Microscopy, Elsevier, Amsterdam, 95—111.
BOORSMA, D. M. (1982): HFR-labeled antibody and PAP. — In: VAN LEEUWEN, F. W., SWAAB, D. F., BUIJS, R. M. eds., Immunocytochemistry and its application in brain research. Second EMBO practical course 75—78. — The Netherlands Institute for Brain Research, Amsterdam.
— (1983): Preparation of HRP-labelled antibodies. — In: CUELLO, A. C. ed., Immunohistochemistry, 87—119, John Wiley & Sons, Chichester.
—, STREEFKERK, J. G. (1979): Periodate or glutaraldehyde for preparing peroxidase conjugates? — J. Immunol. Methods **30**, 245—255.
BOREK, F. (1961): A new two-stage method for cross-linking proteins. — Nature **191**, 1293—1294.
BOROWITZ, M. J., CROKER, B. P., BURCHETTE, J. (1982): Immunocytochemical detection of lymphocyte surface antigens in fixed tissue sections. — J. Histochem. Cytochem. **30**, 171—174.
BOROWITZ, M. J., CROKER, B. P., METZGAR, R. S. (1981): Comparison of histologic and immunologic heterogeneity of non-Hodkin's lymphoma. — Am. J. Pathol. **105**, 97—106.

Boss, B. D., Langmann, R., Trowbridge, I., Dulbecco, R. (1984): Monoclonal antibodies and cancer. — Acad. Press, New York-London.

Boyden, S. V. (1951): The adsorption of proteins on erythrocytes with tannic acid and subsequent hemagglutination by antiprotein sera. — J. Exp. Med. **93**, 107—120.

Brabec, R. K., Peters, B. P., Bernstein, I. A., Gray, R. H., Goldstein, I. J. (1981): Differential lectin binding in cellular membranes in the epidermis of the newborn rat. — Proc. Natl. Acad. Sci. USA **77**, 477—479.

Brandtzaeg, P. (1974): Mucosal and glandular distribution of immunoglobulin components. Immunohistochemistry with a cold ethanol fixation technique. — Immunology **26**, 1101—1113.

Bullock, G. R., Petrusz, P. (eds.) (1982): Techniques in Immunocytochemistry. Vol. 1, Academic Press London — New York.

—, — (eds.) (1983): Techniques in Immunocytochemistry, Vol. 2. — Academic Press, London — New York.

—, (eds.) (1985): Techniques in immunocytochemistry. Vol. 3. — Academic Press, London — New York.

Bundschuh, G., Schneeweiss, B. (1979): Immunologie — ein Nachschlagewerk. — Akademie-Verlag Berlin.

Burns, J. (1978): Immunohistological methods and their application in the routine laboratory. — Rec. Adv. Histopathol. **10**, 337—350

— (1982): The unlabelled antibody peroxidase-anti-peroxidase method (PAP). — In: Bullock, G. R., Petrusz, P., eds., Techniques in immunocytochemistry, Vol. 1, pp. 91—105. Academic Press, London—New York.

Carlemalm, E., Garavito, R. M., Villiger, W. (1982): Resin development for electron microscopy and an analysis of embedding at low temperature. — J. Microsc. **126**, 123—143.

—, Villiger, W., Acetarin, J. D. (1980): Advances in specimen preparation for electron microscopy. I. Novel low-temperature embedding resins and a reformulated vestopal. — Experientia 36, 740.

Carlsson, J., Drevin, H., Axén, R. (1978): Protein thiolation and reversible protein-protein conjugation. — Biochem. J. **173**, 723—737.

Chan-Palay, V., Palay, S. L. (1977): Ultrastructural identification of substance P cells and their processes in rat sensory ganglia and their terminal in the spinal cord by immunocytochemistry. — Proc. Natl. Acad. Sci. USA **74**, 4050—4054.

Chard, T. (1978): An introduction to radioimmunoassay and related techniques. — Elsevier/North-Holland Biomed. Press, Amsterdam.

Childs, G. V. (1983): The application of the avidin-biotin peroxidase complex technique to the localization of anterior pituitary hormones on plastic sections and cell monolayers. — In: Bullock, G. R., Petrusz, P. eds., Techniques in immunocytochemistry, Vol. 2, 85—102, Academic Press, London—New York.

— (ed.) (1986): Immuncytochemical Technology. — Alan R. Liss Inc., New York.

Clausen, J. (1981): Immunochemical techniques for the identification and estimation of macromolecules. — Elsevier/North-Holland Biomed. Press, Amsterdam—New York—Oxford.

Clyne, D. H., Norris, S. H., Modesto, R. R., Pesce, A. J., Pollak, V. A. (1973): Antibody enzyme conjugates. The preparation of intermolecular conjugates of horseradish peroxidase and antibody and their use in immunochemistry of renal cortex. — J. Histochem. Cytochem. **21**, 233—240.

Conrad, D. H., Wirtz, G. H. (1973): Characterization of antibodies to vitamin A. — Immunochem. **10**, 273—275.

Coons, A. H., Creech, H. J., Jones, R. N., Berliner, E. (1942): The demonstration of pneumococcal antigen in tissue by the use of fluorescent antibody. J. Immunol. **45**, 159—170.

CREUTZFELDT, W. (1970): Origin, chemistry, physiology and pathophysiology of the gastrointestinal hormones. — Schattauer, Stuttgart—New York.

CUATRECASAS, P. (1970): Protein purification by affinity chromatography. Derivatization of agarose and polyacrylamide beads. — J. biol. Chem. 245, 3069—3065.

CUELLO, A. C., MILSTEIN, C., GALFRE, G. (1983): Preparation and application of monoclonal antibodies for immunohistochemistry and immunocytochemistry. In: CUELLO, A. C. ed., Immunohistochemistry, 215—256. — John Wiley & Sons, Chichester.

CUMMINGS, K. B. (1980): Carcinoma of the bladder: predictors. — Cancer 45, 1849—1855.

CURRAN, R. C., GREGORY, J. (1978): Demonstration of immunoglobulin in cryostate and paraffin section of human tonsil by immunofluorescence and peroxidase technique. Effects of processing on immunohistochemical performance of tissue and on the use of proteolytic enzymes to unmask antigens in sections. — J. Clin. Pathol. 31, 974—983.

—, JONES, E. L. (1978): The lymphoid follicles of the human palatine tonsil. — Clin. exp. Immunol. 31, 251—259.

DAIKOKU, S., CHIKAMORI, M., ADACHI, T., MAKI, Y. (1982): Effect of the basal diencephalon on the development of Rathke's pouch in rat: a study in combined organ cultures. Develop. Biol. 90, 198—202.

DE FAZEKAS, ST., GROTH, S., SCHEIDEGGER, D. (1980): Production of monoclonal antibodies: strategy and tactics. — J. Immunol. Meth. 35, 1—24.

DE LELLIS, R. A., STERNBERGER, L. A., MANN, R. B., BANKS, P. M., NAKANE, P. K. (1979): Immunoperoxidase technics in diagnostic pathology. — Am. J. Clin. Pathol. 71, 483—488.

DE MEY, J. (1982): A critical review of light and electron microscopical techniques used in neurobiology. — J. Neurosci. Methods.

— (1983a): Colloidal gold probes in immunocytochemistry. — In: POLAK, J. M., VAN NOORDEN, S., eds., Immunocytochemistry. Practical applications in pathology and biology 82—112, WRIGHT · PSG, Bistol—London-Boston.

— (1983b): The preparation of immunoglobulin gold conjugates (IGS-reagents) and their use as markers for light and electron microscopic immunocytochemistry. — In: CUELLO, A. C. ed., Immunohistochemistry, 347—372. — IBRO Handbook Series, John Wiley & Sons, Chichester-New York.

— (1984): Colloidal gold as a marker and tracer in light and electron microscopy. — Emsa Bulletin, Vol. 14, No. 1, 54—66.

—, LAMBERT, A. M., BAJER, A. S., MOEREMANS, M., DE BRABANDER, M. (1981a): Visualization of microtubules in interphase and mitotic plant cells of Haemanthus endosperm with the immunogold staining (IGS) method. — Proc. Natl. Acad. Sci. USA 79, 1848—1902.

—, MOEREMANS, M., GEUENS, G., NUYDENS, R., DE BRABANDER, M. (1981b): High resolution light and electron microscopic localization of tubulin with the IGS (immuno-gold staining) method. — Cell. Biol. Int. Rep. 5, 889—899.

DE PETRIS, S. (1978): Immunoelectron microscopy and immunofluorescence in membrane biology. — In: KORN, E. D. ed., Methods in membrane biology, Vol. 9, 1—201. — Plenum Press, New York.

DE WAELE, M.(1984): Haematological electron immunocytochemistry. Detection of cell surface antigens with monoclonal antibodies. — In: POLAK, J. M., VARNDELL, I. M. eds., Immunolabelling for Electron Microscopy, Elsevier, Amsterdam. 267—288.

DOERR-SCHOTT, J. (1980): Immunohistochemistry of the adenohypophysis of non-mammalian vertebrates. — Acta histochem. Suppl XXII, 185—223.

DORN, A., BERNSTEIN, H.-G. (1983): Laborpraxis der Immunhistochemie. — VEB Gustav Fischer, Jena.

DUBOIS, M. (1980): Immunocytochemistry of polypeptid hormones: a review. — Acta histochem., Suppl. XXII, 141—177.

ELDE, R., MALEX, B., NOLETS, V., SEYBOLD, V. (1982): Peptidergic and serotoninergic neurons in neuroendocrine and central circuits. — In: CHAN-PALAY, V., PALAY, S. L. eds., Cytochemical methods in neuroanatomy, neurology and neurobiology. Vol. 1, 331—340.

FAULK, W. P., TAYLOR, C. M. (1971): An immunocolloid method for the electron microscope. — Immunochemistry 8, 1081—1083.

FELLOWS, R. E., EISENBARTH, C. E. (1981): Monoclonal antibodies in endocrine research. — Raven Press, New York.

FIEBIG, H. (1980): Struktur der Antikörper und Spezifität der Antigen-Antikörper-Reaktion. — Acta histochem. Suppl. XXII, 27—38.

— (1984): Herstellung monoklonaler Antikörper durch Zellfusion. — In: FRIEMEL, H. Hrsg. Immunologische Arbeitsmethoden, 3. Auflage. VEB Gustav Fischer Verlag, Jena.

— (1984): Monoklonale Antikörper — eine neue Generation von Immunreagenzien. — Wiss. Z. Karl-Marx-Univ. Leipzig, Math. Naturwiss. R. 33, 607—611.

FINLEY, J. C., GROSSMAN, G. H., DIMEO, P., PETRUSZ, P. (1978): Somatostatin containing neurons in the rat brain. Widespread distribution revealed by immunocytochemistry after pretreatment with pronase. — Amer. J. Anat. 153, 483—488.

FRANZ, H. (1968): Zur histochemischen Charakterisierung funktioneller Gruppen durch Metallkomplexe und metallorganische Verbindungen. — Histochemie 16, 220—226.

—, MOHR, J. (1980): Reinigung und Spezifitätskontrolle von markierten Antikörpern. — Acta histochem. Suppl. XXII, 41—46.

—, ZISKA, P., ROTH, J. (1976): Heavy metal carbohydrate complexes for demonstration of lectin surface receptors. The preparation of a galactan-iron complex. Acta histochem. 57, 165—166.

FRENS, G. (1973): Controlled nucleation for the regulation of the particle size in monodisperse gold solutions. Nature Physical Science 241, 20—22.

FRYER, P. R., WELLS, C. (1983): Technical difficulties overcome in the use of lowicryl K4M EM embedding resin. — Histochemistry 77, 141—143.

FRIEMEL, H. (1984): Immunologische Arbeitsmethoden. 3. Aufl. — VEB Gustav Fischer Verlag, Jena.

FRITSCH, S., WOLLWEBER, L. (1975): Elektronenmikroskopische Darstellung von Oberflächenrezeptoren an immunkompetenten Tumorzellen. — Acta histochem. Suppl. XV, 241—247.

FUDENBERG, H. H., STITES, D. P., GAIDWELL, J. L., WELLS, J. V. (1980): Basic and clinical immunology. — Lange Medic. Publ., Los Altos, Calif.

FURMANSKI, P., KIRKLAND, W. L., GARGALA, T., RICH, M. A. and the Breast Cancer Prognostic Study Clinical Associates (1981): Prognostic value of concanavalin A reactivity of primary human breast cancer cells. — Cancer Res. 41, 4087—4092.

FURNESS, J. B., COSTA, M., FRANCO, R., LLEWELLYN-SMITH, I. J. (1980): Neuronal peptides in the intestine: distribution and possible functions. In: COSTA, E., TRABUCCHI, M. eds. — Neuronal peptides and neuronal Communications, 601—617, Raven Press, New York.

FURTH, J. (1925): Antigenic character of heated protein. — J. Immunol. 10, 777—789.

GANI, M., M., HUNT, T., SUMMERELL, J. M. (1980): A simple method of labeling mouse Thy-l antibodies with FITC. — J. Immunol. Methods 34, 133—139.

GEOGHEGAN, W. D., ACKERMAN, G. A. (1977): Adsorption of horseradish peroxidase, ovomucoid and anti-immuno-globulin to colloidal gold for the indirect detection of concanavalin A, wheat germ agglutinin and goat antihuman immunoglobulin G on cell surfaces at the electron microscopic level: a new method, theory and application. — J. Histochem. Cytochem. 25, 1177—1200.

GERSCH, M., RICHTER, K. (1981): Das peptiderge Neuron. — VEB Gustav Fischer, Jena.
GEUZE, H., SLOT, J., VAN DER LEY, P., SCHUFFER, R., GRIFFITH, J. (1981): Use of colloidal gold particles in double labelling immunoelectron microscopy of ultrathin frozen tissue section. — J. Cell Biol. 89, 653—665.
GEYER, G. (1972): Ultrahistochemie, 2. Aufl., Gustav Fischer, Jena.
— (1977): Elektronenmikroskopische Histochemie. Teil 1: Nachweis- und Kontrastierungsmethoden für Kohlenhydrate, Proteine und Aminosäuren, Nucleinsäuren, Lipide und Mineralstoffe, — In: GRAUMANN, W., NEUMANN, K. (Hrsg.), Handbuch der Histochemie. — Bd. I/3, 76—91 — Gustav Fischer Verlag, Stuttgart.
GIESSEN, M. VAN DER, DE LANGE, B., VAN DER LEE, B. (1974): The production of precipitating antiglobulin reagents specific for the subclasses of human IgG. — Immunology 27, 655—663.
GIROD, C. (1983): Immunocytochemistry of the vertebrate adenohypophysis. Handbuch der Histochemie, Vol VIII/5, 1—536. Gustav Fischer, Stuttgart—New York.
GODING, J. W. (1984): Monoclonal antibodies: Principles and practice. — Acad. Press, New York—London.
GOODMAN, S. L., HODGES, G. M., LIVINGSTON, D. C. (1981): A review of colloidal gold marker system. — In: JOHARI, O. ed., Scanning electron microscopy II., 133—145. — AMF O'Hare, SEM Inc., Illinois.
GRABAR, P., BURTIN, P. (1964): Immunoelectrophoretic analysis. — Elsevier Publ. Co., Amsterdam—London—New York.
GRAHAM, R. C., KARNOVSKY, R. J. (1966): The early stages of absorption of injected horseradish peroxidase in the proximal tubules of mouse kidney: ultrastructural cytochemistry by a new technique. — J. Histochem. Cytochem. 14, 291—302.
GRUBE, D. (1976): Die endokrinen Zellen des Magen-Darm-Epithels und der Stoffwechsel der biogenen Amine im Magendarmtrakt. — Progr. Histochem. Cytochem. 8, 3. 1—128.
— (1980): Immunhistochemische Charakterisierung von Enterohormonen. — Acta histochem., Suppl. XXII, 231—240.
GU, J., DE MEY, J., MOEREMANS, M., POLAK, J. M. (1981): Sequential use of the PAP and immunogold staining methods for the light microscopical double staining of tissue antigens. Its application to the study of regulatory peptides in the gut. — Regulat. Pept. 1, 365—374.
GUESDON, J. L., TERNYNCK, T., AVRAMEAS, S. (1979): The use of avidin-biotin interaction in immunoenzymatic techniques. — J. Histochem. Cytochem. 27, 1131—1139.

HAAIJMAN, J. J. (1983): Labelling of proteins with fluorescent dyes: Quantitative aspects of immunofluorescence microscopy. — In: CUELLO, ed., Immunohistochemistry, pp. 47—85. Wiley & Sons, Chichester.
HÄDGE, D. (1984): Anwendung polyklonaler Immunseren — Möglichkeiten und Grenzen. — Wiss. Z. Karl-Marx-Univ. Leipzig, Math.-Naturwiss. R. 33, 602—606.
HALBHUBER, K.-J. (1980): Konformationserhaltende Fixierungsverfahren. — Acta histochem., Suppl. — XXII, 81—97.
HAMES, B. D., RICKWOOD, D. (1981): Gel electrophoresis of proteins — a practical approach. — IRL Press Ltd., London—Washington.
HÄMMERLING, G. J., HÄMMERLING, U., KEARNEY, J. F. (1981): Monoclonal antibodies and T-cell hybridomas — Perspectives and technical notes. — Elsevier/North-Holland Biomed. Press, Amsterdam-New York.
HÄMMERLING, U., AOKI, T., DE HARVEN, E., BOYSE, E. A., OLD, L. J. (1968): Use of hybrid antibody with anti-γ G and anti-ferritin specificities in locating cell surface antigens by electron microscopy. — J. Exp. Med. 128, 1461—1469.
HANKER, J. S., YATES, P. E., METZ, C. B., RUSTIONI, A. (1977): A new specific sensitive and non-

carcino-genic reagent for the demonstration of horseradish peroxidase. — Histochem. J. 9, 789—792.

Heitz, Ph., Polak, J. M., Pearse, A. G. M. (1976): Identification of the D_1 cell as the source of human pancreatic polypeptide (HPP). — Gut 17, 755—758.

Herbert, W. J. (1973): Passive hemagglutination with special reference to the tanned cell technique. — In: Weir, D. M. ed., Handbook of experimental immunology, Vol. 1, chapt. 20. — Blackwell Sci, Publ., Oxford.

Hökfelt, T., Fuxe, K., Goldstein, M. (1975): Applications of immunohistochemistry to studies on monoamine cell systems with special references to nervous tissues. — Ann. N. Y. Acad. Sci. 254, 407—432.

Holgate, C. S., Jackson, P., Cowen, P. N., Bird, C. C. (1983): Immunogold-silver staining: New method of immunostaining with enhanced sensitivity. — J. Histochem. Cytochem. 31, 938—944.

Hopwood, D. (1972): Theoretical and practical aspects of glutaraldehyde fixation. — Histochem. J. 4, 267—303.

Horisberger, M. (1979): Evaluation of colloidal gold as a cytochemical marker for transmission and scanning electron microscopy. — Biol. Cell 36, 253—258.

— (1980): Lectins — Ultrastructural localization of receptors using colloidal gold. — In: Popper, H., Gudar, F., Bianchi, L., Reutter, W. eds., Communication of liver cells. Falk Symposium 27, 25—29. — MTP Press.

— (1981): Colloidal gold: a cytochemical marker for light and fluorescent microscopy and for transmission and scanning electron microscopy. — In: Johari, O., ed., Scanning electron microscopy vol. II, 9—31. — AMF O'HARE, Illinois, SEM Inc.

—, Rosset, J. (1977): Colloidal gold, a useful marker for transmission and scanning electron microscopy. — J. Histochem. Cytochem. 25, 295—305.

—, Vonlanthen, M. (1977): Localization of mannan and chitin on thin sections of budding yeasts with gold markers. — Arch. Microbiol. 115, 1—7.

Howard, D. R., Ferguson, P., Batsakis, J. G. (1981): Carcinoma-associated cytostructural antigenic alterations: detection by lectin binding. — Cancer 47, 2872—2877.

Hsu, S., Raine, L., Fanger, H. (1981): Use of avidin-biotin-peroxidase complex (ABC) in immunoperoxidase techniques: a comparison between ABC and unlabeled antibody (PAP) procedures. — J. Histochem. Cytochem. 29, 577—580.

—, — (1982): Versatility of biotin-labeled lectins and avidin-biotin-peroxidase complex for localization of carbohydrate in tissue sections. — J. Histochem. Cytochem. 30, 157—161.

Ishii, Y., Koshiba, H., Ueno, H., Maeyama, I., Takami, T., Ishibashi, F., Kiruchi, K. (1975): Characterization of human B-lymphocyte specific antigens. — J. Immunol. 114, 466—469.

Jessen, K. R., Saffrey, M. J., Van Noorden, S., Bloom, S. R., Polak, J. M., Burnstock, G. (1980): Immunohistochemical studies of the enteric nervous system in tissue culture and in situ: localization of vasoactive intestinal polypeptide (VIP), substance P and enkephalin-immunoreactive nerves in the guinea-pig gut. — Neuroscience 5, 1717—1735.

Joh, T. H., Shikimi, T., Pickel, V. M., Reis, D. J. (1975): Brain tryptophan hydroxylase: purification of, production of antibodies to, and cellular and ultrastructural localization in serotonergic neurons of rat midbrain. — Proc. nat. Acad. Sci. (Wash.) 72, 2575—3579.

Jokusch, H., Jokusch, B. H., Burger, M. M. (1979): Nerve fibers in culture and their interactions with nonneural cells visualized by immunofluorescence. J. Cell Biol. 80, 629.

Jones, G. L., Herbert, G. A., Cherry, W. B. (1978): Fluorescent antibody techniques and bacterial applications. — U.S. Dept. of Health, Education and Welfare, Public Health service, Atlanta.

Joseph, S. A., Piekut, D. T., Knigge, K. M. (1981): Immunocytochemical localization of luteinizing hormone-releasing hormone (LHRH) in vibratome sectioned brain. — J. Histochem. Cytochem. 29, 247—254.

KABAT, E. A., MAYER, M. M. (1961): Experimental immunochemistry. — Thomas, Springfield.

KARNOVSKY, M. J. (1965): A formaldehyde-glutaraldehyde fixative of high osmolality for use in electron microscopy. J. Cell Biol. 27, 137A—138A.

KEARNEY, J. F., RADBRUCH, A., LIESEGANG, B., RAJEWSKIY, K. (1979): A new mouse myeloma cell line that had lost immunoglobulin expression but permits the construction of antibody secreting hybrid cell lines. J. Immunol. 123, 1548—1550.

KELLENBERGER, E., CARLEMALM, W., VILLIGER, W., ROTH, J., GARAVITO, R. M. (1980): Low denaturation embedding for electron microscopy of thin sections. — Chem. Werke Lowi, Waldkraiburg.

KENNETT, R. H., MCKEARN, T. J., BECHTOL, K. B. (1981): Monoclonal antibodies — Hybridomas: a new dimension in biological analysis. — Plenum Press, New York, London.

KÖHLER, G., MILSTEIN, C. (1975): Continuous cultures of fused cells secreting antibody of predefined specificity. — Nature 256, 495—497.

KRAEHENBUHL, J. O., JAMIESON, J. D. (1974): Localization of intracellular antigens by immunoelectron microscopy. — Int. Rev. exp. Path. 13, 1—53.

KUHLBERG, A., J., AZADOVA, N. B. (1963): Specific contrasting in the electron microscopy by use of mercury-labeled antibodies (russisch). Vopr. Virusol. 1, 100—102.

KUHLMANN, W. D. (1977): Ultrastructural immunoperoxidase cytochemistry. Progr. Histochem. Cytochem. 10, 1—57.

— (1980): Localisation intracellulaire d'anticorps [H] l'aide de la glucoseoxydase comme antigene et marquer. — VII. Internat. Congr. Electron Micr. (Grenoble) 1, 534—535.

— (1984): Immuno enzyme techniques in cytochemistry. — Verlag Chemie, Weinheim.

KUPPER, H., FIEBIG, H. (1983): Immunhistologischer Nachweis von T-Lymphocyten mit dem monoclonalen Antikörper BL-T2. — Acta histochem. 73, 283—287.

LAGEMAN, A. (1980): Präparation und Anwendungsmöglichkeiten von Hybridantikörpern. — Acta histochem., Suppl. XXII, 73—80.

—, BUCHHEIM, P. (1985): Die Gold-Silber-Technik — ein neues immunhistochemisches Verfahren zum Nachweis von Zellmembranantigenen. Acta histochem. 76, 113—120.

LANE, D., KOPROWSKI, H. (1982): Molecular recognition and the future of monoclonal antibodies. Nature 296, 200—202.

LANDSTEINER, K. (1945): The specificity of serological reactions. — Harvard Univ. Press, Cambridge.

LANGDONE, J. J. (1980): Radioiodination by use of the Bolton-Hunter-Reagents. In: VAN VUNAKIS, H. und J. J. LANGONE eds., Methods in Enzymology, Vol. 70, Immunochemical Techniques, pp. 221—247. Academic Press, New York.

— (1982): Immunochemical techniques. Selected immunoassays, 3 Bde. — Academic Press, New York.

LARSSON, L.-I. (1979): Simultaneous ultrastructural demonstration of multiple peptides in endocrine cells by a novel immunocytochemical method. — Nature 282, 743—746.

— (1981): Peptide immunocytochemistry. — Progr. Histochem. Cytochem. 13, no. 4, 1—83.

—, MØRCH-JØRGENSEN, L. (1978): Ultrastructural and cytochemical studies on the cytodifferentiation of duodenal endocrine cells. — Cell Tissue Res. 194, 79—102.

—, SUNDLER, F., HAKANSON, R. (1976): Pancreatic polypeptide. A postulated new hormone. Identification of its cellular storage site by light and electron microscopic immunocytochemistry. — Diabetologia 12, 211—226.

LEDUC, E. H., BERNHARD, W. (1967): Recent modifications of the glycol methacrylate embedding procedure. — J. Ultrastruct. Res. 19, 196—199.

LEFKOVITS, I., PERNIS, B. (1979): Immunological methods, Bd. 1. — Academic Press, New York.

—, —, (1981): Immunological methods, Bd. 2. — Academic Press, New York.

LI, J. Y., DUBOIS, M. P., DUBOIS, P. M. (1977): Somatotrophs in the human fetal anterior pituitary. — An electron microscopic immunocytochemical study. Cell Tissue Res. 181, 545—552.

LOJDA, Z., GOSSRAU, R., SCHIEBLER, T. H. (1976): Enzymhistochemische Methoden. — Springer, Berlin—Heidelberg—New York.

LØVBORG, U. (1982): Monoclonal antibodies — Production and maintenance. — William Heinemann Med. Books, London.

LOWE, C. R. (1979): An introduction to affinity chromatography. — Elsevier/North-Holland Biomed. Press, Amsterdam—New York—Oxford.

LÜBKE, K., NIEUWEBOER, B. (1978): Immunologische Teste für niedermolekulare Wirkstoffe. — Georg Thieme Verlag, Stuttgart.

LUCOCQ, J. M., ROTH, J. (1985): Colloidal gold and colloidal silvermetallic markers for light microscopic histochemistry. — Techniques in immunocytochemistry, Vol. 3, 203—236.

LUPPA, H. (1977): Grundlagen der Histochemie, Teil I. und II. — Akademie-Verlag, Berlin.

— (Hrsg.) (1980): Immunreaktionen in der Histochemie. Acta histochem., Suppl. XXII.

— (1984a): Tissue preparation methods for immunohistochemistry. Problems and outlooks. — Folia Histochem. Cytobiologica 22, 3/4 202—203.

—, WINTER, A. (1984b): Immunhistochemische Untersuchungen zu Vorkommen und Lokalisation von Somatostatin in der Hippocampusformation der Wistarratte. — Acta histochem. Suppl. XXX, 385—389.

— — (1984c): Presence and localization of somatostatin in the rat hippocampus. — Histochem. J. 16, 453—455.

—, AMBROSIUS, H., STORCH, W. (1986a): Immunreaktionen in der Histochemie. — In: GRAUMANN, W., NEUMANN, K., Hrsg., Handbuch der Histochemie IV/2, S. 83—189. Fischer, Stuttgart.

—, —, — (1986b): Immunreaktionen in der Histochemie. — In: GRAUMANN, W., NEUMANN, K., Hrsg., Handbuch der Histochemie IV/2, S. 328—333. Fischer, Stuttgart.

—, —, — (1986c): Immunreaktionen in der Histochemie. — In: GRAUMANN, W., NEUMANN, K., Hrsg., Handbuch der Histochemie IV/2, S. 299—323. Fischer, Stuttgart.

MALIK, N. J., DAYMON, N. E. (1982): Improved double immunoenzyme labelling using alkaline phosphatase and horseradish peroxidase. — J. Clin. Pathol. 35, 1092—1094.

MASON, D. Y., ABDULAZIZ, Z., FALINI, B., STEIN, H. (1983): Double immunoenzymatic labelling. — In: POLAK, J. M., VAN NOORDEN, S. eds., Immunocytochemistry. Practical applications in pathology and biology, 113—128, WRIGHT-PGS, Bristol—London—Boston.

— SAMMONS, R. (1978): Rapid preparation of peroxidase: antiperoxidase complexes for immunocytochemical use. — J. Immunol. Meth. 20, 317—327.

—, WOOLSTON, R. E. (1982): Double immunoenzymatic labelling. — In: BULLOCK, G. R., PETRUSZ, P. eds., Techniques in immunocytochemistry, Vol. 1, 135—153. — Academic Press, London—New York.

MASON, T. E., PHIFER, R. F., SPICER, S. S., SWALLOW, R. A., DRESKIN, R. B. (1969): An immunoglobulin-enzyme bridge method for localizing tissue antigens. — J. Histochem. Cytochem. 17, 536—569.

MAXWELL, M. H. (1978): Two rapid and simple methods used for the removal of resins from 1,0 μm thick epoxy sections. — J. Microsc. 112, 253—255.

MAYERSBACH, H. VON (1966): Immunhistologische Methoden in der Histochemie (Ergänzungs-

beitrag zu Band I/1). — In: GRAUMANN, W., NEUMANN, K., Hrsg., Handbuch der Histochemie Vol. I/2, 188—268. — G. Fischer, Stuttgart.
— (1973): Zur Problematik der Fixation in der Immunhistochemie. Acta histochem. Suppl. XIII, 135—140.
MAYOR, H. D., HAMPTON, J. C., ROSARIO, B. (1961): A simple method for removing the resin from epoxy-embedded tissue. — J. biophys. biochem. Cytol. 9, 909—910.
MAZURKIEWICZ, J. E., NAKANE, P. K. (1972): Light and electron microscopic localization of antigens in tissues embedded in polyethylene glycol with a peroxidase-labelled antibody method. — J. Histochem. Cytochem. 20, 969—974.
MCDONALD, H. C., ODSTRCHEL, G., MAURER, P. H. (1972): Hyperimmune response to a protein and a polypeptide antigen coated on Pneumococcus R3 6A. — J. Immunol. 109, 881—883.
MCGUIGAN, J. E. (1968): Gastrin mucosal intracellular localization of gastrin by immunofluorescence. Gastroenterology 55, 315—327.
MCKAY, R., RAFF, M. C., REICHARD, L. F. (1981): Monoclonal antibodies to neural antigens. — Cold Spring Harbor Laboratory Publ., New York.
MCLEAN, I., NAKANE, P. K. (1974): Periodate-Lysine-paraformaldehyde fixative — a new fixative for immunoelectron microscopy. — J. Histochem. Cytochem. 22, 1077—1083.
MCMICHAEL, A., FABRE, J. (1982): Monoclonal antibodies in clinical medicine. — Academic Press, New York.
MELCHERS, F., POTTER, M., WARNER, N. (1978): Lymphocyte hybridomas. Current topics in microbiology and immunology 81, Springer Verlag, Berlin—Heidelberg—New York.
MILLONIG, G., MARINOZZI, V. (1968): Fixation and embedding in electron microscopy. — In: BARER, R., COSSLETT, V. E. eds., optical and electron microscopy 2, 251—341, Academic Press, New York, London.
MITCHISON, N. A. (1964): Induction of immunological paralysis in two zones of dosage. Proc. Roy Soc. Ser. B. Biol. Sci. 161, 275—292.
MOLIN, S. O., NYGREN, H., DOLONIUS, L. (1978): A new method for the study of glutaraldehyde induced crosslinking properties in proteins with special reference of the reaction with amino groups. — J. Histochem. Cytochem. 26, 412—414.
MORIARTY, G. C. (1973): Ultrastructural immunocytochemistry with unlabeled antibodies and the peroxidase-antiperoxidase complex. — J. Histochem. Cytochem. 21, 825—833.
MÜHLPFORDT, H. (1982): The preparation of colloidal gold particles using tannic acid as an additional reducing agent. — Experientia 38, 1127—1128.

NAIRN, R. C. (1976): Fluorescent protein tracing. — 4th ed. Livingstone, Edinburgh—London.
NAKANE, P. K. (1968): Simultaneous localization of multiple tissue antigens using the peroxidase-labeled antibody method: a study on pituitary glands of the rat. — J. Histochem. Cytochem. 16, 557—560.
— (1970): Classifications of anterior pituitary cell types with immunoenzyme histochemistry. — J. Histochem. Cytochem. 18, 9—20.
— (1975): Identification of anterior pituitary cells by immunoelectron microscopy. — In: TIXIER-VIDAL, A., FARQUHAR, M. G. eds., Ultrastructure in Biological Systems, Vol. 7. The Anterior Pituitary, 45—61. Academic Press, New York.
—, HARTMAN, A. L. (1980): Immunocytochemical localisation of intracellular antigens with scanning electron microscope. Histochem. J. 12, 435—447.
—, KAWAOI, A. (1974): Peroxidase-labeled antibodies. A new method of conjugation. — J. Histochem. Cytochem. 22, 1084—1091.
—, PIERCE, G. B. jr. (1966): Enzyme-labeled antibodies: preparation and application for the localization antigen. — J. Histochem. Cytochem. 14, 929—931.
NEUMANN, K. (1958): Anwendung der Gefriertrocknung für histochemische Untersuchungen. —

In: GRAUMANN, W., NEUMANN, K. Hrsg., Handbuch der Histochemie I/1, 1—77, Fischer, Stuttgart.

NICOLSON, G. L., SINGER, S. J. (1971): Ferritin conjugated plant agglutinins as specific saccharide stains for electron microscopy. Application to saccharides bound to cell membranes. — Proc. Natl. Acad. Sci. USA 68, 942—945.

NOLL, F., LUTSCH, G., BOMMER, U. A., BIELKA, H. (1980): Analyse der Lokalisation und Funktion der Proteine von Eukaryontenribosomen mit Hilfe von Antikörpern. Acta histochem., Suppl. XXII, 299—308.

—, THEISE, H., BIELKA, H. (1974): Studies on proteins of animal ribosomes: XVIII. Reaction of ribosomes and ribosomal proteins with antibodies against ribosomal proteins. — Acta biol. med. germ. 33, 547—553.

OH, T. H., SOFIA, C. A., KIM, Y. C., CARROLI, C., KIM, H. H., MARKELONIS, G. J. (1981): Sciatin: Immunocytochemical localization of monotrophic protein in chicken neural tissues. — J. Histochem. Cytochem. 29, 1205—1212.

OLIVIER, L., VILA-PORCILE, E., DUBOIS, M. P. (1980): Cellular localization of peptides derived from pro-opiocortine in the normal human adenohypophysis and in tumors of Cusling's disease. — Horm. Res. 13, 211—229.

ORDRONNEAU, P. (1982): Post-embedding unlabeled antibody techniques for electron microscopy. — In: BULLOCK, G. R., PETRUSZ, P. eds., Techniques in immunocytochemistry, Vol. 1, 269 to 281. — Academic Press, London—New York.

—, LINDSTRÖM, P. B.-M., PETRUSZ, P. (1981): Four unlabeled antibody bridge techniques: a comparison. — J. Histochem. Cytochem. 29, 1397—1404.

—, PETRUSZ, P. (1980): Comparison of four unlabeled antibody immunocytochemical methods. — J. Histochem. Cytochem. 28, 605 (Abstr. no 22).

OSAMURA, R. Y., WATANABE, K., TANAKA, I., NAKAI, Y., IMURA, H. (1981): Comparative immunohistochemical studies of Z-melanocyte stimulating hormone (Z-MSH) and adrenocorticotrophic hormone (ACTH) in the bovine and human pituitaries. — Acta Endocrinol. 94, 458—463.

OSBORN, M., FRANKE, W. W., WEBER, K. (1977): Visualization of a system of filaments 7—10 nm thick in cultured cells of an epithelioid line (Pt K_2) by immunofluorescence microscopy. Proc. Natl. Acad. Sci. USA 74, 2490—2494.

OTTO, H., TAKAMIYA, H., VOGT, A. (1973): A two stage method for crosslinking antibody globulin to ferritin by glutaraldehyde. Comparison between the one-stage and the two-stage method. J. Immunol. Meth. 3, 137—146.

OUCHTERLONY, Ö. (1967): Immunodiffusion and immunoelectrophoresis. — In: WEIR, D. M., ed., Handbook of experimental immunology, Blackwell Sci. Publ., Oxford—Edinburgh.

PADLAN, E. A., SEGAL, D. M., COHEN, G. H., DAVIES, D. R. (1974): The three-dimensional structure of the antigen binding site of McPC 603 protein. — In: SECARZ, E. E., WILLIAMSON, A. R. and FOX, C. F. eds., 7—14. — Academic Press, New York—San Francisco—London.

PARRATI, D., MCKENZIE, H., NIELSON, K. M., COBB, S. J. (1982): Radioimmunoassay of antibodies and its clinical applications. — John Wiley & Sons Ltd., Chichester.

PAUL, W. E. (1984): Fundamental immunology. — Raven Press, New York.

PEARSE, A. G. E. (1968): Histochemistry. Theoretical and applied. — 3rd ed. Churchill Ltd., London.

—, (1980) Histochemistry. Theoretical and applied. Vol. 1, Preparative and optical technology. — Churchill Livingstone, Edinburgh—London—New York.

—, POLAK, J. M. (1974a): Bifunctional reagents as vapour- and liquidphase fixatives for immunohistochemistry. Abstract. Micro 74, Proc. roy. micr. Soc. 9, 67.

—, —, Adams, C., Kendall, P. A. (1974b): Diethylpyrocarbonate, a vapour-phase fixative for immunofluorescence studies of polypeptide hormones. Histochem. J. **6**, 347—352.

—, —, (1975): Bifunctional reagents as vapour- and liquidphase fixatives for immunohistochemistry. Histochem. J. **7**, 179—186.

Pelletier, G., Robert, F., Hardy, J. (1978): Identification of human anterior pituitary cells by immunoelectron microscopy. — J. Clin. Endocrinol. Metab. — **46**, 534—542.

Pepe, F. A. (1961): The use of specific antibody in electron microscopy. I. Preparation of mercury labeled antibody. — J. Biophys. Biochem. Cytol. **11**, 515—520.

Perkins, W. D., Koehler, J. R. (1978): Antibody-labeling techniques. — In: Koehler, J. J. ed., Advances in biological electron microscopy. — Springer, Berlin—Heidelberg—New York.

Petrusz, P. Dimeo, P., Ordronneau, P., Weaver, C., Keefer, D. A. (1975): Improved immunoglobulin-enzyme bridge method for light microscopic demonstration of hormone-containing cells of the rat adenohypophysis. — Histochemistry, **46**, 9—26.

—, Ordronneau, P., Finley, J. C. W. (1980): Criteria of reliability for light microscopic immunocytochemical staining. — Histochem. J. **12**, 333—348.

—, Sar, M. (1978): Light microscopic localization of gonadotropin binding sites in ovarian target cells. — In: Bolis, L., Straub, R. W. eds., Cell membrane receptors for drugs and hormones: a multidisciplinary approach, 167—182. — Raven Press, New York.

—, Ordronneau, P. (1983): Immunocytochemistry of pituitary hormones. — In: Polak, J. M., Van Noorden, S. eds., Immunocytochemistry. Practical applications in pathology and biology, 212—232. WRIGHT · PSG, Bristol—London—Boston.

Pickel, V. M. (1981): Immunocytochemical methods. — In: Heimer, L., Robards, M. J. eds., Immunocytochemical methods in neuroanatomical tract — tracing methods, 483—509. — Plenum Press, New York.

—, Joh, T. H., Reis, D. J. (1975): Ultrastructural localization of tyrosine hydroxylase in noradrenergic neurons of brains. — Proc. Natl. Acad. Sci. USA **72**, 659—663.

—, —, —, (1976): Monoamine-synthesizing enzymes in central dopaminergic, noradrenergic and serotonergic neurons. Immunocytochemical localization by light and electron microscopy. — J. Histochem. Cytochem. **24**, 792—806.

Pilgrim, Ch. (1982): Immunzytochemie. — Acta histochem., Suppl. XXV.

Polak, J. M., Bloom, S. R. (1982): Regulatory peptides: new aspects. — In: Williams, E. D. ed., recent advances in endocrinology. W. B. Saunders Ltd., London.

—, — (1983): Immunocytochemistry of regulatory peptides. — In: Polak, J. M., Van Noorden, S. eds., Immunocytochemistry. Practical applications in pathology and biology. 184—211. WRIGHT · PSG, Bristol—London—Boston.

—, Pearse, A. G. E., Garand, J.-C., Bloom, S. R. (1974b): Cellular localization of a vasoactive intestinal peptide in the mammalian and avian gastrointestinal tract. Gut **15**, 720—724.

—, —, Le Lierre, C., Fontaine, J., Le Douarin, N. M. (1974a): Immunocytochemical confirmation of the neural crest origin of avian calcitonin-producing cells. Histochemistry **40**, 209—214.

—, Van Noorden, S. (1983): Immunocytochemistry. Practical applications in pathology and biology. — WRIGHT · PSG, Bristol, London, Boston.

—, — (1986): Immunocytochemistry. Practical applications in pathology and biology. — 2nd. edit., WRIGHT · PSG, Bristol, London, Boston.

Pollack, R., Osborn, M., Weber, K. (1975): Patterns of organization of actin and myosin in normal and transformed cultured cells. — Proc. Natl. Acad. Sci. USA **72**, 994—998.

Polson, A., von Wechmar, B. (1980): Isolation of viral IgY antibodies from yolks of immunized hens. — Immunol. Commun. **9**, 475—493.

Priestley, J. V., Cuello, A. C. (1983): Electron microscopic immunocytochemistry for CNS transmitters and transmitter markers. — In: CUELLO, A. C. ed., Immunohistochemistry, 273—321. — John Wiley & Sons, Chichester.

RAM, J. S., NAKANE, P. K., RAWLINSON, D. G., PIERCE, G. B. jr. (1966): Enzyme-labeled antibodies for ultrastructural studies. — Fed. Proc. **25**, 732—741.

RAVAZZOLA, M., ORCI, L. (1980): Glucagon and glicentin immunoreactivity are topologically segregated in the granule of the human pancreatic A cell. — Nature **284**, 66—67.

RICHARDS, F. F., ROSENSTEIN, R. W., VARGA, J. M., KONIGSBERG, W. H. (1978): Antibody combining regions. — In: Comprehensive Immunology, Bd. 5 (Immunoglobulins). — Plenum Publ. Corp., New York, 117—154.

ROBERTS, G. W., CROW, T. J., POLAK, J. M. (1981): Neuropeptides in the brain. — In: BLOOM, S. R., POLAK, J. M. eds., Gut hormones, 457—463 — 2nd ed., Churchill Livingstone, Edinburgh.

—, WOODHAMS, P. L., POLAK, J. M., CROW, T. J. (1982): Distribution of neuropeptides in the limbic system of the rat: the amygdaloid complex. — Neuroscience **7**, 99—131.

ROGNUM, T. O., BRANDTZAEG, P., ØRJASAETER, H., FAUSA, O. (1980): Immunohistochemistry of epithelial cell markers in normal and pathological colon mucosa. — Histochemistry **67**, 7—21.

ROMANO, E. L., ROMANO, M. (1977): Staphylococcal protein A bound to colloidal gold: a useful reagent to label antigen-antibody sites in electron microscopy. — Immunochemistry **14**, 711—715.

—, STOLINSKI, C., HUGHES-JONES, W. C. (1974): An antiglobulin reagent labelled with colloidal gold for use in electron microscopy. Immunochemistry **11**, 521—522.

ROSE, M. L., BIRBECK, M. S. C., WALLIS, V. J., FORRESTER, J. A., DAVIES, A. J. S. (1980): Peanut lectin binding properties of germinal centres of mouse lymphoid tissue. — Nature **284**, 364—366.

ROTHBARTH, P. H., OLTHOF, J. G., MUL, N. A. J. (1975): Experience with a new fluorochrome. Ann. N. Y. Acad. Sci. **254**, 65.

ROTH, J. (1983a): The colloidal gold marker system for light and electron microscopic cytochemistry. — In: BULLOCK, G. R., PETRUSZ, P. eds., Techniques in immunocytochemistry, Vol. 2, 217—284. — Academic Press, London—New York.

— (1983b): Application of Lectin-Gold Complexes of Glycoconjugates on Thin Sections. — J. Histochem. Cytochem. **31**, 987—999.

— (1984): The protein A-gold technique for antigen localisation in tissue sections by light and electron microscopy. — In: POLAK, J. M., VARNDELL, I. M. eds., Immunolabelling for electron microscopy, 113—121. — Elsevier, Amsterdam—New York.

—, BENDAYAN, M., CARLEMALM, E., VILLIGER, W., GARAVITO, M. (1981a): Enhancement of structural preservation and immunocytochemical staining in low temperature embedded pancreatic tissue. — J. Histochem. Cytochem. **29**, 663—671.

—, —, ORCI, L. (1978): Ultrastructural localization of intracellular antigens by the use of protein A-gold complexes — J. Histochem. Cytochem. **26**, 1074—1081.

—, —, —, L. (1980): FITC-protein A-gold complex for light and electron microscopic immunocytochemistry. — J. Histochem. Cytochem. **28**, 55—57.

—, BERGER, E. (1982): Immunocytochemical localization of galactozyl-transferase in LeLa cells: codistribution with thiamine pyrophosphatase in trans-Golgi cisternae. — J. Cell Biol. **93**, 223—229.

—, BINDER, M. (1978): Colloidal gold, ferritin and peroxidase as marker for electron microscopic double labelling lectin techniques. J. Histochem. Cytochem. **26**, 163—169.

—, RAVAZZOLA, M. BENDAYAN, M., ORCI, L. (1981b): Application of the protein A-gold technique for electron microscopic demonstration of polypeptide hormones. Endocrinology **108**, 247 to 253.

—, Thoss, K. (1975): Immunologisch spezifischer Nachweis von Kohlenhydraten der Zelloberfläche mit dem Lektin von *Lens culinaris*, — Acta histochem. Suppl. **15**, 235—239.
Ruoslathi, E. (1976): Immunoadsorbents in protein purification. — Scand. J. Immunol., Suppl. **3**, 1—49.

Sainte-Marie, G. (1962): A paraffin embedding technique for studies employing immunofluorescence. — J. Histochem. Cytochem. **10**, 250—256.
Schauenstein, K., Wick, G. (1980): Quantitative immunocytochemistry. — Acta histochem., Suppl. XXII, 101—110.
Scheidegger, J. J. (1955): Une micro-methode de l'immunoeléctrophorése. — Int. Arch. Allergy Appl. Immunol. **7**, 103—110.
Seligman, A. M., Karnovsky, M. J., Wasserkrug, H. L., Hanker, J. S. (1968): Nondroplet ultrastructural demonstration of cytochrome oxidase activity with a polymerizing osmiophilic reagent, diaminobenzidine (DAB). — J. Cell Biol. **38**, 1—14.
Shulman, M., Wilde, C. D., Köhler, G. (1978): A letter line for making hybridomas secreting specific antibodies. — Nature, **276**, 269—270.
Singer, S. J. (1959): Preparation of an electron-dense antibody conjugate. — Nature **183**, 1523 to 1524.
Sjöstrand, F. S., Kretzer, F. (1975): A new freeze-drying technique applied the analysis of the molecular structure of mitochondrial and chloroplast membranes. — J. Ultrastruct. Res. **53**, 1—28.
Skowsky, W. R., Fisher, D. A. (1972): The use of thyreoglobulin to induce antigenicity to small molecules. — J. Lab. Clin. Med. **80**, 134—144.
Slot, J., Geuze, H. (1981): Sizing of protein A-colloidal gold probes for immuno-electron microscopy. — J. Cell Biol. **90**, 533—536.
—, — (1983): The use of protein A-colloidal gold (PAG) complexes as immunolabels in ultrathin frozen sections. — In: Cuello, A. C. ed., Immunohistochemistry 323—346, John Wiley & Sons, Chichester.
Smith, S. B., Revel, J.-P. (1972): Mapping of concanavalin A binding sites on the surface of several cell types. — Dev. Biol. **27**, 434—441.
Sofroniew, M. V., Weindl, A., Schinko, I., Wetzstein, R. (1979): The distribution of vasopressin-, oxytocin-, and neurophysinproducing neurons in the guinea pig brain. I. The classical hypothalamo-neurohypophyseal system. — Cell Tissue Res. **196**, 367—384.
Solcia, E., Capella, C., Buffa, R., Usellini, L., Fiocca, R., Sessa, F. (1981): Endocrine cells of the digestive system. In: Johnson, L. R., Physiology of the gastrointestinal tract, 39—58. — Raven Press, New York.
—, Pearse, A. G. E., Grube, D., Kobayashi, S., Bussolati, G., Creutzfeldt, W., Gepts, W. (1973): Revised Wiesbaden classification of gut endocrine cells. — Rendic. Gastroenterol. **5**, 13—16.
Spaur, R. C., Moriarty, G. C. (1977): Improvements of glycol methacrylate. I. Its use as an embedding medium for electron microscopic studies. — J. Histochem. Cytochem. **25**, 163 to 174.
Sri Ram, J., Tawde, S. S., Pierce, G. P., Midgley, A. R. (1963): Preparation of antibody ferritin conjugates for immuno electron microscopy. — J. Cell Biol. 17, 673—675.
Stavitzky, A. B., Arquilla, E. A. (1955): Procedure and application of hemagglutination and hemagglutination inhibition reactions with bis-diazotized benzidine and protein-conjugated red blood cells. — J. Immunol. **74**, 306—312.
Sternberger, L. A. (1974): Immunocytochemistry. — Prentice-Hall Inc., Englewood Cliffs, N.J.
— (1979): Immunocytochemistry. — 2nd ed. John Wiley & Sons Inc., New York.
— (1986): Immunocytochemistry. — 3rd ed. John Wiley & Sons Inc., New York.

— (1980): Immunofluorescence, immunoperoxidase method, unlabeled antibody enzyme method. — Verh. XXII. Symp. Ges. Histochemie, Würzburg, Abstr., 25—28.
—, CUCULIS, J. J. (1969): Method for enzymatic intensification of the immunocytochemical reaction without use of labelled antibodies. — J. Histochem. Cytochem. **17**, 90.
—, HARDY, P. H. Jr., CUCULIS, J. J., MEYER, H. G. (1970): The unlabeled antibody method of immunohistochemistry. Preparation and properties of soluble antigen-antibody complex (horseradish peroxidase) and its use in identification of spirochaetes. J. Histochem. Cytochem. **18**, 315.
—, JOSEPH, F. A. (1979): The unlabeled antibody method. Contrasting color staining of paired pituitary hormones without antibody removal. — J. Histochem. Cytochem. **27**, 1424—1429.
—, PETRALI, J. P. (1975): Quantitative immunocytochemistry of pituitary receptors for luteinizing hormone-realising hormone. — Cell Tissue Res. **162**, 141—176.
STODDART, R. W., KIERNAN, J. A. (1973): Histochemical detection of the α-D-arabinopyranoside configuration using fluorescent — labelled concanavalin A. — Histochemie **33**, 87—94.
STÖFFLER, G. (1974): Structure and function of the E. cole ribosome: immunochemical analysis. In: NOMURA, M., TISSIERES, A., LENGYEL, P. eds., Ribosomes, 615—667. — Cold Spring Harbor Laboratory, Cold Spring Harbor, New York.
STORCH, W. (1979): Immunfluoreszenzfibel. — VEB Gustav Fischer Verlag, Jena.
STRAUS, W. (1971): Inhibition of peroxidase by methanol and by methanol-nitroferricyanate for use in immunoperoxidase procedures. — J. Histochem. Cytochem. **19**, 682—688.
— (1972): Phenylhydrazine as inhibitor of horseradish peroxidase procedures. — J. Histochem. Cytochem. **20**, 949—951.
— (1979): Peroxidase procedures. Technical problems encountered during their application. — J. Histochem. Cytochem. **27**, 1349—1351.
— (1980): Factors affecting the sensitivity and specificity of the cytochemical reaction for the anti-horseradish peroxidase antibody in lymph tissue sections. — J. Histochem. Cytochem. **28**, 645—652.
STREEFKERK, J. G. (1972): Inhibition of erythrocyte pseudoperoxidase activity by treatment with hydrogen peroxide following methanol. — J. Histochem. Cytochem. **20**, 829—831.
SUFFIN, S. C., KAUFMANN, A. F., WHITAKER, B., MUCK, K. B., PRINCE, G. A., PORTER, D. D. (1980): Legionella pneumophila. Identification in tissue sections by a new immunoenzymatic procedure. — Arch. Pathol. Lab. Med. **104**, 283—286.
SWAAB, D. F. (1982): Vasopressin and oxytocin neurons in the various stages of life. — In: Immunocytochemistry and its application in brain research, 287—293. Second EMBO practical course, Amsterdam.
SZELKE, M. (1983): Raising antibodies to small peptides. In: POLAK, J. M., VAN NOORDEN, S. eds, Immunocytochemistry, Wright · PSG, Bristol—London—Boston, 53—68.

TAKAMIYA, H., BATSFORD, S., VOGT, A. (1978): Masking of protein antigen by modification of amino groups with carbobenzooxychloride (benzyl chloroformate) and demasking by treatment with nonspecific protease. — J. Histochem. Cytochem. **26**, 914—920.
TANAKA, H. (1968): The ferritin-labeled antibody method: its advantages and disadvantages. A methodological review. — Acta Haematol. Jap. **31**, 125—141.
TAPIA, F. J., VARNDELL, I. M., PROBERT, L., DEMEV, J., POLAK, J. M. (1983): Double immunogold staining method for the simultaneous ultrastructural localization of regulatory peptides. — J. Histochem. Cytochem. 31, 977—981.
TAYLOR, C. R. (1978): Immunoperoxidase techniques. Practical and theoretical aspects. — Arch. Pathol Lab. Med. **102**, 113—121.
TERNYNCK, T., AVRAMEAS, S. (1972): Polyacrylamide-protein immunoadsorbents prepared with glutaraldehyde. — FEBS Letters **23**, 306—312.

—, — (1976): A new method using p-benzoquinone for coupling antigens and antibodies to marker substances. — Ann. Immunol. (Inst. Pasteur), **127 C**, 197—208.

—, — (1977): Conjugation of p-benzquinone treated enzymes with antibodies and Fab fragments. — Immunochemistry **14**, 767—775.

Theise, H., Noll, F., Bielka, H. (1978): Studies on proteins of animal ribosomes: XXVIII. Preparation and antigenic properties of 40 S subunit proteins of rat liver ribosomes. — Acta biol. med. germ. **37**, 1353—1362.

Tischendorf, G. W., Zeichhardt, H., Stöffler, G. (1974): Determination of the location of proteins L 14, L 17, L 18, L 19 und L 23 on the surface of the 50 S ribosomal subunit of *Escherichia coli* by immuno electron microscopy. Molec. Gen. Genet. **134**, 187—208.

Titus, J. A., Haugland, R., Sharrow, S. O., Segal, D. M. (1982): Texas Red, a hydrophilic, red-emitting fluorophore for use with fluorescein in dual parameter flow microfluorometric and fluorescence microscopic studies. — J. Immunol. Meth. **50**, 193—204.

Tokuyasu, K. T. (1980): Immunohistochemistry on ultrathin frozen section. — Histochem. J. **12**, 381—401.

— (1983): Present state of immunocryoultramicrotomy. — J. Histochem. Cytochem. **31**, 164—167.

—, Singer, S. J. (1976): Improved procedures for immunoferritin labeling of ultrathin frozen sections. — J. Cell Biol. **71**, 894—906.

Tramu, G., Pillez, A., Leonardelli, J. (1978): An efficient method of antibody elution for the successive or simultaneous localization of two antigens by immunocytochemistry. — J. Histochem. Cytochem. **26**, 322—324.

Uriel, J. (1964): The characterization reactions of the protein constituents following electrophoresis or immuno-electrophoresis in agar. — In: Grabar, P., Burtin, P. eds., Immunoelectrophoretic, Elsevier, Amsterdam.

Vacca, L. L. (1982): Double bridge techniques of immunocytochemistry. — In: Bullock, G. R., Petrusz, P. eds., Techniques in immunocytochemistry, Vol. 1, 155—182. — Academic Press, London—New York.

—, Rosario, S. L., Zimmermann, E. A., Tomashefsky, P., Ng, P.-Y., Hsu, K. C. (1975): Application of immunoperoxidase techniques to localize horseradish peroxidase tracer in the central nervous system. — J. Histochem. Cytochem. **23**, 208—215.

Vaerman, J.-P., Lebacg-Verhevden, A.-M., Scolari, L., Heremans, J. F. (1969): Further studies on single radial immunodiffusion. II. The reversed system: Diffusion of antibodies in antigen-containing gels. — Immunochemistry **6**, 287—293.

Vandesande, F. (1983a): Immunohistochemical double staining techniques. In: Cuello, A. C. ed., Immunohistochemistry, 257—272. — John Wiley & Sons, Chichester.

— (1983b): Peroxidase-antiperoxidase techniques. In: Cuello, A. C. ed., Immunohistochemistry, 101—119. — John Wiley & Sons, Chichester.

—, Dierichx, K. (1975): Identification of the vasopressin producing cells of the oxytocin producing neurons in the hypothalamic magnocellular neurosecretory system of the rat. — Cell Tiss. Res. **164**, 153—162.

—, —, De Mey, J. (1977): The origin of the vasopressinergic and oxytocinergic fibres of the external region of the median eminence of the rat hypophysis. — Cell Tiss. Res. **180**, 443—452.

— (1982): Double-staining technique-results with antisera raised against neurophyseal hormones, neurophysins and somatostatin. — In: Van Leeuwen, F. W., Swaab, D. F., Buijs, R. M. eds., Immunocytochemistry and its application in brain research. Second EMBO practical course, 85—92. — The Netherlands Institute for Brain Research, Amsterdam.

Van Ewijk, W., Coffman, R. C., Weisman, I. L. (1980): Immunoelectron microscopy of cell surface antigens: a quantitative analysis of antibody binding after different fixation protocols. — Histochem. J. 12, 349—361.

VAN LEEUWEN, F. W. (1981): An introduction to the immunocytochemical localization of neuropeptides and neurotransmitters. — Acta histochem., Suppl. XXIV, 49—77.

—, SWAAB, D. F. (1977): Specific immunoelectron-microscopic localization of vasopressin and oxytocin in the neurohypophysis of the rat. — Cell Tissue Res. 177, 493—501.

VAN NOORDEN, S., POLAK, J. M. (1985): Immunocytochemistry of regulatory peptides. — In: BULLOCK, G. R., PETRUSZ, P. eds., Techniques in immunocytochemistry, Vol. 3, 115—154. — Academic Press, London—New York.

VARNDELL, I. M., POLAK, J. M. (1984): Double immunostaining procedures: Techniques and applications. — In: POLAK, J. M., VARNDELL, I. M. eds., Immunolabelling for Electron Microscopy, Elsevier, Amsterdam, 155—177.

VAUGHN, J. E., BARBER, R. P., RIBAK, C. E., HOUSER, C. R. (1981): Methods for the immunocytochemical localization of proteins and peptides involved in neurotransmission. — In: JOHNSON, J. E. ed. Current trends in morphological techniques, Vol. III, 33—70 — CRC Press, Florida.

WAĜNER, M. (1980): Immunelektronenmikroskopie mit markierten Antikörpern — Grundlagen und Anwendungsmöglichkeiten. — Acta histochem., Suppl. XXII, 47—53.

—, ROTH, J., WAGNER, B. (1976): Gold-labelled protectin from Helix pomatia for the localization of blood group A antigen of human erythrocytes by immunofreeze-etching. — Exp. Pathol. 12, 277—281.

—, WAGNER, B. (1977): Electron microscopic detection of cryptoantigen A 42 HP (Friedenreich Antigen) on human erythrocytes by means of gold-labelled agglutinin from *Helix pomatia*. — Z. Immun. Forsch. 153, 450—456.

WAMSLEY, J. K. (1982): Comparison of the distribution of neuropeptides and their receptors. — In: Immunocytochemistry and its application in brain research, 247—264. — Second EMBO practical course, Amsterdam.

WATANALTE, M., MURAMATSUR, T., SHIRANA, H., UGAI, K. (1981): Discrete distribution of binding sites for Dolichos biflorus agglutinin and for peanut agglutinin (PNA) in mouse organ tissues. — J. Histochem. Cytochem. 29, 779—790.

WEBER, K., OSBORN, M. (1977): Identification of microtubular structures in diverse plant and animal cells by immunological crossreaction revealed in immunofluorescence microscopy using antibody against tubulin from porcine brain. — Cytobiol. 15, 285—302.

WEIR, D. M. (1973): Handbook of experimental immunology, Bd. 1—3. — Blackwell Sci. Publ., Oxford—Edinburgh.

WEIR, E. E., PRETLOW, T. G., PITTS, A., WILLIAMS, E. E. (1974): Destruction of endogenous peroxidase activity in order to locate cellular antigens by peroxidase-labelled antibodies. — J. Histochem. Cytochem. 22, 51—54.

WHITELEY, N. M., BERG, H. C. (1974): Amidination of the outer and inner surfaces of the human erythrocyte membrane. — J. Mol. Biol. 87, 541—561.

WILLIAMS, C. A., CHASE, M. W. (1967, 1968, 1971): Methods in immunology and immunochemistry, Bd. 1—3. — Academic Press, New York—London.

WILLINGHAM, M. C. (1980): Electron microscopic immunocytochemical localization of intracellular antigens in cultured cells: the EGS and ferritin bridge procedures. — Histochem. J. 12, 419—434.

—, YAMADA, S. S., PASTAN, I. (1978): Ultrastructural localization antibody of α_2-macroglobulin in membrane-limited vesicles in cultured cells. — Proc. Natl. Acad. Sci. USA 75, 4359—4363.

— — (1979): Development of a new primary fixative for electron microscopic immunocytochemical localization of intracellular antigens in cultured cells. — J. Histochem. Cytochem. 27, 947 to 960.

WILSON, M. B., NAKANE, P. K. (1978): Recent development in the periodate method of conjugating horseradish peroxidase (HRPO) to antibodies. — In: KNOPP, W., HOLUBAR, K., WICK, G. eds., Immunofluorescence and related staining techniques. — 215—224, North-Holland Biomedical Press.
WITTMAN, H. G. (1976): Structure, function and evolution of ribosomes. — Eur. J. Biochem. 61, 1—13.

YASUDA, K., YAMAMOTO, N. (1975): Metal labelled antibody method — indirect label of chloromercuriferrocene to antibody. — Acta Histochem. Cytochem. 8, 215—219.

ZAMBONI, L., DE MARTINO, C. (1967): Buffered picric-acid formaldehyde: a new rapid fixation for electron microscopy. — J. Cell Biol. 35, 148 A.
ZSIGMONDI, R. v. (1905): Zur Erkenntnis der Kolloide. — Jena.

Literatur-Nachtrag

ABSOLM, D. R., OSS, C. J. van (1986): The nature of the antigen-antibody bond and the factors affecting its association and dissociation. CRC Critical Rev. Immunology **6**, 1—46.

AMBROSIUS, H. (1986): Immunologische Grundlagen der Histochemie — In: GRAUMANN, W., NEUMANN, K., Hrsg., Immunreaktionen in der Histochemie, Hdb. der Histochemie Bd. IV/Teil 2, 1—81. — G. Fischer, Stuttgart — New York.

CHADWICK, C. S., MCENTEGART, M. G., NAIRN, R. C. (1958): Fluorescent protein tracers. A trial of new fluorochromes and the development of an alternative to fluorescein. — Immunology **1**, 315—327.

CLARK, C. A., DOWNS, E. C., PRIMUS, F. J. (1982): An unlabelled antibody method using glucose oxidase-antiglucose oxidase complexes (GAG): a sensitive alternative to immunoperoxidase for the detection of tissue antigens. — J. Histochem. Cytochem. **30**, 27—34.

COONS, A. H., CREECH, H. J., JONES, R. N. (1941): Immunological properties of an antibody containing a fluorescent group. — Proc. Soc. Exp. Biol. Med. **47**, 200—202.

—, KAPLAN, M. H. (1950): Localization of antigen in tissue cells. — II. Improvements in a method for the detection of antigen by means of fluorescent antibody. — J. Exper. Med. **91**, 1—13.

DE LERMA, B. (1985): Die Anwendung von Fluoreszenzlicht in der Histochemie. — In: GRAUMANN, W., NEUMANN, K., Hrsg., Handbuch der Histochemie I/1, 78—159. Fischer, Stuttgart.

FOX, P. C., SIRAGANIAN, R. P. (1986): Multiple reactivity of monoclonal antibodies. — Hybridoma **5**, 223—229.

GODING, J. W. (1976): Conjugation of antibodies with fluorochromes: modifications to the standard methods. J. Immunol. Meth. **13**, 215—226.

GOLDMAN, M. (1968): Fluorescent antibody methods. — Acad. Press, New York—London.

GRAHAM, R. C., LUNDHOLM, U., KARNOVSKY, M. J. (1965): Cytochemical demonstration of peroxidase activity with 3-amino-9-ethylcarbazole. — J. Histochem. Cytochem. **13**, 150—152.

HACKER, G. W., POLAK, J. M., SPRINGALL, R., TANG, S.-K., VAN NOORDEN, S., LACKIE, P., GRIMELIUS, L., ADAM, H. (1985): Immunogold-Silver staining (IGSS) — Eine Übersicht. Mikroskopie (Wien) **42**, 318—325.

HASSELL, J., HAND, A. R. (1974): Tissue fixation with diimidoesters as an alternative to aldehydes. I. Comparison of cross-linking and ultrastructure obtained with dimethylsuberimidate and glutaraldehyde. — J. Histochem. Cytochem. **22**, 223—239.

HEBERT, G. A., PITTMAN, B., MCKINNEY, R. M., CHERRY, W. B. (1972): The preparation and physiochemical characterization of fluorescent antibody reagents. U.S. Dept. Health, Education and Welfare. Publ. Health. Serv. Atlanta.

HIRAMATO, R., ENGEL, K., PRESSMAN, D. (1985): Tetramethylrhodamine as immunohistochemical fluorescent label in the study of chronic thyroiditis. Proc. Soc. Exp. Biol. **97**, 611—614.

LOWRY, O. H., ROSENBROUGH, N. J., FARR, A. L., RANDALL, R. J. (1951): Protein measurement with the Folin phenol reagent. — J. biol. Chem. **193**, 265—275.

NEWMAN, S. R., JASANI, B. (1984): Post-embedding immunoenzyme techniques. In: POLAK, J. M., VARNDELL, I. M. (eds.). Immunolabelling for Electron Microscopy, Elsevier, Amsterdam, 53—70.

PEASE, D. C. (1962): Buffered formaldehyde as a killing agent and primary fixative for electron microscopy. — Anat. Rec. 142, 342.

POLAK, J. M., VARNDELL, J. M. (eds.) (1984): Immunolabelling for electron microscopy. — Elsevier, Amsterdam.

READING, M. (1977): A digestion technique for the reduction of background staining in the immunoperoxidase method. — J. Clin. Pathol. **30**, 88—90.

REYNOLDS, E. S. (1963): The use of lead citrate at high pH as an electronopaque stain in electron microscopy. J. Cell Biol. **17**, 208—212.

RIGG, J. L., SIEWALD, R. J., BURCKHALTER, J. H., DOWNS, C. M., METCALF, T. G. (1958): Isothiocyanate compounds as fluorescent labelling reagents for immune serum. — Am. J. Pathol. **34**, 1081—1097.

ROTH, J. (1982a): The protein A-gold(pAg) technique. A qualitative and quantitative approach for antigen localization on thin sections. In: BULLOCK, G. R., PETRUSZ, P., eds., Techniques in immunocytochemistry. Vol. 1, 107—133. Academic Press, London—New York.

— (1982b): The preparation of protein A-gold complexes with 3 and 15 nm gold particles and their use in labelling multiple antigens on ultra-thin sections. Histochem. J. **14**, 791—801.

SMITH, R. E. (1970): Comparative evaluation of two instruments and procedures to cut non-frozen sections. — J. Histochem. Cytochem. **18**, 590—591.

SPRINGER, T. A. (1985): Hybridoma technology in the biosciences and medicine. — Plenum Press, New York-London.

STEFANINI, M., DE MARTINO, C., ZAMBONI, L. (1967): Fixation of ejaculated spermatozoa for electron microscopy. — Nature **216**, 173—174.

STORCH, W. (1986): III. Immunfluoreszenz. — In: GRAUMANN, W., NEUMANN, K., Hrsg., Immunreaktionen in der Histochemie IV/2, S. 189—297. Fischer, Stuttgart.

UEHLEKE, H. (1958): Neue Möglichkeiten zur Herstellung fluoreszenzmarkierter Proteine. — Z. Naturforsch. **13b**, 722—724.

VAN NOORDEN, S., POLAK, J. M. (1983): Immunocytochemistry today. Techniques and practice. — In: POLAK, J. M , VAN NOORDEN, S. (eds.). Immunocytochemistry. Practical applications in pathology and biology. 11—42. — Wright PSG, Bristol—London—Boston.

VAN LEEUWEN, F. W. (1980): Immunocytochemical specificity for peptides with special reference to arginine-vasopressin and oxytocin. J. Histochem. Cytochem. **28**, 479—482.

WAGNER, M. (1967): Fluoreszierende Antikörper und ihre Anwendung in der Mikrobiologie. G. Fischer, Jena.

WEBER, G. (1952): Polarization of the fluorescence of macromolecules. 2. Fluorescent conjugates of ovalbumin and bovine serum albumin. Biochem. J. **51**, 155—167.

WEIGELE, M., DE BERNARDO, S., LEIMGRUBER, W., CLEELAND, R., GRUNBERG, E. (1973): Fluorescent labeling of proteins. A new methodology. — Biochem. Biophys. Res. Comm. **54**, 899 to 906.

WILLSTÄTTER, R., KALB, L. (1906): Über die Oxidation des Benzidins. Ber. Dt. Chem. Ges. **39**, 3474—3482.

ZSIGMONDY, P. A. von (1925): Das kolloidale Gold. — Akademische Verlagsgesellschaft, Leipzig.

18. Sachregister

FSC
www.fsc.org
MIX
Papier | Fördert gute Waldnutzung
FSC® C083411

Kolibri 360 GmbH
Ferdinand-Jühlke-Straße 7
99095 Erfurt, Deutschland
produktsicherheit@kolibri360.de